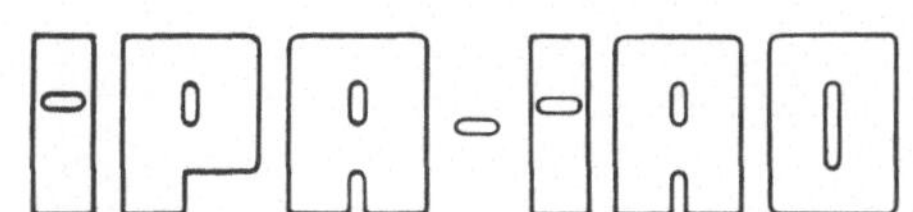

IPA-IAO

Forschung und Praxis

Band 164

Berichte aus dem
Fraunhofer-Institut für Produktionstechnik
und Automatisierung (IPA), Stuttgart,
Fraunhofer-Institut für Arbeitswirtschaft
und Organisation (IAO), Stuttgart,
Institut für Industrielle Fertigung und
Fabrikbetrieb der Universität Stuttgart und
Institut für Arbeitswissenschaft und
Technologiemanagement, Universität Stuttgart

Herausgeber: H. J. Warnecke und H.- J. Bullinger

Ulrich Hallwachs

EDV-gestützte Planungs- und Entscheidungshilfen zur Auslegung von Produktionsstrukturen mit strukturkostenoptimierten Dezentralen Verantwortungsbereichen

Mit 66 Abbildungen

Springer-Verlag
Berlin Heidelberg New York
London Paris Tokyo
Hong Kong Barcelona
Budapest 1992

Dipl.-Ing. Ulrich Hallwachs

Fraunhofer-Institut für Arbeitswirtschaft und Organisation (IAO), Stuttgart

Prof. Dr.-Ing. Dr. h. c. Dr.-Ing. E. h. H. J. Warnecke

o. Professor an der Universität Stuttgart
Fraunhofer-Institut für Produktionstechnik und Automatisierung (IPA), Stuttgart

Prof. Dr.-Ing. habil. Dr. h. c. H.-J. Bullinger

o. Professor an der Universität Stuttgart
Fraunhofer-Institut für Arbeitswirtschaft und Organisation (IAO), Stuttgart

D 93

ISBN-13: 978-3-540-55477-6   e-ISBN-13: 978-3-642-48224-3
DOI: 10.1007/ 978-3-642-48224-3

<u>Geleitwort der Herausgeber</u>

Futuristische Bilder werden heute entworfen:

o Roboter bauen Roboter,

o Breitbandinformationssysteme transferieren riesige Datenmengen in
  Sekunden um die ganze Welt.

Von der "menschenleeren Fabrik" wird da gesprochen und vom "papierlo-
sen Büro". Wörtlich genommen muß man beides als Utopie bezeichnen,
aber der Entwicklungstrend geht sicher zur "automatischen Fertigung"
und zum "rechnerunterstützten Büro". Forschung bedarf der Perspektive,
Forschung benötigt aber auch die Rückkopplung zur Praxis - insbesondere im Bereich der Produktionstechnik und der Arbeitswissenschaft.

Für eine Industriegesellschaft hat die Produktionstechnik eine Schlüs-
selstellung. Mechanisierung und Automatisierung haben es uns in den
letzten Jahren erlaubt, die Produktivität unserer Wirtschaft ständig
zu verbessern. In der Vergangenheit stand dabei die Leistungssteigerung
einzelner Maschinen und Verfahren im Vordergrund. Heute wissen wir, daß
wir das Zusammenspiel der verschiedenen Unternehmensbereiche stärker
beachten müssen. In der Fertigung selbst konzipieren wir flexible Fertigungssysteme, die viele verkettete Einzelmaschinen beinhalten. Dort,
wo es Produkt und Produktionsprogramm zulassen, denken wir intensiv
über die Verknüpfung von Konstruktion, Arbeitsvorbereitung, Fertigung
und Qualitätskontrolle nach. Rechnerunterstützte Informationssysteme
helfen dabei und sollen zum CIM (Computer Integrated Manufacturing)
führen und CAD (Computer Aided Design) und CAM (Computer Aided Manufacturing) vereinen. Auch die Büroarbeit wird neu durchdacht und mit
Hilfe vernetzter Computersysteme teilweise automatisiert und mit den
anderen Unternehmensfunktionen verbunden. Information ist zu einem
Produktionsfaktor geworden, und die Art und Weise, wie man damit umgeht,
wird mit über den Unternehmenserfolg entscheiden.

Der Erfolg in unseren Unternehmen hängt auch in der Zukunft entscheidend von den dort arbeitenden Menschen ab. Rationalisierung und Automatisierung müssen deshalb im Zusammenhang mit Fragen der Arbeitsgestal-
tung betrieben werden, unter Berücksichtigung der Bedürfnisse der Mitarbeiter und unter Beachtung der erforderlichen Qualifikationen. Investitionen in Maschinen und Anlagen müssen deshalb in der Produktion wie
im Büro durch Investitionen in die Qualifikation der Mitarbeiter be-
gleitet werden. Bereits im Planungsstadium müssen Technik, Organisation
und Soziales integrativ betrachtet und mit gleichrangigen Gestaltungs-
zielen belegt werden.

Von wissenschaftlicher Seite muß dieses Bemühen durch die Entwicklung
von Methoden und Vorgehensweisen zur systematischen Analyse und Verbesserung des Systems Produktionsbetrieb einschließlich der erforderlichen Dienstleistungsfunktionen unterstützt werden. Die Ingenieure
sind hier gefordert, in enger Zusammenarbeit mit anderen Disziplinen,
z. B. der Informatik, der Wirtschaftswissenschaften und der Arbeitswissenschaft, Lösungen zu erarbeiten, die den veränderten Randbedingungen
Rechnung tragen.

Beispielhaft sei hier an den großen Bereich der Informationsverarbei-
tung im Betrieb erinnert, der von der Angebotserstellung über Konstruktion und Arbeitsvorbereitung, bis hin zur Fertigungssteuerung und Qualitätskontrolle reicht. Beim Materialfluß geht es um die richtige Aus-

wahl und den Einsatz von Fördermitteln sowie Anordnung und Ausstattung
von Lagern. Große Aufmerksamkeit wird in nächster Zukunft auch der
weiteren Automatisierung der Handhabung von Werkstücken und Werkzeu-
gen sowie der Montage von Produkten geschenkt werden.

Von der Forschung muß in diesem Zusammenhang ein Beitrag zum Einsatz
fortschrittlicher intelligenter Computersysteme erfolgen. Planungs-
prozesse müssen durch Softwaresysteme unterstützt und Arbeitsbedingungen wissenschaftlich analysiert und neu gestaltet werden.

Die von den Herausgebern geleiteten Institute, das

- Institut für Industrielle Fertigung und Fabrikbetrieb der Universität
  Stuttgart (IFF),

- Fraunhofer-Institut für Produktionstechnik und Automatisierung (IPA),

- Fraunhofer-Institut für Arbeitswirtschaft und Organisation (IAO)

arbeiten in grundlegender und angewandter Forschung intensiv an den
oben aufgezeigten Entwicklungen mit. Die Ausstattung der Labors und
die Qualifikation der Mitarbeiter haben bereits in der Vergangenheit
zu Forschungsergebnissen geführt, die für die Praxis von großem
Wert waren. Zur Umsetzung gewonnener Erkenntnisse wird die Schriftenreihe "IPA-IAO - Forschung und Praxis" herausgegeben. Der vorliegende
Band setzt diese Reihe fort. Eine Übersicht über bisher erschienene
Titel wird am Schluß dieses Buches gegeben.

Dem Verfasser sei für die geleistete Arbeit gedankt, dem Springer-
Verlag für die Aufnahme dieser Schriftenreihe in seine Angebotspa-
lette und der Druckerei für saubere und zügige Ausführung. Möge das
Buch von der Fachwelt gut aufgenommen werden.

                        H. J. Warnecke · H.-J. Bullinger

Vorwort des Autors

Die Unternehmen stehen heute vor großen Herausforderungen. Infolge des Trends in Richtung kundenorientierter Produktion müssen die Voraussetzungen geschaffen werden, flexibel den unterschiedlichen Marktanforderungen begegnen zu können. Wesentliche Erfolgsfaktoren sind kurze Durchlaufzeiten, geringe und transparente Gemeinkostenbelastungen sowie motivationsförderliche Arbeitsbedingungen.

Die historisch gewachsenen Produktionsstrukturen mit ihrer ausgeprägten verrichtungsorientierten Arbeitsteilung im Material- und Informationsfluß können den veränderten Anforderungen wenig entgegensetzen. Aus der Vielzahl ablauforganisatorischer Schnittstellen resultieren einerseits erhebliche Logistik-, Planungs- und Prüfkosten, andererseits hohe Durchlaufzeiten, Lager- und Umlaufbestände. Die Trennung von vorbereitenden, ausführenden und unterstützenden Tätigkeiten bietet wenig Ansätze für eine dem gesellschaftlichen Wertewandel angepaßte Personal- und Qualifikationsentwicklung.

Produktionsstukturen mit strukturkostenoptimierten Dezentralen Verantwortungsbereichen orientieren sich an den aktuellen Anforderungen. Kennzeichnend für diese Strukturen sind die möglichst weitgehende Produktorientierung, die so gering wie notwendige Verrichtungsorientierung, die differenzierten marktorientierten Produktionsstrategien, die Ganzheitlichkeit der zugeordneten Arbeitsaufgaben und die Eigenverantwortlichkeit der verschiedenen in der Produktionsstruktur zusammenwirkenden Dezentralen Verantwortungsbereiche.

Die in der vorliegenden Arbeit entwickelten EDV-gestützten Planungs- und Entscheidungshilfen zur Auslegung von Produktionsstrukturen mit strukturkostenoptimierten Dezentralen Verantwortungsbereichen entstanden während meiner Tätigkeit als wissenschaftlicher Mitarbeiter am Fraunhofer-Institut für Arbeitswirtschaft und Organisation (IAO), Stuttgart.

Herrn Univ.-Prof. Dr.-Ing. habil. Dr. h. c. Prof. e. h. H.-J. Bullinger, Leiter des Instituts für Arbeitswissenschaft und Technologiemanagement (IAT) der Universität Stuttgart und des Fraunhofer-Institutes für Arbeitswirtschaft und Organisation (IAO) gilt für die wissenschaftliche Unterstützung und die großzügige Förderung dieser Arbeit mein herzlicher Dank. Herrn Prof. Dr.-Ing. U. Heisel, Leiter des Instituts für Werkzeugmaschinen (IfW) der Universität Stuttgart, danke ich für die eingehende Durchsicht der Arbeit und die konstruktiven Hinweise.

Meinen Kollegen, insbesondere Herrn Dipl.-Ing. H. Schaal, Herrn Dipl.-Inform. R. Müller, Herrn Dipl.-Ing. N. Rosenberger sowie Herrn Dr.-Ing. Dipl.-Wirtsch. H. Nespeta sei Dank für die offene Diskussionsbereitschaft und die wertvollen Anregungen zum Thema. Darüber hinaus danke ich auf-

richtig Frau I. Gundelwein und Frau S. Uetz für ihre geduldige und fundierte Unterstützung bei der
Erstellung der Bilder.

Mein tiefer Dank gilt meiner Frau Petra, die durch ihre liebevolle Ermutigung, ihr ausdauerndes Verständnis und ihren persönlichen Einsatz entscheidend zur erfolgreichen Durchführung dieser Arbeit
beigetragen hat. Nicht vergessen möchte ich meine Kinder Fiona und Sina, die mir durch ihre große
Geduld die Kraft für die Erstellung der Arbeit gegeben haben.

Das Buch widme ich meiner Mutter Maria und meinem Vater Helmut, der leider den Abschluß der
Arbeit nicht erleben konnte. Die Lebenseinstellung und -freude meiner Eltern sind und waren mir
stets Vorbild für die eigene Entwicklung.

Stuttgart, im Februar 1992   Ulrich Hallwachs

Inhaltsverzeichnis

Formelzeichen und Abkürzungen

Zeichen	Einheit	Bedeutung
A	h	Aufwand
AG		Arbeitsgang
AME		Anzahl Maschineneinheiten
AO		Arbeitsorganisation
AP		Arbeitsplatz
B		Bohrmaschine
BF		Bedienfaktor
BG		Baugruppe
BK	DM	Bedienkosten
BWG		Belastungswechselgrad
BZ		Bearbeitungszentrum
CAD		Computer Aided Design
CAQ		Computer Aided Quality
CIB		Computer Integrated Business
CIM		Computer Integrated Manufacturing
CNC		Computerized Numerical Control
DIN		Deutsche Industrie Norm
D		Drehmaschine
DLZ	h	Durchlaufzeit
DNG		Dispositionsnotwendigkeitsgrad
E		Ebene
E_f		Einsparungspotential bzgl. Maschineneinheiten
EDV		Elektronische Datenverarbeitung
EIN		Einsparungspotential
EPM		Engpaßmaschine
ET		Einzelteil
F		Fräsmaschine
FA		Funktionsanzahl
FAGAZH		Funktionsspezifische interne Arbeitsgangzugangshäufigkeit
FFS		Flexibles Fertigungssystem
FG		Freiheitsgrad
FG-KAS		Flexibilität bzgl. Kapazitätsangebotsschwankungen
FG-KBS		Flexibilität bzgl. Kapazitätsbedarfsschwankungen
FG-PB		Flexibilität bzgl. Parallelbearbeitung

FKA		Funktionsklassenanzahl
FKU-P		Plan-Funktionsklassenumfang
FKU-I		Ist-Funktionsklassenumfang
FZ	min	Fertigungszeit
G		Gewichtungsfaktor
GAGPF		Gesamtanzahl an Arbeitsgängen je Produktionsfunktion
GFAGAZH		Gesamte funktionsspezifische interne Arbeitsgangzugangshäufigkeit
GKB	h	Gesamtkapazitätsbedarf
GKBPF	h	Produktionsfunktionsbezogener Gesamtkapazitätsbedarf
GTPF		Gesamtanzahl an Teilen je Produktionsfunktion
$\boxed{\text{H}}$		Härtemaschine
HG		Hypergruppe
HK	DM	Herstellkosten
HP		Hyperprodukt
IO		Input/Output
ISSA		Ist-Steuerstellenanzahl
ISKD	DM	Ist-Steuerungskosten für Durchsetzung
ISKP	DM	Ist-Steuerungskosten für Planung
J		Ja
KAP	h	Kapazität
KAP-A	h	Kapazitätsangebot
KAP-B	h	Kapazitätsbedarf
KBA		Anzahl an Komplettbearbeitungsmöglichkeiten
KBF	h	Fix zugeordneter Kapazitätsbedarf
KBO	h	Organisationseinheitenspezifischer Kapazitätsanteil
KBV	h	Variabel zugeordneter Kapazitätsbedarf
KG		Komplettbearbeitungsgrad
KS		Klassifizierungsschlüssel
KT		Kapazitätenteilung
KV		Kernverfahren
KV-PG		Kernverfahrenproduktgruppe
KVK		Komplettbearbeitungsverfahrenskombination
L		Lösungsraum
$\boxed{\text{M}}$		Maschine
m_f		Maschinen-Freiheitsgrad
MA		Mitarbeiteranzahl
MAKA	h	Mitarbeiterbezogenes Kapazitätsangebot
max		Maximum

ME		Maschineneinheit
MG-		Maschinengruppe
min		Minimum
MK		Maschinenkombination
[MO]		Montage
MS		Maschinenspektrum
n		Anzahl an Produktgruppen
N		Nein
NDLZ	h	Normal-Durchlaufzeit
NKB	h	Normierter Kapazitätsbedarf
NL	h	Normierte Laufzeit
O		Organisationseinheit
OA		Anzahl an Organisationseinheiten
OB		Basis-Organisationseinheit
OG		Oberer Grenzwert
OS		Objektorientierte Struktur
p		Anzahl an Basis-Organisationseinheiten
(P)		Fertigungsplanung
[P]		Prüfmaschine
P		Produkt
PC		Personal Computer
(PF)		Produktionsfunktion
PFG		Personalflexibilitätsgrad
PG		Produktgruppe
PGAGPF	h	Anzahl Arbeitsgänge je Produktionsfunktion einer Produktgruppe
PGBGPF	h	Anzahl Baugruppen je Produktionsfunktion einer Produktgruppe
PGKB	h	Produktgruppenspezifischer Gesamtkapazitätsbedarf
PGKBPF	h	Produktgruppenspezifischer produktionsfunktionsbezogener Kapazitätsbedarf
PGPPF	h	Anzahl Produkte je Produktionsfunktion einer Produktgruppe
PGTPF	h	Anzahl Teile je Produktionsfunktion einer Produktgruppe
PK-		Produktkern
PKB	h	Funktionsspezifischer Personalkapazitätsbedarf
PPS		Produktionsplanungssystem
PO		Prozeßorganisation
PQK	DM	Planqualifizierungskosten für eïne Funktion und einen Mitarbeiter
PR		Produktanzahl
PS		Produktspektrum

PSKD	DM	Plan-Steuerungskosten für Durchsetzung
PSKP	DM	Plan-Steuerungskosten für Planung
PÜ	h	Plan-Übergangszeit
PÜZDLZ	h	Produktspezifische, übergangszeitenabhängige Durchlaufzeit
PÜZBK	DM	Produktspezifische, übergangszeitenabhängige Bestandsbindungskosten
QA	h	Qualifizierungsaufwand
R_o		Oberer Randwert
R_u		Unterer Randwert
ROC		Rank-Order-Clustering
RS		Räummaschine
Ⓢ		Fertigungssteuerung
⬛ S		Schleifmaschine
S		Struktur
S-		Strukturierungsansatz
S_x		Strukturierungsschritt
SA		Strukturalternative
SB		Strukturierungsbereich
SK	DM	Schnittstellenkosten
SK_x		Strukturierungsklassifizierungsschlüssel
SM		Strukturierungsmerkmal
SP		Subprodukt
SS		Schnittstellen
SSSA		Soll-Steuerstellenanzahl
Ⓣ		Teil
U		Unternehmen
UG		Unterer Grenzwert
UZBK	DM	Übergangszeitbedingte Kapitalbindungskosten
ÜZ	min	Übergangszeit
V		Fertigungsverfahren
V_{Krit}		Kritisches Fertigungsverfahren
VB		Verantwortungsbereich
VK		Verfahrenskombination
VP_{ij}		Vereinigungspotential
VS		Verrichtungsorientierte Struktur
⬛ VZ		Verzahnungsmaschine
WE		Externer Wechsel
WIRE		Wirtschaftlichkeitsrechnung
WI		Interner Wechsel

WÜ		Übergreifender Wechsel
WZ	h	Wartezeit
ZF-G		Zielfunktion
⊡ZM		Zusatzmaschine

1   Einleitung

Innerhalb und außerhalb der Unternehmen vollzieht sich derzeit ein technologischer, wirtschaftlicher und personeller Wandel, der die betrieblichen Rahmenbedingungen maßgeblich verändert. Diesen neuen Anforderungen sind konventionelle Produktionskonzepte nur bedingt gewachsen, wie überhöhte Umlaufbestände, fehlende Lieferbereitschaft und der zunehmende Anteil von Mitarbeitern in den indirekten Bereichen der Unternehmen zeigen.

Verantwortlich für diesen Zustand sind vor allem die heute noch vielfach vorzufindenden tayloristischen Produktionsstrukturen. Aufgrund deren ausgeprägter Zentralisierungstendenz und Arbeitsteilung zwischen direkt bzw. indirekt produktiven Bereichen sowie deren Arbeitsteilung innerhalb dieser Bereiche resultieren informations- und materialflußtechnische Schnittstellen, die über Reibungsverluste, Mehraufwände und Parallelarbeiten zu den genannten Effekten führen.

In diesem Zusammenhang wird heute in Forschung und Praxis darüber diskutiert, welche Maßnahmen sich zur Lösung des Konflikts eignen. Dabei kommt vor allem dem **Integrationsgedanken** eine besondere Bedeutung zu. Gleichzeitig wird aber immer deutlicher, daß sich Strategien, die sich allein mit der Lösung technischer Probleme unter Beibehaltung gewachsener Organisationsstrukturen sowie traditioneller Produktionsphilosophien beschäftigen und sich in Schlagworten wie CIM und CIB äußern, nicht per se zum gewünschten Erfolg führen. Vielmehr können sie sogar eine Verschärfung der Situation bewirken /1,2/.

Daneben setzen sich einige Firmen mit der Frage auseinander, ob den differenzierten Anforderungen von Seiten des Marktes mit nur einer einzigen und zudem an den Anforderungen der Vergangenheit orientierten Produktionsstrategie begegnet werden kann. Nachdem viele klassische Produkt- und Prozeßinnovationspotentiale wissenschaftlich bearbeitet und in der Praxis umgesetzt worden sind, richtet sich das Augenmerk auf die **Strukturinnovation** und hier vor allem auf das Produktionskonzept "dezentrale Produktionsstrukturen". Begriffe wie Fertigungsinsel, Fertigungssegment oder Modul stehen für diese Entwicklung. Die in diesem Produktionskonzept intendierte Komplettbearbeitung bzw. Komplettverantwortung und die hieraus resultierende Minimierung von informations- und materialflußtechnischen Schnittstellen bietet günstige Voraussetzungen zur Realisierung der angeführten Integrationsansätze Technologie-, Produkt-, Aufgaben- und Datenintegration (Bild 1-1).

Die negativen Folgen einer einseitigen, d.h. undifferenzierten Produktionsstrategie zeigen sich jedoch auch bei der Einführung solcher Konzepte. Einseitig bedeutet in diesem Zusammenhang, daß ausschließlich fertigungstechnische Kriterien und speziell die Bearbeitungsähnlichkeit die strukturierungsbestimmenden Größen sind. Differenzierte marktseitige Anforderungen werden hier nicht in adäquate Produktionstrukturen umgesetzt. Daß dies möglich ist, zeigen jedoch Vorhaben auf einer höheren Unternehmensebene, die unter dem Begriff der Unternehmenssegmentierung zusammengefaßt werden können /3/.

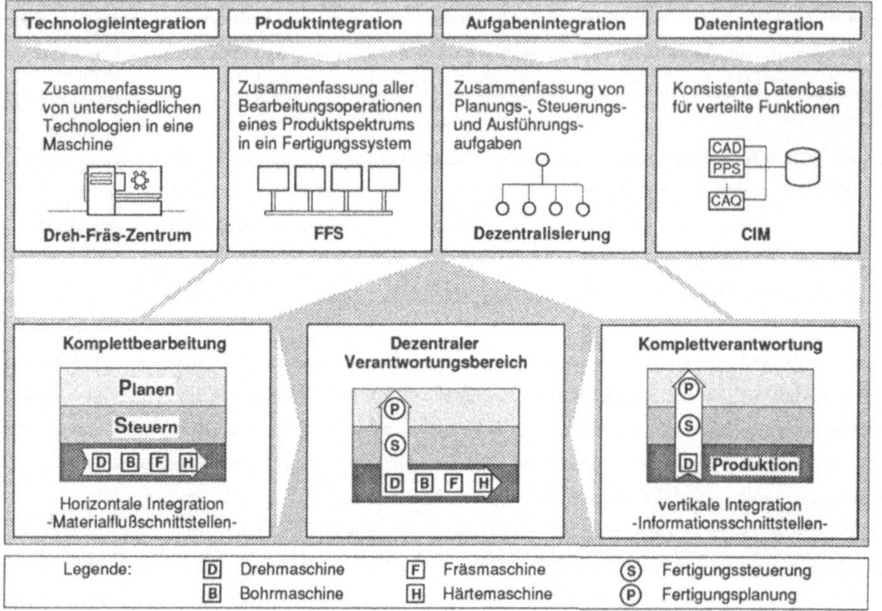

Bild 1-1: Integrationsansätze

Eine operationale Umsetzung und Weiterführung dieses Gedankens zur Strukturierung der Produktion steht bisher noch aus. Vor allem sind die Fragen offen, inwieweit und auf welchen Produktebenen eine Objektorientierung der gesamten Produktion mit den technologischen, fertigungsverfahrens- bzw. maschinenbedingten Restriktionen in Einklang zu bringen ist. Ungeklärt ist auch, wie unterschiedliche Marktanforderungen in differenzierte Strukturierungsmerkmale, d.h. in Produktionsstrukturen, die verschiedenartige Produktionsstrategien integrieren, umgesetzt werden können. Überdies stehen für diese Fragestellung keine geeigneten Planungsinstrumente zur Verfügung.

Aufgrund dieser Defizite soll in der vorliegenden Arbeit ein Planungsinstrument erstellt werden, das die Planung von Produktionsstrukturen mit sogenannten "Dezentralen Verantwortungsbereichen" ermöglicht. Mit Hilfe derer sollen Mischstrukturen eingeführt werden können, die Organisationseinheiten mit **unterschiedlichen Produktionsstrategien** repräsentieren. Außerdem ist beabsichtigt, die **strukturbedingten Kosten** zu minimieren, indem die Objektorientierung so weit wie möglich und die Verrichtungsorientierung so weit wie nötig umgesetzt werden. Die Zielsetzung besteht darin, die gegenläufigen Auswirkungen der Optimierung des Auftragsdurchlaufs und der Optimierung der Ausnutzung der Betriebsressourcen in Einklang zu bringen.

2 Begriffsbestimmung und Abgrenzung der Problemstellung

2.1 Begriffsbestimmungen

Im folgenden sollen die wichtigsten Begriffe, deren Definitionen für diese Arbeit von grundlegender Bedeutung sind, erläutert werden. Weitere Begriffsdefinitionen erfolgen im Zusammenhang mit ihrer erstmaligen Verwendung in späteren Kapiteln.

2.1.1 Zu den Begriffen Produktionsstruktur und Produktionsstrukturierung

Der Begriff Produktionsstrukturierung steht für die in /4/ definierte Strukturplanung als Teilaufgabe der strategischen Unternehmensplanung /5/. In Anlehnung an Aggteleky /6/ beinhaltet dies die technologische und kapazitive Dimensionierung und Abstimmung der Arbeitssysteme der Produktion mit einem Gesamtkonzept des strukturellen Aufbaus des Unternehmens - im nachfolgenden **Produktionsstruktur** genannt - sowie die Ermittlung des funktionellen Ablaufs der Produktion.

Analog zum Begriff Systemstruktur in der Organisationstheorie beschreibt der Begriff Produktionsstruktur die Beziehungen zwischen den Systemelementen nach Zahl bzw. Art und somit die innere Gliederung eines Systems /4/. Unterschieden werden zum einen Aufbau- und Ablauforganisation, zum anderen Prozeß- und Arbeitsorganisation /7/. Während sich die Ablauforganisation mit der räumlich-zeitlichen Struktur von Arbeitsvorgängen auseinandersetzt, beschreibt die Aufbauorganisation die Gliederung des Unternehmens in aufgabenteilige Einheiten mit zugeordneten Aufgaben, Kompetenzen und Verantwortungsbereichen sowie deren Koordination untereinander /8/. Durch die Prozeß- bzw. Arbeitsorganisation werden nach der Art des Aufgabenträgers die Beziehungsstrukturen zwischen den Betriebsmitteln bzw. Menschen differenziert /7/. Außerdem legt die Komplexität der Strukturierungsaufgabe nahe, die Unternehmensstruktur in einzelne Strukturebenen, wie Produktion, Arbeitssystem oder Arbeitsplatz, zu unterteilen, die sowohl horizontal als auch vertikal verbunden sind.

Der Planungsgegenstandsbereich der Produktionsstrukturierung umfaßt die Produktion. Unter Produktion soll dabei nach Ellinger /9/ "die Gesamtheit wirtschaftlicher und organisatorischer Maßnahmen, die unmittelbar mit der Be- und Verarbeitung von Stoffen zusammenhängen" verstanden werden. Insbesondere sind dies die direkt produktiven Bereiche Teilefertigung und Montage sowie die produktionsnahen, technisch indirekt produktiven Bereiche zur Vorbereitung und Unterstützung der Produktion.

In der vorliegenden Arbeit wird unter dem Begriff **Produktionsstrukturierung** die Planung und kapazitive Auslegung der Produktionsstruktur in hierarchisch verzahnten Strukturebenen verstanden.

Dies enthält als aufbauorganisatorische Komponente sowohl die Zuordnung der Arbeitsgänge von Produkten, d.h. die Verteilung der Produktionsaufgaben, als auch die Zuordnung der zur Verfügung stehenden Funktionsträger zu Organisationseinheiten im Rahmen der Funktionsträgerverteilung. Als ablauforganisatorische Komponente werden die Verknüpfungen der entstandenen Organisationseinheiten infolge der produktspezifischen, bearbeitungsbedingten Schnittstellen betrachtet. Wesentliche Gestaltungsdimensionen sind in diesem Zusammenhang die systemübergreifende Systemteilung und die systeminterne, betriebsmittelbezogene Kapazitätenteilung sowie die systeminterne, mitarbeiterbezogene Arbeitsteilung.

2.1.2   Zum Begriff Dezentraler Verantwortungsbereich

Der Begriff "Dezentraler Verantwortungsbereich" bringt aktuelle prozeß- und arbeitsorganisatorische Entwicklungstendenzen zur Einführung neuer Produktionsstrukturen in Verbindung. Aus arbeitsorganisatorischer Sicht stehen hierfür Begriffe wie z.B. "teilautonome Arbeitsgruppe" /10/, während Schlagworte wie "Fertigungsinsel" /11/ die prozeßorganisatorische Sichtweise betreffen. Für die vorliegende Arbeit sollen unter Dezentralen Verantwortungsbereichen solche organisatorische Funktionsträger - d.h. Stellen bzw. Organisationseinheiten - verstanden werden, die arbeitsorganisatorisch durch einen ganzheitlichen, vorwiegend produktbezogenen Aufgabenzuschnitt, durch minimale Informationsflußverflechtungen untereinander sowie durch Delegation von Kompetenz und Verantwortung gekennzeichnet sind. Dies entspricht der Gestaltungsdimension **Komplettverantwortung**. Aus prozeßtechnischer Sicht repräsentieren sie im Hinblick auf die Gestaltungsdimension **Komplettbearbeitung** produktorientierte, materialflußtechnisch weitgehend abgeschlossene Produktionsabschnitte mit spezifischen Bearbeitungsprofilen, also mit einer Kombination bestimmter Produktionsverfahren. Mit dem Attribut "Dezentral" soll angezeigt werden, daß die Strukturierung im direkt produktiven Bereich erfolgt. Dezentrale Verantwortungsbereiche intendieren somit **funktionsintegrierte Organisationsstrukturen** mit minimalen informations- und materialflußtechnischen Schnittstellen zur Bewältigung der spezifischen Produktionsaufgaben.

Dezentrale Verantwortungsbereiche grenzen sich nach dieser Definition von dem Begriff Fertigungsinsel /11/ in der Hinsicht ab, daß

o   ein produktionsaufgabenbedingter, organisationseinheitenspezifischer Zuständigkeits- und Verantwortungsraum eingeführt wird,

o   die Integration von Teilefertigung und Montage vorgesehen ist,

o   alle relevanten, d.h. nicht nur die dispositorischen indirekt produktiven Produktionsaufgaben betrachtet werden und o   auf die Forderung nach einer vollständigen Komplettbearbeitung aller Produkte verzichtet wird.

Mit dieser Sichtweise haben Dezentrale Verantwortungsbereiche eher eine Affinität zu den von Wildemann definierten "Segmenten" /3/. Wesentliche Unterscheidungsmerkmale sind jedoch die ingenieurwissenschaftliche statt der betriebswissenschaftlichen Fokussierung bezüglich der Strukturierungsaufgaben sowie die gleichrangige Betrachtung von prozeß- und arbeitsorganisatorischen Gestaltungsdimensionen statt der Akzentuierung auf die prozeßorganisatorischen Gestaltungsdimensionen. Weitere Unterschiede ergeben sich aus den Größenordnungen der gebildeten Organisationseinheiten. Während Segmente auf der Unternehmens-, Werks- oder Bereichsebene angeordnet sind, repräsentieren Dezentrale Verantwortungsbereiche Organisationseinheiten in der Produktion mit gruppendynamisch wirksamen Gruppengrößen, d.h. Kleingruppen. Beide Bereiche treffen sich durch eine sukzessive top-down-Gliederung der Segmente oder aber durch eine hierarchische bottom-up-Synthese von Dezentralen Verantwortungsbereichen.

Aufgrund dieser Überlegungen greift für Dezentrale Verantwortungsbereiche die bisherige Definition des Organisationstyps der Produktion und des Fertigungstyps /12/ zu kurz. Die Einordnung des Begriffs Dezentraler Verantwortungsbereich setzt, ähnlich wie beim Begriff Fertigungsinsel, insbesondere die Differenzierung von Prozeßorganisation und Arbeitsorganisation voraus. Zudem muß die Komponente Arbeitsorganisation in Abhängigkeit vom Dispositionsobjekt "Produkt" bzw. "Funktionsträger" unterteilt werden (Bild 2-1).

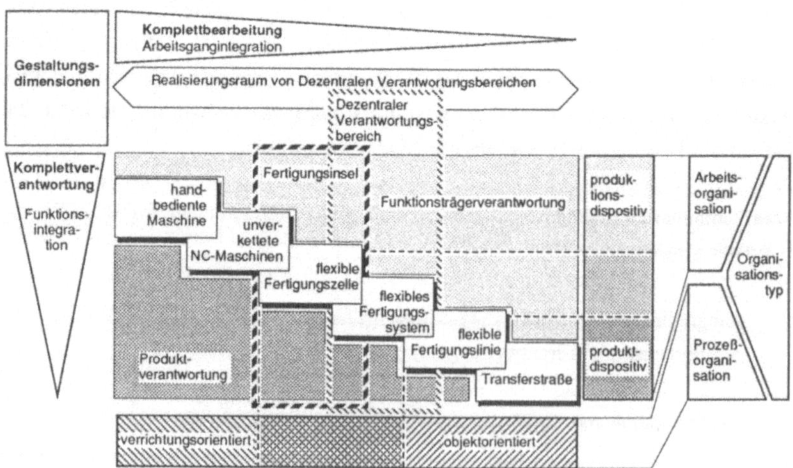

Bild 2-1: Einordnung von Dezentralen Verantwortungsbereichen

Die Produktdisposition betrifft die Fertigungssteuerungsfunktionen, während durch die Produktions-disposition die Funktionsträger und hier die Maschinen fokussiert sind (z.B. Steuerung und Durch-führung der Instandhaltung). Für den Fertigungstyp muß die Unabhängigkeit von Technik- und Or-ganisationsgestaltung aufgezeigt werden. Im Gegensatz zu Begriffen wie "Fertigungszelle" oder "Fle-xibles Fertigungssystem" repräsentieren Dezentrale Verantwortungsbereiche ebenso wie Fertigungs-inseln organisatorische und keine technischen Gebilde.

Mit diesen Erweiterungen gelingt neben der Neuzuordnung des Begriffs Fertigungsinsel die Ein-ordnung des Begriffs Dezentraler Verantwortungsbereich. Dezentrale Verantwortungsbereiche haben im Vergleich zu Fertigungsinseln einen wesentlich größeren Realisierungsbereich. Sie sind in Prozeß-strukturen mit unterschiedlichen Spezialisierungsrichtungen, Spezialisierungsgraden und Automati-sierungsgraden realisierbar, wenn auch bearbeitungsseitig geschlossenere Arbeitssysteme wie Ferti-gungszellen diesbezüglich Vorteile aufweisen. Zudem wird deutlich, daß Fertigungsinseln spezifische Ausprägungen von Dezentralen Verantwortungsbereichen repräsentieren.

2.1.3   Zum Begriff Strukturkosten

Durch die Einführung von Strukturkosten sollen Produktionsstrukturen und Strukturveränderungen monetär bewertbar werden. Eingeordnet in die betriebliche Investitionsrechnung sollen die Wirt-schaftlichkeit des Investitionsobjekts "Neu- oder Umstrukturierung der Produktion" abgeleitet wer-den können und Wirtschaftlichkeitsvergleichsrechnungen von Strukturalternativen ermöglicht wer-den.

Unter dem Begriff Strukturkosten sind alle diejenigen Kosten zusammengefaßt, die signifikant mit der Produktionsstruktur bzw. mit deren Systemeigenschaften in Verbindung gebracht und, wie in Kapitel 2.1.1 diskutiert, durch prozeß- und arbeitsorganisatorische Strukturveränderungen beeinflußt werden können. Insbesondere sind dies solche Kosten, die vom Grad der Arbeitsteilung und der Spezialisierung abhängig sind. Bestimmende Parameter sind die Verteilung von Produktionsaufgaben sowie die Verteilung von Aufgabenträgern zu den Organisationseinheiten und die hieraus sich erge-benden informations- und materialflußtechnischen Schnittstellen.

2.2   Problematik der Produktionsstrukturierung unter Kostengesichtspunkten

Die divergierenden Anforderungen des Marktes bzw. der Produktionstechnik an die Produktion be-stimmen die Problematik der Produktionsstrukturierung. Die Marktanforderungen manifestieren sich in den Bestrebungen, spezifische, der jeweiligen Wettbewerbsstrategie adäquate **produktorientier-te** Organisationseinheiten zu bilden. Über die Entflechtung der materialfluß- und informationsfluß-technischen Produktionsbeziehungen, d.h. der gemeinsam benutzten Ressourcen, sollen die organisatorischen Schnittstellen minimiert und die Arbeitsteilung reduziert werden. Unter Kostengesichtspunkten steht dabei die Optimierung des Umlaufvermögens im Vordergrund. Demgegenüber stehen die Anforderungen der Produktionstechnik, die **Synergieeffekte** sowie eine **räumliche Konzentration** der Funktionsträger intendieren; Schnittstellenaufbau statt -abbau zur Optimierung des Anlagevermögens ist die Folge.

Dieses Spannungsfeld entsteht durch die sogenannte Kapazitätenteilungsproblematik /13/. Damit wird das Problem umschrieben, Betriebsmittel splitten und mehreren, räumlich getrennten Organisationseinheiten zuordnen zu können. Zurückzuführen ist dieser Effekt zum einen auf die aus der Aufteilung resultierende potentielle Unterauslastung der Betriebsmittel. Zum anderen sind dafür technologische Restriktionen wie verfahrensbedingte Emissionen oder kapazitive Mindestleistungen verantwortlich.

Aufgrund dieser Situation, die in Analogie zum Ablaufplanungsdilemma /14/ hier als **Strukturierungsdilemma** /15/ bezeichnet wird, besteht ein wesentliches Problem darin, die Strukturierungsaufgabe in elementare Einzelaufgaben zu unterteilen. Diese sollen den beschriebenen spezifischen produkt- bzw. produktionsorientierten Anforderungen entsprechen und in ihrem Zusammenwirken die Produktionsstruktur determinieren.

Unter Zuhilfenahme eines systemtechnischen Ansatzes /4/ bietet sich hierzu eine formale Abbildung der Struktur durch das Tripel Produktionsfunktion, Funktionsträger und Organisationseinheit an /15/. Über die Abbildung der Relationen dieser strukturbestimmenden Systemelemente erfolgt die Zuordnung der produktspezifizierten Produktionsaufgaben, d.h. der Produktgruppen, Produkte sowie Arbeitsvorgänge, und der verfahrensspezifizierten Funktionsträger (Maschinen) zu den Organisationseinheiten. Beide Zuordnungen werden dabei unter Kostengesichtspunkten bewertet. Als Einzelaufgaben der Strukturierung können demgemäß die vorbereitende Produkt- und Funktionsträgerstrukturierung sowie die Produktionsstrukturierung abgeleitet werden (Bild 2-2).

Die Produktstrukturierung versucht, die Produkte unter Berücksichtigung der unterschiedlichen Marktanforderungen in verschiedene, in sich homogene Produktgruppen zusammenzufassen. Intendiert ist eine primäre Entflechtung der Produktionsbeziehungen, d.h. eine minimale produktionstechnische Abhängigkeit der Produktgruppen untereinander durch Vermeidung zentraler, gemeinsam benutzter Bearbeitungsressourcen. Die reale Entflechtung der für die Bearbeitung der einzelnen Produktgruppen notwendigen Funktionsträger setzt allerdings voraus, daß eine Zusammenfassung der Funktionsträger zu Gruppen mit redundanten Einheiten gelingt. Dies zu klären ist die Aufgabe der Funktionsträgerstrukturierung. In der anschließenden Produktionsstrukturierung werden die produktionstechnischen Anforderungen in den Strukturierungsprozeß eingebracht. In diesem Schritt werden die zur Verfügung stehenden Ressourcen aufgeteilt und verschiedenen Organisationseinheiten zugeordnet.

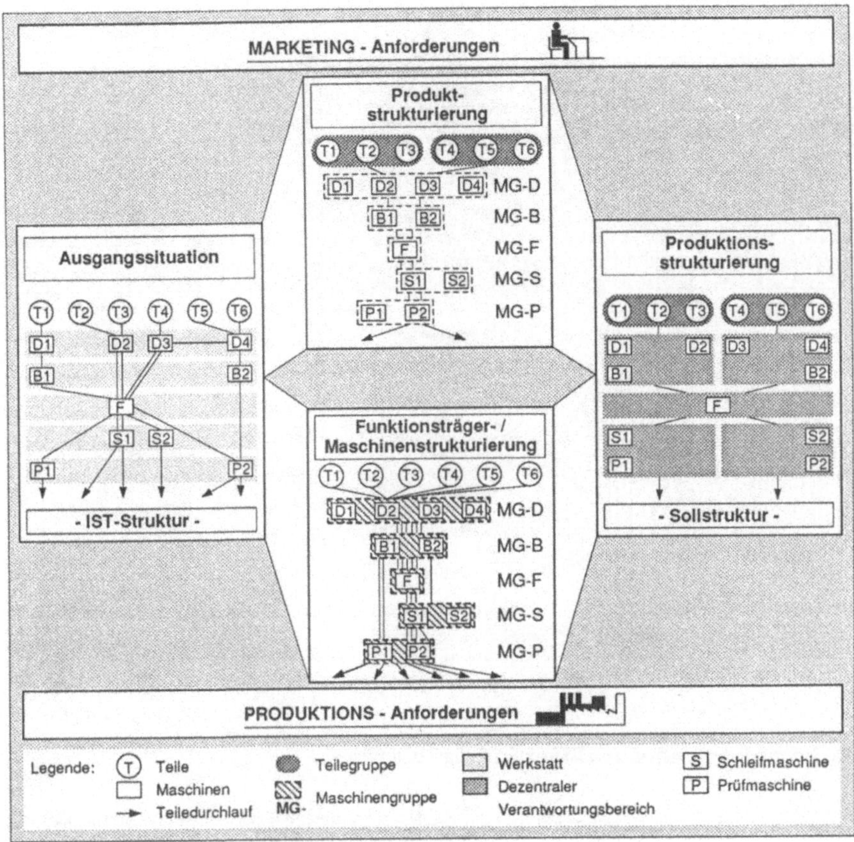

Bild 2-2: Aufgaben der Strukturierung

Die Teilaufgabe Produktionsstrukturierung ist dadurch gekennzeichnet, daß abhängig von der Zuordnungsstrategie entweder das Problem des Ressourcen-Sharings oder das Problem des Produkt-Sharings entsteht (Bild 2-3). Beim Ressourcen-Sharing müssen die Funktionsträger mehreren Organisationseinheiten und beim Produkt-Sharing die Produktgruppen mehrerer Organisationseinheiten zugeordnet werden. Wegen der Produktionsverflechtungen resultieren hieraus entweder eine Redundanz der Funktionsträger oder ein Verzicht auf Komplettbearbeitung. Umgesetzt in die Strukturkostenbetrachtung bedeutet dies gegenläufige Verläufe von Umlauf- und Anlagevermögen als Funktion des Kapazitätenteilungsgrades. Konsequenterweise wird sich ein Optimum zwischen einer reinen Objekt- und einer reinen Verrichtungsorientierung in Form von Mischstrukturen einstellen, die produkt- und produktionsspezifizierte Dezentrale Verantwortungsbereiche kombinieren.

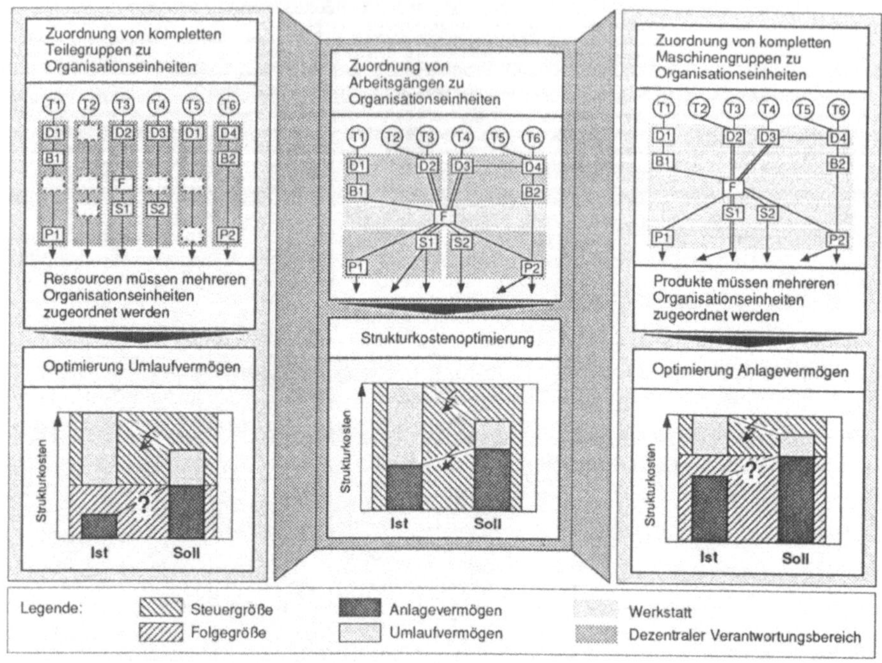

Bild 2-3: Strukturierungsbasis und Strukturierungsstrategien

Infolge der beschriebenen Komplexität und der großen Anzahl möglicher Strukturierungsansätze besteht bei allen drei Einzelaufgaben das entscheidende Problem darin, Strukturierungsansätze mit kostenwirksamen Effekten auszuwählen. Dies setzt voraus, daß problemspezifisch die relevanten Strukturierungsideen erkannt, die alternativen Gestaltungsdimensionen durch Betrachtung von Extremlösungen diskutiert - **Strukturierung in Alternativen** - und deren Auswirkungen auf die Systemeigenschaften bewertet werden können. Durch Erzeugung fiktiver Strukturen soll dies bereits in statu nascendi möglich sein. Insbesondere ist die Forderung aufzustellen, daß Strukturierungseffekte quantifiziert und so weit wie möglich monetär bewertet werden können. Nur so ist eine möglichst objektive Entscheidungsfindung bei der Auswahl der besten Strukturierungsalternative zu gewährleisten. Geeignete Ansatzpunkte ergeben sich hier zum einen durch ein Strukturierungsmodell, das problemspezifische Einflußfaktoren mit potentiellen Strukturierungsmaßnahmen verknüpft. Zum anderen können durch ein Strukturkostenmodell, das die Strukturparameter des Strukturmodells und die Struktureigenschaften in eine logische Verbindung bringt, mögliche Wirkungszusammenhänge aufgezeigt werden.

Die Komplexität der Aufgabe legt eine EDV-Unterstützung nahe, will man auf eine Repräsentativplanung wegen der damit verbundenen Ungenauigkeiten, Unvollständigkeiten sowie subjektiven Einflüssen verzichten. Zusätzlich muß das Durchspielen einer Vielzahl unterschiedlichster Strukturierungsszenarien möglich sein. Eine rein deterministische Realisierung dürfte allerdings in Anbetracht der beachtlichen Anforderungen scheitern, so daß heuristischen Verfahren, z.B. den zyklisch optimierenden Suchverfahren, vor allem bei der Teilaufgabe Produktionsstrukturierung der Vorzug zu geben ist. Da planerisches Know-how eingebunden werden muß, ist auf eine adäquate Gestaltung der Aufgabenteilung und der Interaktion zu achten.

Den Spezifika des Planungsprozesses muß durch eine Untergliederung des Strukturierungsverlaufs in Analyse- und Synthesephase Rechnung getragen werden. Eine zielorientierte, sukzessiv hierarchische Verfeinerung soll zunächst die Komplexität auf überschaubare und gestalterisch relevante Dimensionen reduzieren. Dies bedeutet, daß der theoretisch mögliche Lösungsraum auf den real vorhandenen Lösungsraum begrenzt wird. In einem zweiten Schritt kann dann durch eine Synthese in mehreren Stufen die Gesamtstruktur zusammengesetzt werden. Die Flexibilität bezüglich einer tiefen- und breitenorientierten Vorgehensweise und Fokussierung muß in allen Stufen erhalten bleiben.

Im Sinne dieser Ausführungen umschreibt die Problematik der Produktionsstrukturierung die Anforderungen, ein Strukturierungs-, Struktur-, Strukturkosten- und Planungsmodell zu entwickeln und diese in einem Gesamtmodell zu integrieren. An diesen Gedanken orientiert sich die vorliegende Arbeit.

2.3   Vorhandene Arbeiten zum Problemkreis

In der Literatur wird die Fragestellung Produktionsstrukturierung, wenn auch mit unterschiedlicher Akzentuierung und differenzierter Betrachtungsweise, von ingenieur- und zunehmend von betriebswissenschaftlicher Seite aufgegriffen. Im Bereich der Ingenieurwissenschaften stehen Methoden zur Generierung von Produktionsstrukturen und hier vor allem Verfahren aus dem Gebiet der Gruppentechnologie im Vordergrund. Dagegen werden in betriebswissenschaftlich orientierten Arbeiten Verfahren zur Bewertung von Produktionsstrukturen und Investitionsmaßnahmen sowie Themen der strategischen Unternehmensplanung und Organisationsentwicklung behandelt /3,8/.

Ein Szenario zur Differenzierung und zur methodischen Einordnung der für die vorliegende Arbeit relevanten Verfahren der Produktionsstrukturplanung als Teilmenge der angeführten Verfahren ist in Bild 2-4 aufgezeigt. Auf der ersten Ebene werden zunächst Planungs- und Bewertungsverfahren mit den Untergruppen Ähnlichkeits- und Produktionsstrukturierungsverfahren sowie statische und dynamische Verfahren unterschieden. Auf der zweiten Ebene werden diese Gruppen hinsichtlich der Vorgehensweise und auf der dritten Ebene bezüglich der eingesetzten Methoden differenziert.

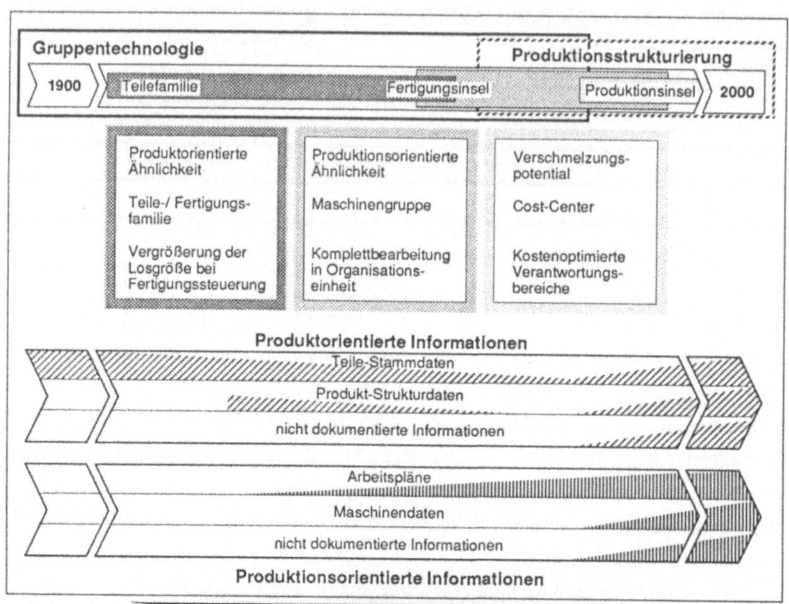

PRINZIPIEN				
Verfahrens-prinzip	Planung		Bewertung	
	Ähnlichkeit		Kosten	
	produktorientiert	produktionsorientiert	qualitativ	quantitativ
Datenbasis	Klassifizierungs-system	Stammdaten	Arbeitspläne	Strukturdaten	informelle Daten

VORGEHENSWEISEN		
Gruppie-rungsbasis	Produktgruppen	Maschinengruppen	simultan Produkt-/ Maschinengruppen
Hierarchie	Sukzessivplanung	Simultanplanung
Komplexität	einstufig	mehrstufig
Einbindung der Bewertung	ex post	generierungsbegleitend
Automatisie-rungsgrad	manuell	EDV-gestützt
Übertragbarkeit	anwendungsspezifisch	anwendungsneutral

METHODEN				
Generie-rungs-verfahren	heuristisch			deterministisch	
	Matrizen-bearbeitung	Graphentheorie	Mengentheorie	multivariate Verfahren	Optimierungs-verfahren
	ganzzahlige Optimierung		hierarchisches Clusterverfahren	disjunktives Clusterverfahren	
Bewertungs-verfahren	Simulation		Warteschlangen-Theorie	erweiterte Wirtschaftlichkeitsrechnung	

Bild 2-4: Szenario zur Verfahrenseinordnung

Das Szenario greift den historischen Verlauf der Entwicklung der Produktionsstrukturierung auf, die sich in Anlehnung an Warnecke /16/ und Brödner /17/ in drei Phasen vollzog.

Die erste Phase ist durch die Einführung der Gruppentechnologie gekennzeichnet, die nach Gallagher /18/ in die 20er Jahre zu datieren ist. Hier stand die **produktorientierte Produktgruppenbildung** im Vordergrund, die sich ausschließlich an produktbeschreibenden Merkmalen orientierte. Begriffe wie Teilefamilienbildung und insbesondere Gestalt- und Fertigungsfamilie stehen für diese Phase. Durch die Produktgruppenbildung sollten in den tayloristischen, werkstättenorientierten Produktionsstrukturen auch den Produkten mit kleineren Stückzahlen die Vorteile der Großserienfertigung erschlossen und Rüstzeiten minimiert werden. Basis hierfür war die Zusammenfassung bearbeitungsähnlicher Einzelteile zu arbeitsgangbezogenen Scheinlosen und die Optimierung der Reihenfolge von Arbeitsgängen an den einzelnen Maschinengruppen im Rahmen von Fertigungssteuerungsmaßnahmen.

Die zweite Phase der Gruppentechnologie ist durch die Auflösung von Teilbereichen der Werkstattstruktur und die Bildung von Maschinengruppen geprägt. Die räumlich-organisatorische Zusammenfassung der zur vollständigen Fertigung von bearbeitungsähnlichen Produktgruppen notwendigen Fertigungsmittel und insbesondere der Maschinen zu Maschinengruppen sollte für einzelne Produktgruppen eine Komplettbearbeitung innerhalb einer einzigen Organisationseinheit ermöglichen. Neben der Übernahme der Verfahren der ersten Phase wurden die Verfahren der **produktionsorientierten Produkt- und Maschinengruppenbildung** entwickelt, die auf den Arbeitsplänen aufsetzen. Hier werden Produkte zu Produktgruppen zusammengefaßt, die gleiche oder ähnliche Arbeitsvorgänge haben.

Mit Beginn der dritten Phase vollzieht sich die Weiterentwicklung der klassischen Gruppentechnologie zur **Produktionsstrukturierung**, die Strukturierungsentwicklungen in direkten und indirekten Unternehmensbereichen integriert. Durch das Konzept der Fertigungsinsel im direkten Bereich wird zunächst die prozeßorganisatorische Komponente "räumlich-organisatorische Konzentration von Maschinen" um die arbeitsorganisatorische Komponente "Funktionsintegration" ergänzt. Die Redelegation von indirekten Tätigkeiten, Kompetenz und Verantwortung in objektorientierte Verantwortungsbereiche ermöglicht kleine, überschaubare "Fabriken in der Fabrik". Kennzeichnend für die Verfahrensentwicklung dieser Phase ist, daß bei der Zuordnung von Produkten und Maschinen zu den Organisationseinheiten immer weniger die Produktionsähnlichkeit, sondern der betriebswirtschaftliche Nutzen der Zuteilung berücksichtigt wird. Durch erweiterte Bewertungsverfahren sollen die Strukturveränderungen evaluiert werden. Daneben gewinnen Inselstrukturen in Form von Informations- und Verwaltungsinseln in den indirekten Bereichen einen großen Stellenwert. Parallel werden im Bereich der strategischen Unternehmensplanung strategische Geschäftseinheiten bzw. Profit-Center diskutiert. Diese top-down-orientierten, betriebswissenschaftlichen Strukturierungsbestrebungen treffen im Rahmen der Unternehmenssegmentierung /3,19/ und Produktionsstrukturierung die bottom-up-orientierten, ingenieurwissenschaftlichen Strukturierungsansätze.

2.3.1 Produktorientierte Verfahren zur Produktgruppenbildung

In Anlehnung an die Weiterentwicklungen der Zeichnungsnummerierung /20/ wurden in frühen Forschungsarbeiten die **werkstückbeschreibenden Klassifizierungssysteme** entwickelt, die firmenübergreifend eingesetzt werden können /21,22/. Ergänzend zu den teilefertigungsorientierten Verfahren, über die Hyer und Wemmerlöv einen Überblick geben /23/, wurden auch Klassifizierungssysteme für die Anforderung der Montage entwickelt /24/. Charakteristisch für die werkstückbeschreibenden Klassifizierungssysteme ist, daß Produktmerkmale wie z.B. Geometrie, Gestalt, Funktion, Verbindungsaufgabe oder Art der Verbindungselemente zur Beschreibung und Kodierung der Werkstücke verwendet werden. Diese Systeme, die vor allem bei größeren Unternehmen und im Bereich der Serienfertigung verbreitet sind, werden vielfach wegen des hohen Aufwands zur Kodierung der Teile und der mangelnden Flexibilität bei neuen Anforderungen an das System nur unzureichend gepflegt. Sie sind somit für Strukturierungsaufgaben nur bedingt einsetzbar. Eine Nachklassifizierung scheitert in der Regel an dem hohen personellen Aufwand.

Neben der Entwicklung von einfachen Zugriffs- und Sortieralgorithmen auf der Basis des Klassifizierungsschlüssels wurden Versuche unternommen, durch gleichzeitige Betrachtung von mehreren Schlüsselmerkmalen und -nummern die Ergebnisse zu verbessern und die Produktgruppenbildung zu automatisieren. Darüber hinaus sollte der Übergang von einer sukzessiven zu einer simultanen Produktgruppenbildung realisiert werden. Simultan bedeutet in diesem Zusammenhang, daß die verschiedenen Produktgruppen gleichzeitig und nicht zeitlich hintereinander definiert werden (Bild 2-5).

Förster und Kelber /25/ stellen ein Programm vor, mit dem nach einer Analyse der Häufigkeitsverteilung von Schlüsselmerkmalen und -nummern unter Berücksichtigung der Stückzahlen eines Produktionsprogramms die Anzahl der theoretisch möglichen Schlüsselkombinationen auf eine manuell zu bewältigende Menge reduziert wird. Die Zahl der Produktgruppen wird manuell vorgegeben. In einem anschließenden Sortiervorgang werden mit dieser Schlüsselkombination die Teile zugeordnet.

Eine Suchstrategie zur schrittweisen Zusammenfassung von Schlüsseln zu Schlüsselkombinationen wird in /26/ beschrieben. Ausgehend von der Berechnung der erforderlichen Kapazitäten je Maschinengruppe der in einer Schlüsselnummer zusammengefaßten Produkte (Module), wird der Schlüssel durch Hinzunahme weiterer Schlüsselnummern, d.h. durch Kombination verschiedener Module mit ähnlicher Schlüsselnummer, zu einem Schlüsselband gedehnt (Operationsgruppen). Gleichermaßen werden anschließend durch eine Zusammenfassung der Operationsgruppen die Produktgruppen für die Fertigungsinseln definiert. Die wesentlichen Bedingungen für dieses hierarchische Zusammenfassen von Produkten sind die Auslastung und die Anzahl der erforderlichen Maschinen.

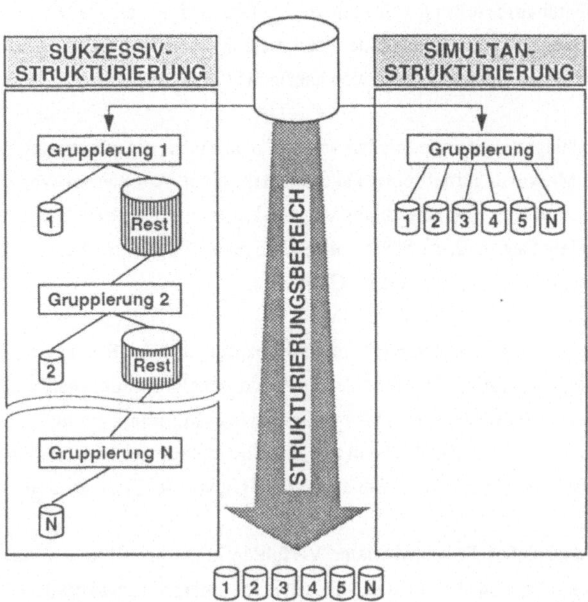

Bild 2-5: Alternativen zum Verlauf des Strukturierungsprozesses

Von Gongaware und Ham werden hierarchische Clusteralgorithmen eingeführt, die den Klassifizierungscode verwenden /27/. Kusiak schlägt vor, durch Berechnung einer mathematischen Distanzfunktion zwischen den Klassifizierungsschlüsseln von Produktpaaren die Rohdatenmatrix in eine Distanzmatrix überzuführen /28/. Die anschließende Produktgruppenbildung, die Algorithmen der ganzzahligen Optimierung oder in einer weiteren Variante Algorithmen der Matrizenbearbeitung verwendet, greift auf diese Distanzmatrix zurück.

Um die elementaren Schwierigkeiten der Klassifizierungssysteme zu überwinden, werden in weiterführenden Arbeiten multivariate Verfahren nicht auf den Klassifizierungsschlüssel, sondern auf unverschlüsselte, jedoch EDV-technisch gespeicherte Produktmerkmale wie CAD-Daten /28/, NC-Programme /29/, Sachmerkmalsleisten nach DIN 4000 /30/, Daten der Teilestammdatei /31/ oder Stücklistendaten /32/ angewandt. Zudem wird die Verknüpfung von produktorientierten Daten und Daten aus der Arbeitsgangdatei aufgezeigt /33,34/.

Vorwiegend kommen hierarchische Clusterverfahren zum Einsatz. Benutzt wird ein duales Teile-distanzmaß, das über eine Ähnlichkeitsfunktion auf Basis der Merkmale ermittelt wird. Realitätsnahe Datenmengen sind damit aber nur bedingt zu bewältigen /30,34,35/. Zudem gestaltet sich die Daten-übernahme und Datenaufbereitung sehr schwierig, liegen doch die Daten in unterschiedlichen Niveaus, mit divergierenden Spannweiten der Merkmale und überschneidenden Informationsgehalten vor. Nicht zuletzt fehlen zu einigen Merkmalen häufig die Originaldaten.

Hesselmann /34/ schlägt neben einer qualitativen und quantitativen Aufbereitung der Merkmale eine Strukturierung der Merkmale mittels einer Faktorenanalyse vor. Auf diesem Weg soll die Anzahl der Merkmale reduziert und eine Übergewichtung von Merkmalen infolge der Abhängigkeiten untereinan-der vermieden werden. Der an dieser Stelle notwendige manuelle Eingriff hat allerdings einen starken Einfluß auf das Ergebnis der anschließenden Clusterung.

Weule /29/ setzt mit einer disjunktiven Clusteranalyse direkt auf den Rohdaten auf. Ausgehend von einer zufällig erzeugten Partition wird durch einen Austauschalgorithmus die Zuteilung der Produkte zu den Produktgruppen solange variiert, bis ein Zielwert ein Minimum annimmt. Die Festlegung der Produktgruppenanzahl a priori, die Auswahl und die Gewichtung der Merkmale erfolgen interaktiv. Wie in /36/ aufgezeigt, ist das Ergebnis sehr stark abhängig von der Startpartition.

Trotz dieser Ansätze spielen die multivariaten Verfahren in der betrieblichen Praxis nur eine unter-geordnete Bedeutung. Dies ist vor allem auf die schlechte Interpretierbarkeit der Planungsergebnisse für den Planer zurückzuführen. Zudem spielt die gleichgewichtige und gleichzeitige Verwendung der Strukturierungskriterien eine Rolle, die der hierarchischen Struktur der Planungsaufgabe und einer zielorientierten Fokussierung auf die planungsspezifisch relevanten Einflußfaktoren geradezu kontro-vers gegenübersteht.

Neben firmenübergreifenden, EDV-gestützten Methoden zur produktorientierten Produktgruppen-bildung sind auch anwendungsspezifische Methoden bekannt. Hier wird überwiegend mit Produktre-präsentanten und nicht mit den Volldaten gearbeitet, so daß unter Verzicht auf Genauigkeit und Vollständigkeit nur manuelle Auswertungen möglich sind. Einsatzgebiet ist die Planung von Pilot- oder Einzelinseln. Aufgezeigt wurden die Gruppierung nach Produktnamen /37/ oder Produktfunk-tionen, die visuelle Gruppierung eines Teilespektrums /38/ unter Verwendung von Konstruktions-zeichnungen, die Kombination von Geometrie-, Fertigungs-, Auftrags- und Maschinendaten /39/ so-wie die stücklistenorientierte Gruppierung /40/. Eine wesentliche Eigenschaft dieser Verfahren ist die Strukturierungsflexibilität und vor allem die Möglichkeit zur Realisierung von produkt- oder baugrup-penorientierten Fertigungsinseln, die bisher durch die EDV-gestützten Methoden nicht unterstützt werden.

2.3.2 Produktionsorientierte Verfahren zur Produkt- und Maschinengruppenbildung

Eine wesentliche Schwäche von werkstückbeschreibenden Klassifizierungssystemen, die nur wenig ausgeprägte Korrelation zwischen geometrischer und fertigungstechnischer Ähnlichkeit, führte zur Entwicklung des fertigungsbeschreibenden Klassifizierungssystems /41/. Es beschreibt nicht das gesamte Werkstück, sondern jede Spannperiode eines Werkstücks nach fertigungstechnischen Gesichtspunkten. Durch die Parallelverschlüsselung von Arbeitsgängen und Maschinen werden die Bearbeitungsanforderungen der Arbeitsgänge und die Bearbeitungsfähigkeit der Maschinen einander gegenübergestellt. Für jede Spannperiode eines Werkstücks sind so alle Maschinen definiert, die eine Bearbeitung der Arbeitsgänge dieser Aufspannung ermöglichen.

Das fertigungsbeschreibende Klassifizierungssystem repräsentiert per se kein Strukturierungsverfahren. Es wird aber bewußt den produktionsorientierten Verfahren zugeordnet, da durch die Abspeicherung von Schlüsselnummern, Fertigungs- und Rüstzeiten der Spannlagen eines Werkstücks entsprechend der Bearbeitungsabfolge arbeitsplanähnliche Strukturen und damit die von produktionsorientierten Strukturierungsverfahren verwendeten Basisinformationen entstehen. Ferner ist bemerkenswert, daß die von einigen Autoren /42-44/ zur Vereinfachung der Produktionsentflechtung eingesetzten alternativen Arbeitspläne nicht zusätzlich mit großem Aufwand erzeugt und eingegeben werden müssen, sondern in den Dateien über Austausch- und Redundanzmaschinen implizit enthalten sind. Mit der Einschränkung auf Redundanzmaschinen trifft dies auch dann zu, wenn auf die zeitintensive nachträgliche Klassifizierung der Teile verzichtet wird und ausschließlich die Maschinen kodiert werden /45/. Choobineh zeigt eine erste Umsetzung dieser Idee anhand eines einfachen theoretischen Beispiels auf /46/. Er verwendet bei Fertigungszeiten für Alternativarbeitsgänge auf Redundanzmaschinen maschinenbezogene Korrekturwerte.

Eine weitere Möglichkeit zur Darstellung alternativer Arbeitspläne ist der Vorranggraph /47,48/. Dieses bisher fast ausschließlich im Rahmen der Montageablaufplanung eingesetzte Hilfsmittel zur Repräsentation von Vorrang- oder Reihenfolgenbeziehungen kann nach entsprechender Modifikation auch für die Produktionsstrukturierung in der Teilefertigung eingesetzt werden. Dies betrifft vor allem die Feinstrukturierung von bereits definierten Dezentralen Verantwortungsbereichen, da zur Erstellung des Vorranggraphen die Informationen erst erzeugt und aufbereitet werden müssen.

Die produktionsorientierten Strukturierungsverfahren, die auf den Arbeitsplänen oder den mit Hilfe des fertigungsbeschreibenden Klassifizierungssystems definierten Datenstrukturen aufbauen, lassen sich grundsätzlich in drei Hauptgruppen unterteilen (Bild 2-6). Bei der **Produktgruppenbildung** werden zuerst die Produktgruppen definiert und in einem zweiten Schritt die notwendigen Maschinen zugeteilt (Ressourcenaufteilung). Die **Maschinengruppenbildung** vertauscht die Reihenfolge;

Definition von Maschinengruppen und anschließende Zuteilung der Produkte zu den Maschinengruppen (arbeitsgangbezogene Produktaufteilung). Die dritte Gruppe kombiniert Produkt- und Maschinengruppenbildung in einem einzigen Schritt.

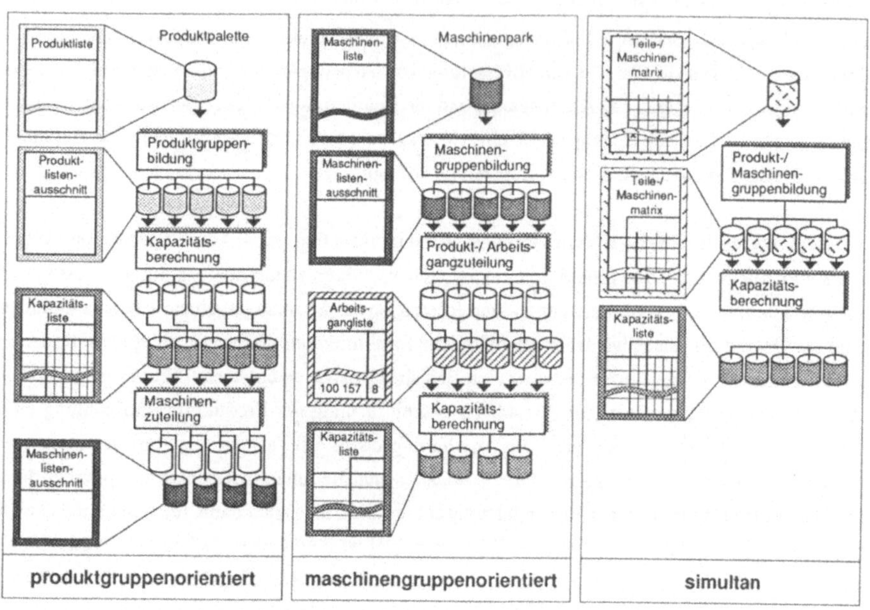

Bild 2-6: Alternative Gruppierungsansätze

2.3.2.1 Produktgruppenorientierte Verfahren

Die produktgruppenorientierten Verfahren greifen ausschließlich auf hierarchische Clusteralgorithmen zurück /35,49-55/. Benutzt wird in der Regel die Zuordnung Produkt-Maschine aus der binären Teile-Maschinen-Matrix, die einen Ausschnitt der Arbeitsplandatei repräsentiert. Da ausschließlich Maschinenkombinationen betrachtet werden, ist die Maschinenfolge nicht abgebildet. Nach Berechnung des sogenannten Distanzmaßes, das die Ähnlichkeit zweier Teile durch die Anzahl gleicher bzw. unterschiedlicher Maschinen ausdrückt, wird durch einen Gruppierungsalgorithmus die Klasseneinteilung der Teile vorgenommen und ein Dendrogramm erzeugt.

Seit der Einführung dieser Verfahren durch Carrie /49/ wurden zahlreiche methodische Defizite erkannt. Diese betreffen sowohl die Auswahl geeigneter Ähnlichkeitskoeffizienten und Gruppierungsalgorithmen als auch die Instabilität der Clusteranalyse hinsichtlich der Variation von Merkmalsnormierung, Ähnlichkeitskoeffizienten und Gruppierungsalgorithmen /35,56,57/.

De Witte /58/, Chandrasekharan und Rajagopolan /59/ zeigen modifizierte Ähnlichkeitskoeffizienten auf, da der von Carrie in Anlehnung an McAuley /60/ vorgeschlagene Jaccard-Ähnlichkeitskoeffizient wesentlich durch unterschiedliche Arbeitsganglängen oder Maschinenbelegungshäufigkeiten beeinflußt wird sowie bei zusätzlichen und nicht angesprochenen Maschinen nicht differenziert. Zudem werden Bezugsrichtungen bei der Verschmelzung nicht beachtet. Choobineh /61/ und Hesselmann /34/ entwickeln Ähnlichkeitskoeffizienten, die die Arbeitsgangfolge berücksichtigen.

Darüber hinaus wird von verschiedenen Autoren angeregt, Teile von untergeordneter Bedeutung zur Verbesserung der Trennschärfe auszugliedern /56/ und die Maschinen verfahrensorientiert zu Maschinengruppen zusammenzufassen /56,57/. In einigen Fällen werden auch der Status der Verfahren - Wichtigkeit und Anzahl von Maschineneinheiten - und die Fertigungskapazitäten bei der Definition von Ähnlichkeitskoeffizienten berücksichtigt /58/.

Seifoddini analysiert den Einfluß der Single-Linkage- und Average-Linkage-Gruppierungsalgorithmen auf das Gruppierungsergebnis /57/. Er stellt fest, daß das Single-Linkage-Verfahren größere gruppeninterne Inhomogenitäten und mehr Schnittstellenübergänge bewirkt. Allerdings sind wegen der einfacheren Berechnung die Rechenzeiten kürzer. Ähnliche Aussagen werden von Auch gemacht, der auf die Kettenbildungstendenz des Single-Linkage hinweist und damit die Eignung der hierarchischen Clusterverfahren in Frage stellt /35/. Erstaunlich ist aber, daß trotz der großen Bedeutung die beiden wesentlichen methodischen Probleme, zum einen die Verwendung von dualen Ähnlichkeiten zur Beschreibung einer Gruppenähnlichkeit, zum anderen der Verzicht auf eine Betrachtung von Kapazitäten bei der Produktgruppenbildung, in keiner Arbeit beleuchtet werden. Auch das Problem, daß bei einer produktgruppenorientierten Betrachtung die Produkt- und die Maschinenzuteilung explizit angekoppelt sind und deshalb eine vollständige Komplettbearbeitung nicht umgangen werden kann, wurde bisher nicht transparent.

Neben den methodischen Schwierigkeiten wird von verschiedenen Autoren das Problem beschrieben, realitätsnahe Datenmengen beherrschen zu können (vgl. Kapitel 2.3.1.1). Auch stellt aufgrund von Regressionsanalysen fest, daß der neue sogenannte schnelle Clusteralgorithmus (Quick Single Linkage) bei ca. 5000 Teilen seine Grenzen erreicht, sind doch bereits 14,5 CPU-Stunden auf einer Micro-VAX II notwendig /35/. Die eigentlichen Laufzeiten dürften infolge der zahlreichen IO-Prozesse noch wesentlich höher sein.

2.3.2.2 Maschinengruppenorientierte Verfahren

Die maschinengruppenorientierten Verfahren unterteilen sich in maschinenkombinationsorientierte und fertigungsablauforientierte Verfahren. Während die erste Gruppe ausschließlich auf der Teile-Maschinen-Matrix aufbaut, verwenden die von Materialflußanalysen abgeleiteten Verfahren der zweiten Gruppe zusätzlich die Folgenbeziehungen der Arbeitsgänge.

McAuley /60/ führt als erster maschinenbezogene Ähnlichkeitskoeffizienten und das Single-Linkage-Verfahren zur Clusterung von Maschinen ein. Aufbauend auf dieser Methode wurden von verschiedenen Autoren neue Ähnlichkeitskoeffizienten vorgeschlagen /59,61/ und andere Gruppierungsalgorithmen, z.B. das Average-Linkage-Verfahren /63/, benutzt.

De Beer und De Witte /58/ entwickeln ein graphentheoretisches Verfahren, das die Zuordnungsflexibilität sowohl von Teilen als auch von Maschinen zu verschiedenen Fertigungsinseln berücksichtigt. Anstelle spezifischer Maschinen werden Maschinentypen mit sich substituierenden Maschinen zugrunde gelegt, die abhängig von den zur Verfügung stehenden Maschineneinheiten je Maschinentyp differenziert werden. Ein wesentlicher Bestandteil des Verfahrens ist die Maschinentyp-Kombinationsmatrix. Hiermit werden die aus den Arbeitsplänen resultierenden Verknüpfungen der Maschinentypen aufgezeigt. Die Matrix ist, nach dem Stellenwert der Maschinentypen sortiert, in die Zonen Sonder-, Engpaß- und Universalmaschinen aufgeteilt. In jeder der drei Zonen werden nacheinander manuell Gruppen von Maschinentypen gebildet, wobei modifizierte Ähnlichkeitskoeffizienten zum Einsatz kommen. In einem anschließenden Schritt erfolgt mit Hilfe der Kapazitätsaufladung die Zuteilung derjeniger Teile, die mehreren Maschinengruppen zuzuordnen sind. Mit diesem Verfahren sind aufgrund der Aggregation der Arbeitsplaninformationen auch sehr große Datenmengen problemlos zu bewältigen.

Im Rahmen der von Burbridge vorgeschlagenen "Production Flow Analysis" /62,64,65/, die grundlegend für viele Arbeiten der Gruppentechnologie ist, wird beim entscheidenden Schritt der "Group Analysis" auf die Abbildung der Folgenbeziehungen verzichtet und die binäre Teile-Maschinenmatrix verwendet. Zur Lösung des Gruppierungsproblems schlägt Burbridge in seinen frühen Arbeiten vor, Maschinengruppen um Schlüsselmaschinen, wie z.B. Sondermaschinen, aufzubauen ("Nuclear Synthesis") /62/. Durch sukzessives Hinzufügen weiterer erforderlicher Maschinen wird die Maschinengruppe erweitert. Ähnliche Ansätze wurden auch von Norton und Fogg diskutiert /66/.

Durch Kusiak und Chow /67/ wird dieses Verfahren weiter vorangetrieben. Zur Identifizierung von homogenen Clustern schlagen sie den "Cluster Identification Algorithm" vor, den sie zur interaktiven Maschinengruppenbildung und zur Teilezuordnung einsetzen. Nach Auswahl von Maschinenkombinationen durch den Planer werden die maschinenbedingten Produktverknüpfungen analysiert, die zugehörigen Produkte identifiziert und sukzessive die Maschinengruppen erweitert.

In Anlehnung an die Arbeiten von Burbridge - und hier vor allem die "Factory Flow Analysis" - entstand ein EDV-gestütztes materialflußorientiertes Verfahren. Diesem liegt die Arbeitssystemsequenzanalyse zugrunde /68,69/. In einem ersten Schritt werden nach einer Analyse der nach der Stückzahl, der Losgröße bzw. der Kapazität bewerteten Häufigkeitsverteilung von Partialabläufen sogenannte Maschinenkerne gebildet und die zugehörenden Arbeitsgänge der Produkte zu Fertigungsablauffamilien zusammengefaßt. Die Partialabläufe repräsentieren Teilabläufe der Arbeitsgangfolgen der Arbeitspläne; die Forderung nach einer Komplettbearbeitung wird hier nicht erhoben. In einem zweiten Schritt werden durch schrittweises Hinzufügen von Arbeitssystemen mit Hilfe der Folgenbeziehungen der Maschinenkern erweitert, neue Arbeitsgänge zugeordnet und auf diese Weise die Fertigungsinsel abgeleitet. Im Rahmen einer Sukzessivplanung wird Schritt für Schritt die Struktur festgelegt. Unterstützt wird dieser Vorgang durch ein umfassendes Kennzahlensystem zur Quantifizierung der Auswirkungen der Strukturierung, das vor allem die internen und externen Wechselbeziehungen der Arbeitssysteme im Auftragsfluß dokumentiert. In weitergehenden Schritten ist eine Feinstrukturierung der Fertigungsinseln und eine Kosten-Nutzen-Bewertung möglich. Wie neuere Ausführungen zeigen, verlieren die Folgenbeziehungen zunehmend an Bedeutung. So verweist Göttker /70/ auf die vom Verfasser **Komplettbearbeitungsverfahrenskombinationen** genannten Arbeitssystemgruppen zur kompletten Bearbeitung von Teilespektren.

Nespeta /71/ überträgt das Konzept der Ablauffamilie auf Gußteile und auf die Arbeitsinhaltsbildung. Er integriert neben den Bearbeitungsfunktionen auch produktbezogene und produktionsunterstützende Arbeitstätigkeiten.

Ein neues materialflußorientiertes Verfahren zur sukzessiven Verschmelzung von Maschinentypen zu Maschinengruppen wird in /72/ diskutiert. In Anlehnung an das hierarchische Clusterverfahren zur Maschinengruppenbildung und das Dreiecksverfahren werden bei jedem Schritt das Maschinenklassenpaar mit der größten Materialflußintensität vereinigt und die Materialflußbeziehungen neu berechnet. Die Größe der Gruppe ist der limitierende Faktor. In weiteren Schritten werden zuerst die Maschinen und dann die Produkte den definierten Gruppen zugeordnet.

2.3.2.3 Verfahren der kombinierten Produkt- und Maschinengruppenbildung

Den Verfahren dieser Gruppe ist gemein, daß sie die Reorganisation der binären Matrix zur Block-Diagonal-Struktur zum Ziel haben. Auf diese Weise sollen homogene Cluster von Teile- und Maschinengruppen definiert werden. Mehrfachzuordnungen von Teilen oder Maschinen sind folglich nicht möglich.

Bei der Einführung dieser Verfahren wurden vor allem manuelle Methoden zur Strukturierung der Matrix verwendet /62,65,73,74/. Schnell wurde aber erkannt, daß die Datenmengen auf diese Weise nicht zu beherrschen sind und die Matrix für weitere Auswertungen zu groß und unübersichtlich ist.

Von mehreren Autoren /75,76/ wird daher vorgeschlagen, die Matrix zu vereinfachen. In ähnlicher Weise wie bei de Witte werden bei diesem Ansatz die Maschinen nach der Zuteilungsflexibilität in verschiedene Klassen eingeteilt und die Matrix nach diesem Kriterium sortiert. Beginnend mit den Engpaßmaschinen werden dann nacheinander um die Schlüsselmaschinen sogennante Module gebildet. Jeder Modul enthält alle Produkte, die nicht bereits zuvor definierten Modulen zugordnet wurden und die eine Komplettbearbeitung mit den durch die spezifische Verfahrenskombination definierten Verfahren ermöglichen. Da jeder Modul ein Verfahren und die zugehörigen Teile aus der Matrix eliminiert, wird die Matrix zu einer quadratischen Matrix mit der Feldlänge "Verfahrensanzahl" reduziert. In nachfolgenden Schritten werden die Module weiter zusammengefaßt, der Kapazitätsbedarf ermittelt und die Maschineneinheiten zugeteilt. Interessant ist, daß die Möglichkeit der Zuordnung von flexiblen Modulen, d.h. Modulen, die ausschließlich oder vorwiegend flexible Maschinen beinhalten, zu sondermaschinenorientierten Modulen nicht aufgeführt ist. Vielmehr erfolgt die Verschmelzung der Module zu den Fertigungsinseln nur innerhalb der definierten Klassen von Modulen. Der von Tilsey und Lewis /77/ eingebrachte "Kaskadeneffekt", der die Teilezuordnungsvariabilität beschreibt, wird damit nur teilweise genützt.

Neben diesen Verfahren wurden zahlreiche Algorithmen zur Reorganisation der Matrix durch Sortieren der Spalten und Reihen erarbeitet /78-80/. Infolge der Rechenkomplexität kommen aber nur kleine Datenmengen zur Anwendung, so daß diese Ansätze in der Praxis keine entscheidende Rolle spielen.

Eine wesentliche Voraussetzung der matrixorientierten Verfahren ist die Existenz von homogenen Clustern, d.h. einer den Daten zugrundeliegenden natürlichen Gruppierung. Da diese Voraussetzung in der Regel nicht gegeben ist, sondern eine geschlossene Beziehungsstruktur der Teile über die Maschinenverknüpfung vorliegt, beschäftigten sich einige Autoren /81-83/ mit dem Problem der "Bottle-Neck-Maschinen und -Teile". Ziel dieser Prozeduren ist, so wenig wie möglich Ausnahmeteile oder -maschinen zu finden, welche die Verflechtungen der Gruppen bewirken.

Dieses Problem, das hier als **Strukturverflechtung** bezeichnet wird, wurde zuerst von Steward /84/ im Rahmen von Netzwerkbetrachtungen - Aufteilung eines Graphen in Subgraphen - untersucht. Vanelli und Kumar /81/ übertragen dies auf das oben angeführte Problem und schlagen ein heuristisches, graphentheoretisches Verfahren vor. Es findet diejenigen Teile und Maschinen, die bei Entfernung oder Verdopplung eine Entflechtung des Netzwerkes bewirken. Während ein erster Algorithmus versucht, die Anzahl an Bottle-Neck-Maschinen und -Teilen zu minimieren, werden beim zweiten Algorithmus die Kosten minimiert.

Auch der bereits aufgeführte Cluster Identification Algorithm von Kusiak und Chow /83/ ist dieser Verfahrensgruppe zuzuordnen. Auf der Grundlage der um Subcontracting-Kosten erweiterten binären Maschinen-Teilematrix werden kostenminimale Bottle-Neck-Teile ermittelt.

Ein Ansatz zur kombinierten Produkt- und Maschinengruppenbildung für kleine Produktspektren mit Hilfe von Ähnlichkeitskoeffizienten wird von Kusiak /42/, Lashkari/Gunasingh /43/ und Shtub /85/ diskutiert. Nach Transformation der Teile-Maschinen-Matrix in eine Teile-Distanz-Matrix werden mit der ganzzahligen Optimierung die Teile- und Maschinengruppen ermittelt. Eine Erweiterung stellt die Verwendung von Ersatzarbeitsplänen zur Vereinfachung der Strukturentflechtung dar. Problematisch ist neben der methodenbedingten Einschränkung auf kleine Produktspektren - das angegebene Beispiel umfaßt 10 Teile, 6 Maschinen und 2 Inseln /43/-, daß die Anzahl von Fertigungsinseln a priori festgelegt werden muß. Durch Sensitivitätsanalysen soll dieses Problem vermindert werden /42/.

2.3.2.4 Kombinierte Verfahren

Von verschiedenen Autoren werden Verfahren zur Produktgruppenbildung mit Verfahren zur Reorganisation der binären Teile-Maschinen-Matrix kombiniert.

Chandrasekharan und Rajagopalan /59/ verwenden das Rank-Order-Clustering (ROC) von King /79/, identifizieren primäre Inseln durch Abgrenzung von sogenannten Blöcken in der Matrix und führen eine hierarchische Clusteranalyse mit den Daten der primären Inseln durch.

Co und Araar /86/ kombinieren den ROC-Algorithmus mit Suchstrategien zur Identifikation einer maximalen Anzahl von Blöcken mit maximaler Komplettbearbeitung.

2.3.3 Strukturkostenorientierte Strukturierungsverfahren

Die neueren Strukturierungsverfahren orientieren sich zunehmend an dem betriebswirtschaftlichen Nutzen der Gruppierung von Maschinen- und Teilegruppen. Ausgehend von Verfahren, die über Kennziffern eine rein qualitative Bewertung der erzeugten Strukturen ermöglichen, sind erste Ansätze, Strukturkosten direkt zu erfassen und nicht nur bewertend, sondern auch generierend einzusetzen, zu beobachten.

2.3.3.1 Qualitative Verfahren

Mit der Entwicklung von disjunktiven Clusterverfahren zur **Maschinengruppenbildung** mit Zuteilungsfunktionen, die den Nutzen der Produkt- und Maschinenzuordnung bewerten, wurde der Einstieg in die strukturkostenorientierten Verfahren realisiert. Diesen Verfahren ist gemein, daß - ausgehend von Startpartitionen mit definiertem Bearbeitungs- und Maschinenprofil - die Teile zugeordnet werden und in einer Austauschphase die Ausgangszerlegung verbessert wird. Die Tatsache, daß die Anzahl und die Zusammensetzung der Startpartitionen das Ergebnis wesentlich beeinflussen, ist eine methodische Schwachstelle. Im Vergleich zu hierarchischen Clusterverfahren können allerdings auch große Datenmengen bearbeitet werden.

Chandrasekharan und Rajagopalan /87,36/ setzen auf der binären Teile-Maschinen-Matrix auf. Sie leiten eine graphentheoretische Methode ab, mit der die Ermittlung der Anzahl an Startpartitionen objektiviert werden kann, und definieren eine Bewertungsfunktion für die Zuteilung der Produkte zu den Maschinengruppen. Die Funktion soll die Auswirkungen auf die beiden gegenläufigen Faktoren "Maschinenauslastung" und "inselinterne Materialflußbewegungen" bewerten.

Lemoine und Mutel /88/ verwenden in einem ähnlichen Ansatz bei den Produktzuteil-, Maschinen- zuteil- und Strukturbewertungsfunktionen normierte produktspezifische Fertigungskapazitäten und maschinengruppenspezifische Kapazitätsangebote. Auf diese Weise können die Produkte und Ma- schinen hinsichtlich ihrer kapazitiven Bedeutung für die Inselstruktur differenziert werden. Das Ver- schmelzungspotential wird über ein kapazitätsgewichtetes, erweitertes "Ähnlichkeitsmaß" bewertet, das die Verschmelzungskapazität in Relation zur Gesamtkapazität der über die Arbeitsvorgänge ver- knüpften Produkte und Maschinen setzt. Infolge der Unterteilung in die Phasen Produktzuteilung, Maschinenzuteilung und Strukturbewertung wird über das variable Bearbeitungsprofil und die zu minimierende Zielfunktion das Verfahren dynamisiert.

Die Beziehungsanalyse wird von Ballakur und Steudel /89/ modifiziert. Sie entwickeln ein neues heuristisches Suchverfahren, das, ausgehend von Schlüsselmaschinentypen, die zugehörigen Pro- dukte und die darüber verknüpften Maschinentypen ermittelt. Auf jeder Verknüpfungsstufe wird ent- schieden, welche Maschinentypen und Produkte zugeordnet werden. Für die Maschinentypenzutei- lung wird der normierte Kapazitätsbedarf und für die Produktzuordnung der Komplettbearbeitungs- grad zugrunde gelegt. Die Zuteilung der spezifischen Maschineneinheiten und die endgültige Zuord- nung der Produkte erfolgen in einer weiteren Stufe unter Nutzung der Kapazitätsauslastung und der Größe der Gruppe. Mit Kenngrößen wie Gruppenanzahl, Gruppengröße oder Komplettbearbeitungs- grad werden die generierten Strukturen bewertet. Eine Sensitivitätsanalyse zur Ermittlung geeigneter Werte der zuteilungsbestimmenden Restriktionen beendet das Verfahren.

Auch /35/ deutet in seinem Verfahren bei der Zuordnung von Maschinen und der iterativen Verbes- serung an, daß bei **produktgruppenorientierten Verfahren** ebenfalls strukturkostenrelevante Kriterien verwendet werden können. So erfolgt die Zuteilung der Maschinen nicht, wie sonst bei hierarchischen Clusterverfahren zur Produktgruppenbildung üblich, automatisch. Vielmehr handelt es sich, obwohl als Bestandteil der Bewertungsphase dargestellt, um einen weiteren interaktiven

Planungsschritt. Der Planer soll dabei intuitiv entscheiden, ob zusätzliche Maschinen sinnvoll sind. Dies erfolgt anhand qualitativer Kennziffern wie Komplettbearbeitungsgrad und Anzahl von externen Wechseln. Bei der anschließenden Verschiebung von Teilen zur Verbesserung des Teilefamilienvorschlags, die methodisch nicht unterstützt wird, kommen die genannten Kriterien jedoch nicht zum Einsatz.

Rudnicki und Wilimowska /44/ stellen ein ähnliches Verfahren wie Auch vor, verwenden jedoch weiterentwickelte Algorithmen zur Zuteilung der Maschinen. Die Zuteilung von Arbeitsgängen und Maschinen zu den Inseln erfolgt hier unter den beiden Gesichtspunkten "Minimierung erforderlicher Maschinen" und "Maximierung der inselinternen Materialflußbeziehungen". Zusätzliche Gestaltungsspielräume ergeben sich durch Nutzung alternativer Arbeitspläne.

Zur Ermittlung optimaler Organisationsstrukturen in der Arbeitsvorbereitung wurde ein Verfahren erarbeitet, das mit einer Top-Down-Strategie die sukzessive Unterteilung einer Gesamtstruktur in mehrere Ebenen von Teilstrukturen mit zugeordneten Produkten und Funktionen ermöglicht /90/. Bei jedem Gliederungsschritt wird mit Hilfe einer Nutzwertanalyse ermittelt, welche Gliederungsrichtung und Spezialisierung den größten Erfolg verspricht. Dieses Verfahren setzt allerdings eine ex ante Gliederung nach unterschiedlichen Produktstrukturierungsmerkmalen voraus. Erschwerend kommt hinzu, daß auf jeder Gliederungsstufe ausschließlich eine Aufteilung der Struktur in zwei gleiche Teilstrukturen möglich ist.

2.3.3.2 Quantitative Verfahren

Purcheck /91/ beschreibt ein auf der Verfahrenskombination beruhendes kostenorientiertes Maschinengruppierungsverfahren. Wesentlich für das Verfahren ist die Unterscheidung der Verfahrenskombinationen von Basisteilen (Hosts) und abhängigen Teilen (Guests). Jedes Basisteil definiert ein spezifisches maximales Bearbeitungsfähigkeitsprofil der zugehörenden Verfahrenskombination, das von keinem anderen Basisteil abgedeckt wird. Als Maximalmenge enthält jeder Host Teilmengen von abhängigen Teilen. Nach Berechnung der Kapazitäten werden in einer "Kapazitätsaufladungstabelle" die kapazitätsbewertete Zuordnungsflexibilität von Teilen zu den Verfahrenskombinationen der Basisteile und die Aufnahmefähigkeit dieser Verfahrenskombinationen hinsichtlich der abhängigen Teile dargestellt. Die Möglichkeit der Mehrfachzuordnung von abhängigen Teilen zu Basisteilen wird durch die minimale, maximale und durchschnittliche Aufladung beschrieben; Zuteilungsregeln werden jedoch nicht aufgeführt. In einem zweiten Schritt werden heuristische Methoden eingesetzt, um die kombinatorische Komplexität des Lösungsraums zu reduzieren. Unter Verwendung der Häufigkeitsverteilung der verfahrensbezogenen Minimaldistanzen zwischen den Hosts werden mit Hilfe des Branch-and-Bounding Hostkombinationen (Superhosts) mit minimaler Distanz zwischen den Elementen der Kombination und maximaler Anzahl von gleichzeitig verknüpften Hosts gebildet. Ziel der

Zusammenfassung ist die Minimierung von Investitionskosten durch Vermeidung von redundanten Maschinen in verschiedenen Inseln; Kapazitäten werden allerdings nicht zugrunde gelegt. Die Verschmelzung wird so oft wiederholt, bis die angestrebte Anzahl von Fertigungsinseln erreicht wird.

Chakravarty und Shtub /92/ leiten für die Losfertigung ein Strukturkostenmodell ab, das Rüst-, Lagerbestands- und Transportkosten berücksichtigt. Dieses Modell dient zur Ermittlung einer optimalen Anordnung von Maschinen in Gruppenstrukturen und zugeordneten optimalen Losgrößen.

Askin und Subramanian /93/ erweitern dieses Modell um Maschinen- und Fertigungsumlaufbestandskosten und bilden die Struktur in Anlehnung an Solberg /94/ als geschlossenes Netzwerk von Warteschlangensystemen ab. In dem darauf aufbauenden einfachen Strukturierungsverfahren soll angedeutet werden, daß bereits bei der Generierung der Strukturen, also nicht nur zur Bewertung, Strukturkosten verwendet werden können. Das Verfahren stützt sich auf die mit dem ROC-Algorithmus sortierte binäre Teile-Maschinen-Matrix. Der anschließende Planungsschritt versucht, innerhalb der Blöcke die Produkte, die jeweils als eigenständige Inseln interpretiert werden, zusammenzufassen. Wenn die Kosten der integrierten Gruppe geringer sind als die Summe der Kosten der beiden getrennten Gruppen, werden die benachbarten Produktpaare im Single-Pass-Verfahren verschmolzen. Die Verschmelzung wird mit den neu definierten Gruppen fortgesetzt. Um Rechenzeiten zu reduzieren, wird vor der Verschmelzung eine Plausibilitätsprüfung durchgeführt. Trotzdem sind nur kleinere Datenmengen beherrschbar, wie das angeführte Beispiel mit 24 Produkten und 14 Maschinen zeigt.

Choobineh benützt bei dem in /46/ vorgestellten 2-phasigen Strukturierungsmodell ein ähnliches Strukturkostenmodell, verzichtet aber auf die Abbildung von Transport- und variablen Produktionskosten. Zunächst werden mit einer hierarchischen Clusteranalyse Teilefamilien ermittelt. Mit diesem reduzierten Lösungsraum wird in der zweiten Phase ein ganzzahliges Optimierungsmodell definiert, um nach Festlegung der maximalen Anzahl von Inseln die Teilefamilien bzw. Maschinen den Inseln zuzuordnen. Hier fließt das Strukturkostenmodell mit einer strukturkostenorientierten Zielfunktion ein. Methodenbedingt sind bei diesem Verfahren erhebliche Defizite zu verzeichnen. So muß die Annahme getroffen werden, daß sich die Kostenstruktur bei Änderung der Inselkonfiguration nicht verändert. Zudem muß die maximale Anzahl an Inseln vorgegeben, können Teilefamilien nur jeweils einer Insel zugeordnet und nur realitätsferne Datenmengen verarbeitet werden.

Das Problem von Bottle-Neck-Maschinen wird von Seifoddini /95/ in Zusammenhang mit Strukturkosten analysiert. Das Modell evaluiert die gegenläufigen Verläufe von Transport- und Maschinenkosten bei einer Verdoppelung von Engpaßmaschinen.

2.3.4 Verfahren zur Strukturbewertung

Die Auswirkungen des Übergangs von Werkstatt- auf Inselstrukturen werden mit Hilfe unterschiedlicher Simulationsmodelle abgeschätzt /96-99/. Es fällt bei diesen Arbeiten auf, daß strukturbedingte Effekte wie die Abhängigkeit der Übergangszeiten von der Schnittstellenausprägung nicht oder nur teilweise abgedeckt werden können. Dies konnte auch in eigenen Simulationsversuchen bestätigt werden. Erschwerend kommt hinzu, daß nur eine ex post Bewertung der generierten Strukturen und keine generierungsbegleitende Unterstützung möglich ist.

Lorenz /100/ zeigt mit seinem Warteschlangenmodell zur Prozeßabbildung der Werkstattfertigung auf, daß ein statistisches Rechenmodell trotz des stochastischen Verhaltens von Fertigungsprozessen eine hinreichend genaue Berechnung von Bestand, Durchlaufzeit und Leistung ermöglicht. Entscheidend ist, daß die spezifischen Gegebenheiten des Fertigungsprozesses im Ankunfts- und Abfertigungsprozeß berücksichtigt werden. Die Übertragung auf Produktionsstrukturen mit Dezentralen Verantwortungsbereichen erfolgte bisher jedoch nicht.

Von einer Reihe von Autoren /101-107/ werden Verfahren der Investitionsrechnung vorgestellt, die eine Strukturbewertung und Wirtschaftlichkeitsrechnung von Fertigungs- bzw. Arbeitssystemen ermöglichen sollen. Vorausgesetzt wird hierbei, daß die Bewertungskriterien bereits quantifiziert wurden. Diese Bewertungsmodelle sind jedoch nur bedingt und teilweise für den Wirtschaftlichkeitsvergleich zwischen einer Werkstattfertigung und Fertigungsinselstrukturen geeignet. Die Systemgrenzen werden zu eng gezogen, um die wesentlichen strukturbedingten Effekte erfassen zu können. Hinzu kommt, daß in keinem der Modelle beschrieben ist, wie die Strukturveränderungen ex ante ermittelt werden können.

2.4 Anforderungen an die zu entwickelnden Planungs- und Entscheidungshilfen zur Produktionsstrukturierung

Für die dieser Arbeit zugrunde gelegte Themenstellung stehen eine Vielzahl von Verfahren zur Verfügung. Es handelt sich dabei um Verfahren, die, wie mit der Einordnung in das Szenario und Definition von charakteristischen Verfahrensgruppen beschrieben wurde, verschiedene Prinzipien repräsentieren und unterschiedliche Methoden verwenden. Entsprechend vielfältig sind auch die einzelnen Vorgehensweisen.

Stellt man die sich aus der Problemstellung ergebenden Anforderungen an Planungs- und Entscheidungshilfen zur kostenoptimierten Produktionsstrukturierung und die Leistungsfähigkeit der definierten Verfahrensgruppen gegenüber, so zeigt sich, daß trotz dieser Verfahrensvielfalt wichtige Probleme bislang nicht behandelt oder nicht befriedigend gelöst wurden (Bild 2-7).

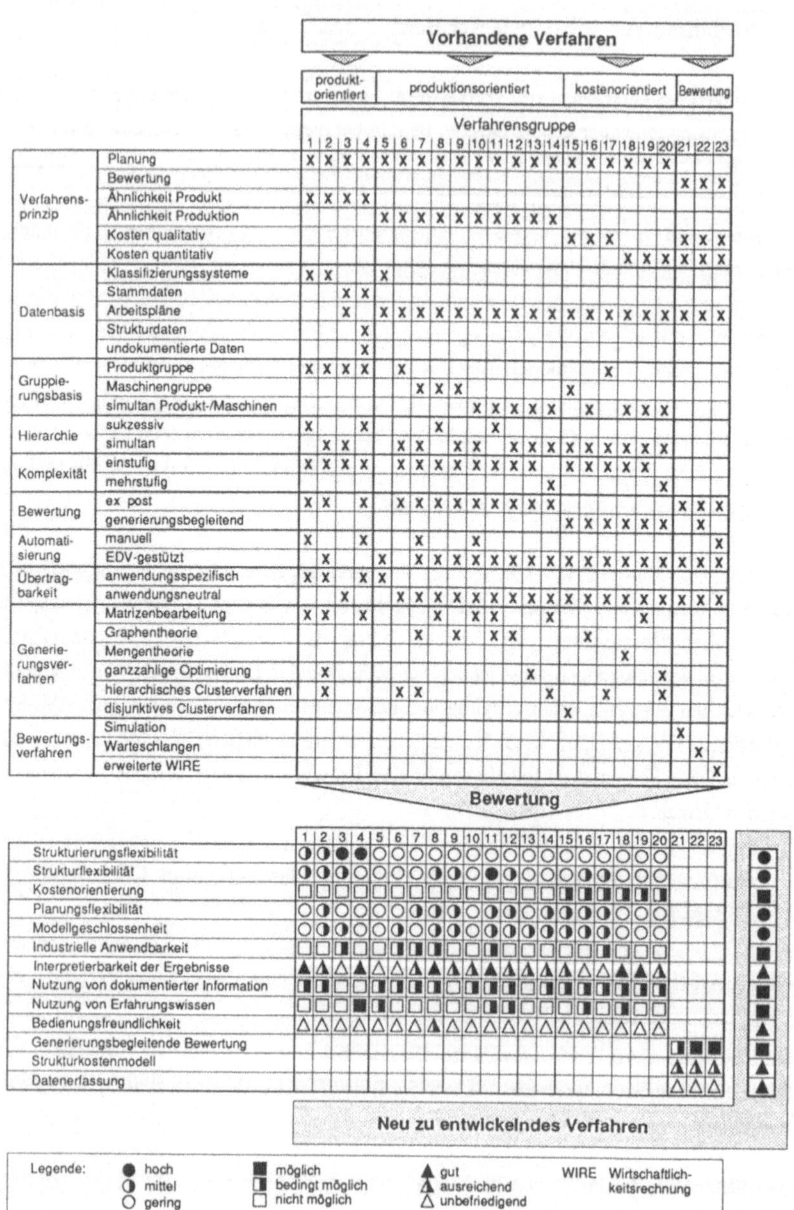

Bild 2-7: Anforderung an und Bewertung von Strukturierungsverfahren

Die Ursachen sind den zugrunde gelegten Prinzipien und den eingesetzten Methoden zuzuordnen, so daß gerade diesbezüglich ein Handlungsbedarf für Weiterentwicklungen besteht.

Einen besonders hohen Stellenwert für ein neu zu entwickelndes Verfahren haben, wie auch in /108/ aufgeführt, die Strukturierungs- und die Strukturflexibilität, soll doch die gesamte Produktion und nicht nur ein Teilbereich nach unterschiedlichen technischen, organisatorischen, personellen und wirtschaftlichen Gesichtspunkten re- bzw. organisiert werden können. Entgegen der weit verbreiteten These und den realisierten Verfahrensprinzipien existiert nämlich infolge der Strukturierungs- freiräume nicht nur eine einzige, sondern ein Spektrum unterschiedlicher Ausprägungen von Dezen- tralen Verantwortungsbereichen /109/. Die wesentlichen Unterscheidungsmerkmale ergeben sich einerseits aus der Funktionszuordnung, die den Umfang sowie die Komplexität der den einzelnen Organisationseinheiten zugeordneten Produktionsaufgabe bestimmt. Andererseits beeinflußt die Zu- ordnung der Funktionsträger maßgeblich die aufbauorganisatorischen Systemeigenschaften.

Die Strukturierungsflexibilität des Verfahrens beschreibt die Möglichkeit, unterschiedliche markt- orientierte und produktionsorientierte Strukturierungskriterien zur Produktgruppenbildung einzeln oder in Kombination anwenden zu können. Nur wenn dies gelingt, können die geforderten Organi- sationseinheiten mit differenzierten Produktionsstrategien - z.B. produktorientierte Fertigungsab- schnitte innerhalb spezifischer Fertigungsabschnitte wie Hart- und Weichbearbeitung - verwirklicht werden.

Eine wichtige Voraussetzung zur Umsetzung von differenzierten Produktionsstrategien (Bild 2-8) ist die Verfügbarkeit von Stamm- und Arbeitsplandaten sowie die Realisierung von variablen Datenzu- griffen. Daneben hat die Berücksichtigung von Produktstrukturen, d.h. von Stücklisten, einen beson- deren Stellenwert. Ohne Kenntnis der Produktzusammensetzung ist eine Realisierung von bau- gruppen- oder produktorientierten Produktionsstrukturen, die Bearbeitungs- und Montageaufgaben innerhalb einer Organisationseinheit integrieren, nicht möglich. Bisher ist dies ausschließlich bei den manuellen, betriebsspezifischen Verfahren verwirklicht worden. Da für die Strukturplanung nur das Vorhandensein der Technologie in der Organisationseinheit relevant ist, müssen aber die Bearbei- tungs-Reihenfolgenbeziehungen nicht wie sonst allgemein üblich abgebildet werden. Vielmehr sollten Komplettbearbeitungsverfahrenskombinationen betrachtet werden. Für die EDV-technische Um- setzung eignen sich relationale Datenmodelle /55,108,109/.

Mit der Strukturflexibilität werden die verfahrensbedingten Freiräume bewertet, die Spezialisierungs- richtung und -tiefe variieren, eine Mehrfachzuordnung von Produkten zu unterschiedlichen Verant- wortungsbereichen berücksichtigen sowie eine hierarchische Verknüpfung von Verantwortungs- bereichen zu Makro Strukturen durchführen zu können. Weitere Kriterien sind die Möglichkeit, die Bearbeitungsspezialisierung der einzelnen Organisationseinheiten variieren zu können, die Möglichkeit, die Produkte variabel den Verantwortungsbereichen zuordnen zu können, sowie die Möglichkeit zur Realisierung von organisationseinheiteninternen und -übergreifenden Bearbeitungsredundanzen.

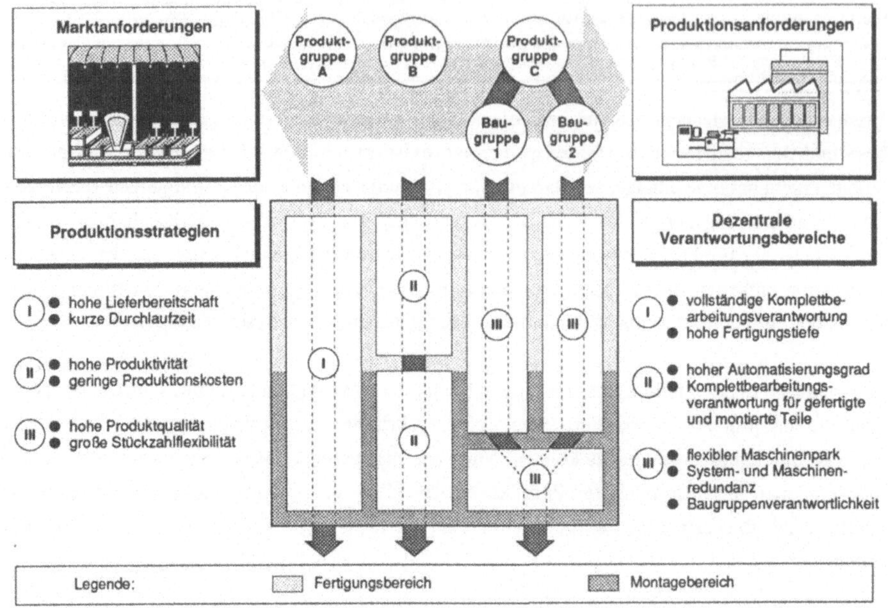

Bild 2-8: Dezentrale Verantwortungsbereiche mit differenzierten Produktionsstrategien

Die Strukturflexibilität orientiert sich damit an der Zusammensetzung und Aufbaustruktur der Funktionsträger innerhalb der Organisationseinheiten sowie am Zusammenwirken der einzelnen Verantwortungsbereiche in der Gesamtstruktur. In diesem Bereich weisen fast alle diskutierten Verfahren methodenbedingte Unzulänglichkeiten und Lücken auf, wie das Beispiel Clusteranalyse zeigt. Eine variable oder mehrfache Produktzuordnung zu einzelnen Verantwortungsbereichen ist hier ebensowenig möglich wie eine Aufteilung der Arbeitsgänge eines Produktes auf mehrere Organisationseinheiten. Der Anspruch einer Komplettbearbeitung innerhalb einer Organisationseinheit ist in diesen Verfahren implizit enthalten. Ein entscheidendes Problem besteht auch darin, daß bei einigen Verfahren wie der ganzzahligen Optimierung oder dem Austausch-Clusterverfahren die Anzahl an Inseleinheiten ex ante bekannt sein muß.

Infolge der zahlreichen Strukturierungsmöglichkeiten scheint es sinnvoll, alle relevanten Gestaltungsdimensionen während des Strukturierungsprozesses zu diskutieren. Dies setzt voraus, daß nicht wie bei den meisten Ansätzen jeweils nur eine schrittweise verfeinerte Lösung verfolgt wird. Vielmehr muß konsequent in Alternativen strukturiert werden. Hierzu ist es notwendig, in jeder Strukturierungsphase die relevanten Strukturierungsideen zu erkennen und extreme Lösungen sinnvoll miteinander zu kombinieren. Nach Ausgrenzung wenig vielversprechender Ansätze können auf diesem Weg die Strukturierungsfreiräume für die nachfolgenden Phasen eingeengt und gleichzeitig weitere Gestaltungsdimensionen erschlossen werden.

Viele Methoden beinhalten per se einen singulären Ansatz, der nur die Umstrukturierung eines kleinen Teils der Gesamtproduktion für ausgewählte, optimale Teile ermöglicht. Problemteile, z.B. Teile mit großer Arbeitsganglänge, können dann kaum mehr berücksichtigt werden. Eine Umstrukturierung im Sinne einer strategischen Neuausrichtung der Produktion ist in diesem Fall unmöglich.

Ein weiterer wichtiger Entwicklungsschwerpunkt ist der Übergang vom Prinzip der Ähnlichkeitsbildung zur Kostenorientierung bei der Generierung der Produktionsstrukturen. Durch die Erfassung und monetäre Bewertung der struktur- bzw. strukturierungsbedingten Systemeigenschaften soll eine kostenoptimierte Gliederung der Produktion in Dezentrale Verantwortungsbereiche ermöglicht werden. Dies gelingt mit sogenannten Mischstrukturen, die den gegensätzlichen Anforderungen von Absatzmarkt und Produktion durch adäquate verrichtungs- und objektorientierte Organisationseinheiten Rechnung tragen. Insbesondere müssen im Rahmen der Grobstrukturierung die Effekte der Verschmelzung von Produkten oder Arbeitsgängen sowie bei der Feinstrukturierung die Effekte der Verschiebung und Neuzuordnung von Produkten oder Arbeitsgängen zu anderen Organisationseinheiten kostenmäßig erfaßt werden können. Dies setzt zum einen ein Struktur- und ein Strukturbewertungsmodell voraus, das die wesentlichen strukturrelevanten Einflußgrößen berücksichtigt. Zum anderen bedarf es eines geschlossenen Planungsmodells mit integrierter Generierungs- und Bewertungsphase sowie zielorientierter Generierung. Besonders erwähnt seien auch Handlungsanleitungen zur Unterstützung des Planers bei der Ableitung von Produktionsstrukturen, die den Zusammenhang zwischen spezifischen Planungszielen, sinnvollen Struktur- und Strukturierungsalternativen und wahrscheinlichen Systemeigenschaften herstellen. Derartige Modelle stehen bisher nur in Ansätzen zur Verfügung /108/.

Hohe Anforderungen resultieren an die Planungsflexibilität. Ein neues Verfahren sollte die hierarchische Struktur des Planungsproblems aufnehmen und sowohl eine horizontal als auch vertikal orientierte Strukturierung in den einzelnen Planungsebenen ermöglichen. Dies bedeutet, daß man bei Bedarf durch einen Sprung in eine tiefere Planungsebene die Feinstrukturierung eines definierten Verantwortungsbereichs der Gesamtstrukturierung auf höherem Niveau vorziehen kann. Dazu ist ein konsistentes Datenmodell notwendig, das durch stufenweise Datenaggregation und -integration in mehreren Ebenen das Planungsproblem in Lösungsräumen mit unterschiedlichen qualitativen und quantitativen Niveaus repräsentiert.

Die Datenaggregation gibt auch einen Hinweis auf das Problem der industriellen Anwendbarkeit. Analysiert man die bekannten Verfahren, so fällt auf, daß praxisrelevante Datenmengen in der Regel nicht verarbeitet werden können. Ferner ist die Übernahme und Verarbeitung der Daten sowie der Umgang mit dem System mit hohen Aufwänden verbunden. Wemmerlöv und Hyer weisen daher nicht zu unrecht darauf hin, daß viele der vorgestellten Verfahren sowohl aus Forschungs- als auch aus Anwendungssicht wenig Unterstützung bieten /108/. Zurückzuführen ist dies in erster Linie auf die eingesetzten Methoden. Ohne Reduktion des Lösungsraums sind beispielsweise die hierarchische Clusteranalyse und die ganzzahlige Optimierung unbrauchbar.

Hinzu kommen betriebliche Akzeptanzprobleme infolge der schlechten Interpretierbarkeit der Ergebnisse und der mangelnden Bedienerfreundlichkeit. Symptomatisch seien die sehr umfangreichen Listings der Maschinen-Teile-Matrix oder Produkt-Dendrogramme aufgeführt. Geht man davon aus, daß wegen der Komplexität der Aufgabenstellung eine vollautomatisierte Planung unmöglich und die Interaktion zwischen Mensch und EDV-System notwendig ist, sollte ein neues Verfahren Software-ergonomische Gesichtspunkte aufgreifen und eine graphische Oberfläche vorsehen.

Mitentscheidend für das Strukturierungsergebnis ist, daß das für Strukturplanungen zur Verfügung stehende Datenmaterial in qualitativer Hinsicht, z.B. Aktualität, Genauigkeit oder Vollständigkeit der Informationen, erhebliche Unzulänglichkeiten aufweist /108,109/. Zudem nutzen die meisten Verfahren nur Teilmengen der vorliegenden Informationen. Dies betrifft beispielweise Informationen zur Abschätzung der Bedeutung von Produkten und Maschinen genauso wie den Verzicht der Nutzung von Kapazitäten bei der Abbildung der Maschinen-Produkt-Relationen. Um so wichtiger ist es, undokumentiertes Erfahrungswissen einbringen und verwenden zu können. Mögliche Ansatzpunkte ergeben sich beispielsweise durch die nachträgliche Klassifizierung von Maschinen, die mit geringem Aufwand die Arbeitsplangüte wesentlich verbessert. Zudem können mit Hilfe der Maschinenklassifizierung technologische Weiterentwicklungen integriert und zusätzliche Strukturierungsfreiräume bei der Teile-Maschinen-Zuordnung sowie bei der logischen Verknüpfung von Bearbeitungsvorgängen erschlossen werden.

Am Rande sei angemerkt, daß Strukturplanungen auf der Grundlage von Repräsentativbetrachtungen zu unzureichenden Ergebnissen führen. So muß bei Anwendung der 80:20-Regel und der ABC-Analyse beachtet werden, daß auch und gerade die als unwichtig definierten Produkte die Struktureigenschaften entscheidend beeinflussen /35,70,109/.

2.5 Zielsetzung und Vorgehensweise

Ziel der vorliegenden Arbeit ist es, durch Entwicklung und Erprobung eines interaktiven, EDV-gestützten Planungssystems zur Auslegung von strukturkostenoptimierten Produktionsstrukturen mit

Dezentralen Verantwortungsbereichen einen Beitrag zur Unterstützung des Planers bei der Produktionsstrukturierung zu leisten. Insbesondere sollen folgende Forderungen abgedeckt sein:

o   Bereits vor Generierung der neuen Strukturen sollte erkennbar sein, inwieweit im Spannungsfeld zwischen der Optimierung von Anlage- und Umlaufbestandsvermögen produktorientierte Verantwortungsbereiche möglich bzw. verrichtungsorientierte Verantwortungsbereiche notwendig sind.

o   Potentielle Strukturierungsfreiräume sollen zur Realisierung spezifischer, soweit sinnvoll produktorientierter Dezentraler Verantwortungsbereiche genutzt werden können, die unterschiedliche Produktionsstrategien repräsentieren.

o   Die abgeleiteten Dezentralen Verantwortungsbereiche mit ihren unterschiedlichen Produktionsstrategien sollen zu einer strukturkostenoptimierten, gemischten Produktionsstruktur zusammengefügt werden können.

o   Es sollen in jeder Strukturierungsphase mehrere Strukturalternativen entwickelt und miteinander kombiniert werden können. Nach Ausgrenzung wenig sinnvoller Lösungen resultieren hieraus Vorgaben für die nachfolgenden Strukturierungsschritte (situations- und phasenspezifische Erweiterung und Einschränkung des Lösungsraums).

o   Der Gegenstandsbereich der Strukturierung soll sowohl Teilefertigung als auch Montage umfassen, so daß integrierte teile-, baugruppen- oder produktorientierte Strukturen mit zugeordneten Bearbeitungsmaschinen und Montagestationen gestaltet werden können. Die technisch indirekten Funktionen sollten, soweit sie für das Strukturbewertungsmodell relevant sind, ebenfalls berücksichtigt werden.

o   Im Gegensatz zu den bisher bekannten Verfahren sollen infolge der Komplexität der Aufgabenstellung rein algorithmische EDV-Lösungen vermieden werden. Vielmehr sollte das Erfahrungswissen des Planers genutzt werden, um zusätzliche Informationen erschließen, problemrelevante Strukturierungsideen generieren, den Strukturierungsablauf steuern und die Strukturierungsergebnisse interpretieren zu können. Dagegen soll der Einsatz der EDV abgesicherte Ergebnisse durch Nutzung aller relevanten Daten und durch das Durchspielen vieler Planungsszenarien ermöglichen. Manuelle Verfahren oder Repräsentativplanungen werden aus diesem Grund ausgeschlossen.

o   Als Konsequenz der Funktionsteilung muß der Interaktion zwischen Planer und
    EDV-System sowie der Durchschaubarkeit des Planungsprozesses für den Planer
    eine besondere Bedeutung zugemessen werden. Durch eine graphische Oberfläche
    in Zusammenhang mit der Nutzung verdichteter Daten soll dieser Anforderung
    Rechnung getragen werden.

Um diese Ziele zu erreichen, wurden das Struktur-, das Strukturierungs-, das Strukturbewertungs-
und das Planungsmodell entwickelt. Diese sollen zunächst in Kapitel 3 diskutiert werden.

Nach der Abgrenzung dieser Modelle werden die dem entwickelten Instrumentarium zugrundeliegenden Prinzipien, Methoden und Vorgehensweisen in Kapitel 4 systematisch abgeleitet und
erörtert. Dies beinhaltet vor allem die Analyse-, Planungs- und Bewertungsmodule. Die Abfolge
orientiert sich im wesentlichen an der Einordnung in die Phasen des Strukturierungsprozesses.

Eine Demonstration des Verfahrens erfolgt in Kapitel 5. Am Beispiel einer Produktionsstrukturierung
im Rahmen einer realisierten Reorganisation der gesamten Produktion eines Unternehmens werden
charakteristische Strukturierungsabläufe und die erzielten Ergebnisse verdeutlicht. Zur Einordnung
des Instrumentariums werden die Ergebnisse eines Vergleichs mit einigen gruppentechnologischen
Verfahren vorgestellt und Aussagen zum Rechenzeit- und Speicherplatzverhalten gemacht.

Die EDV-technische Realisierung und insbesondere der Aufbau, die Datenstruktur, die Dateiorgani-
sation und die Bedieneroberfläche des entwickelten EDV-Systems sowie die Vorgehensweise bei der
Datenübernahme sind im Anhang beschrieben.

3 Beschreibung der Modelle zur Produktionsstrukturierung

Die Planung von strukturkostenoptimierten Produktionsstrukturen mit Dezentralen Verantwortungsbereichen ist eine Aufgabe der strategischen Unternehmensplanung. Es handelt sich um eine sehr
komplexe Aufgabenstellung, da hierbei zum einen die gesamte Unternehmenssituation und insbesondere die Aufbau- und Ablauforganisation maßgeblich verändert wird. Zum anderen existiert bei der
Planung eine Vielzahl von Gestaltungsmöglichkeiten, die das Systemverhalten der definierten Produktionsstruktur entscheidend bestimmen.

Um die komplexen Zusammenhänge zwischen Strukturierungsaufgabe und Strukturierungsergebnis
verstehen zu können, ist es zweckmäßig, das Problem der Produktionsstrukturierung in Teilprobleme
aufspalten und diese modellhaft abzubilden. In der vorliegenden Arbeit wird dieser Anforderung
durch die Unterscheidung von Strukturierungs-, Struktur-, Strukturbewertungs- und Planungsmodell
Rechnung getragen. Zum besseren Verständnis der darauf aufbauenden Planungsmethoden werden
die Modelle ausführlich dargelegt.

3.1 Strukturierungsmodell

Das Strukturierungsmodell beschreibt die prinzipiellen Gestaltungsdimensionen, -abhängigkeiten und
-spielräume bei der Durchführung von Strukturierungsaufgaben. Eine wesentliche Grundlage des
Modells ist die Beziehungsstruktur zwischen den drei Strukturelementen Produkte, Maschinen und
Organisationseinheiten und das hieraus sich ergebende dreifache Zuordnungsproblem. Im einzelnen
sind dies die Zuordnung von Produktionsaufgaben in Form der Zuteilung von produktspezifischen
Arbeitsgängen, die Zuordnung von Funktionsträgern durch Zuteilung von Maschinen oder Mitarbeitern sowie die Zuordnung der Organisationseinheiten zu Organisationsbereichen als Ergebnis einer
Hierarchiebildung (Bild 3-1). Die Strukturrelation in Form des Tripels Produktionsaufgabe-Funk-
tionsträger-Organisationsbereich ergibt sich mit diesen Vorgaben aus der Vereinigung der Dupel Pro-
duktionsaufgabe-Organisationseinheit, Funktionsträger-Organisationseinheit und Organisationsein-
heit-Organisationsbereich.

Die Abbildung als Tripel bedeutet gleichzeitig, daß auch Teilzuordnungen von Produkten zugelassen
sind. In diesem Fall werden unter Verzicht auf die Komplettbearbeitung nicht alle, sondern nur bestimmte Arbeitsgänge des Arbeitsplans eines Produkts zugeordnet. Eine Komplettbearbeitung innerhalb einer einzigen Organisationseinheit würde dagegen nur das Dupel Produkt-Organisationseinheit
benötigen.

Strukturierung bedeutet in diesem Kontext die Optimierungsaufgabe, über die beschriebenen Zuordnungen die teilebezogenen Schnittstellen zwischen den einzelnen Organisationseinheiten durch Maxi-

mieren des organisationseinheiteninternen Komplettbearbeitungsgrads zu minimieren. Gleichzeitig soll die Auslastung von Funktionsträgern durch Vermeidung von Kapazitätsredundanzen zwischen den einzelnen Organisationseinheiten maximiert werden. Formuliert man die Zuordnungsaufgabe unter Berücksichtigung von Strukturkosten, so lautet das Ziel, gleichzeitig und gleichrangig ablaufbedingte Kostenarten wie Umlaufbestandsbindungskosten und aufbaubedingte Kostenarten wie Fertigungssteuerungs- oder Maschinenkosten zu minimieren (Bild 3-2). Dieser gegenläufige Verlauf umschreibt den in dieser Arbeit als **Strukturierungsdilemma** genannten Effekt, daß Funktionsintegration bzw. -synergie versus Ressourcen-Nutzung steht.

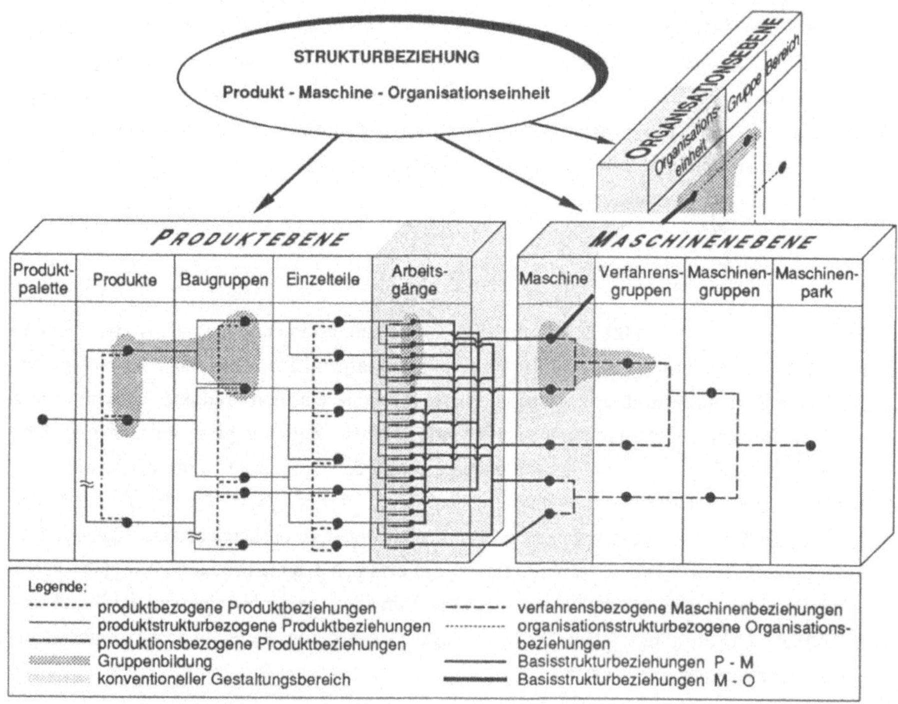

Bild 3-1: Beziehungsstruktur der Strukturelemente

Konventionelle Ansätze zur Produktionsstrukturierung und vor allem die gruppentechnologischen Überlegungen zur Teilefamilien- bzw. Fertigungsinselbildung benutzen überwiegend die Beziehungen der unteren Modellebene (Arbeitsgang-Maschine-Organisationseinheit). Durch eine Modellerweiterung, d.h. Ausweiten der Ebenen in den drei Bereichen (Bild 3-1), können jedoch zusätzliche Gestaltungspotentiale erschlossen werden, ohne daß sich die Strukturierungsaufgabe ändert. So besteht die Möglichkeit, neben den produktionsorientierten, auf dem Prinzip der Bearbeitungsähnlichkeit aufbauenden Strukturierungsansätzen auch produktorientierte Strategien zu verfolgen. Als Konsequenz der Variation der Beziehungen von Funktionen, Funktionsträgern sowie Organisationseinheiten zwischen und innerhalb dieser mehrschichtigen Ebenen ergeben sich **Produktionsmischstrukturen**, die hierarchisch verknüpfte Organisationseinheiten unterschiedlichen Organisationstyps repräsentieren. Dies entspricht den Anforderungen der Realisierung von differenzierten Produktionsstrategien in den einzelnen Dezentralen Verantwortungsbereichen.

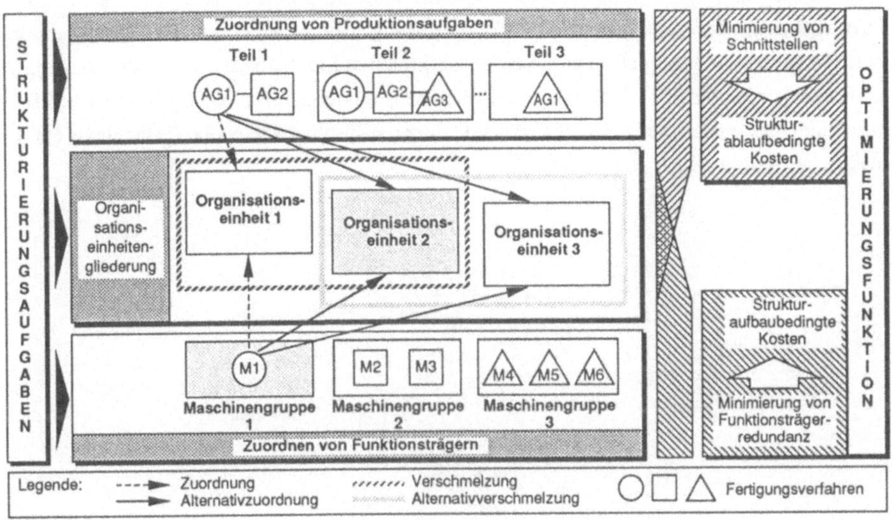

Bild 3-2: Strukturierungsaufgaben

Die Modellerweiterung in der Produktebene führt dazu, daß auf jeder Produktstrukturstufe Gruppen von Einzelteilen, von Baugruppen oder von Produkten gebildet und miteinander kombiniert werden können. Die Produktstrukturstufen ergeben sich dabei aus einer Stücklistenauflösung. Über die Beziehungsstruktur können für die einzelnen Gruppen die zugehörenden Produktionsfunktionen (Arbeitsgänge) ermittelt werden. Neben den implizit vorhandenen produktstruktur- und bearbeitungsähnlichkeitsorientierten Merkmalen fließen in die Gruppenbildung zusätzlich technische und organisatorische produktorientierte Merkmale wie Qualitätsstandard, Größe, Abnehmer oder Preis mit ein. Im Vordergrund steht dabei die produktweite material- und informationsflußtechnische Schnittstellenreduktion, d.h. die produktseitige Strukturoptimierung. Diese Teileaufgabe der Strukturierung wird im nachfolgenden **Produktstrukturierung** genannt.

Innerhalb der Maschinenebene werden im Rahmen der **Maschinenstrukturierung** einzelne Maschinen zu Maschinengruppen mit ähnlichen Bearbeitungsprofilen zusammengefaßt. Dies geschieht, ausgehend von der spezifischen Maschine als Maschineneinheit, in mehreren Aggregationsstufen. Beispielsweise sei die Verfahrensgruppe - dies sind Maschinen mit gleichem Fertigungsverfahren - oder die Phasengruppe - dies sind Maschinen für die Bearbeitung eines Fertigungsabschnitts (z.B. Hartbearbeitung) - aufgeführt. Durch diese Gruppierung und der davon abhängigen Festlegung von Austauschmaschinen können die Beziehungen zwischen produktbezogenen Arbeitsgängen und den Maschineneinheiten neu definiert und das Kapazitätenteilungsproblem verringert werden. Nicht zuletzt wird wegen der Aggregation der Strukturbeziehungen auf Makroebenen die Strukturierungssituation transparenter und der theoretische Lösungsraum auf realitätsnahe und problemrelevante Dimensionen reduziert (Bild 3-3). Dies wirkt sich auf die Interaktion zwischen Planer und EDV-System und insbesondere auf die Realisierbarkeit einer graphischen Bedienoberfläche sowie auf die Rechenzeiten positiv aus.

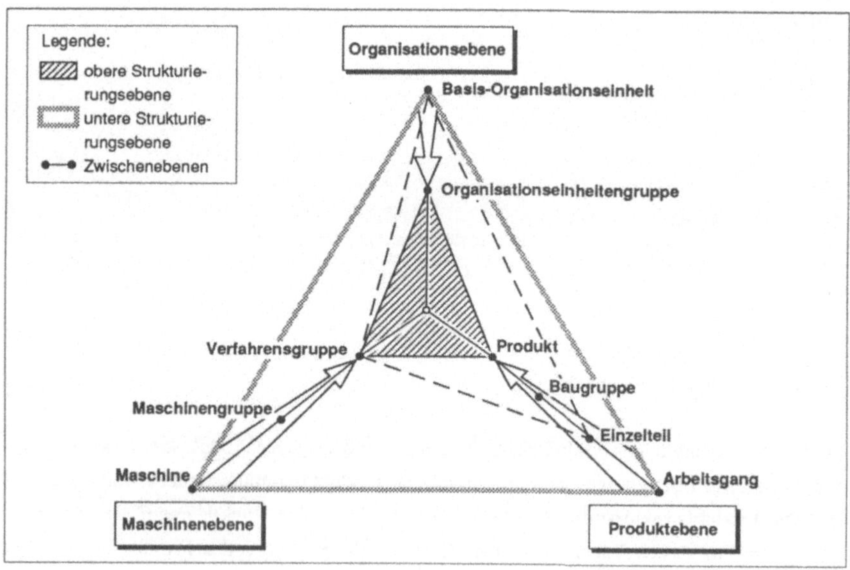

Bild 3-3: Strukturierungsebenen

Die **Strukturierung von Organisationseinheiten** berücksichtigt den Umstand, daß zwei Organisationseinheiten mit gleicher Gliederungsrichtung und -tiefe unterschiedliche Eigenschaften aufweisen, wenn sie verschiedenartig in die nächsthöhere Hierarchieebene eingebettet sind /90/. Dies betrifft, wie in Kapitel 3.3 bei der Erläuterung des Strukturbewertungsmodells beschrieben wird, besonders die informationsflußtechnischen Schnittstellen - z.B. den Koordinationsaufwand - und das ablaufbedingte Systemverhalten - z.B. die Durchlaufzeiten. Hierauf hat vor allem der Umfang und die Ganzheitlichkeit der Objektverantwortlichkeit einen maßgeblichen Einfluß.

Präzisiert man mit diesen Erläuterungen das Strukturierungsmodell, so ist eine Unterteilung des Modells in Strukturierungsanalyse und Strukturierungssynthese sinnvoll. Wie in Bild 3-4 gezeigt, werden die top-down-orientierte Strategie der Produktgliederung und die bottom-up-orientierte Strategie der Produktgruppenbildung in einem Strukturierungsregelkreis zusammengeführt. Dabei wird der intendierten Schnittstellenminimierung durch die produktorientierte **Primärstrukturierung** in der Analysephase und der Optimierung der Ressourcen-Nutzung durch die produktionsorientierte **Sekundärstrukturierung** Rechnung getragen. Somit repräsentiert die Sekundärstrukturierung den eigentlichen Produktionsstrukturierungsprozeß und die oben angeführten Zuordnungsaufgaben.

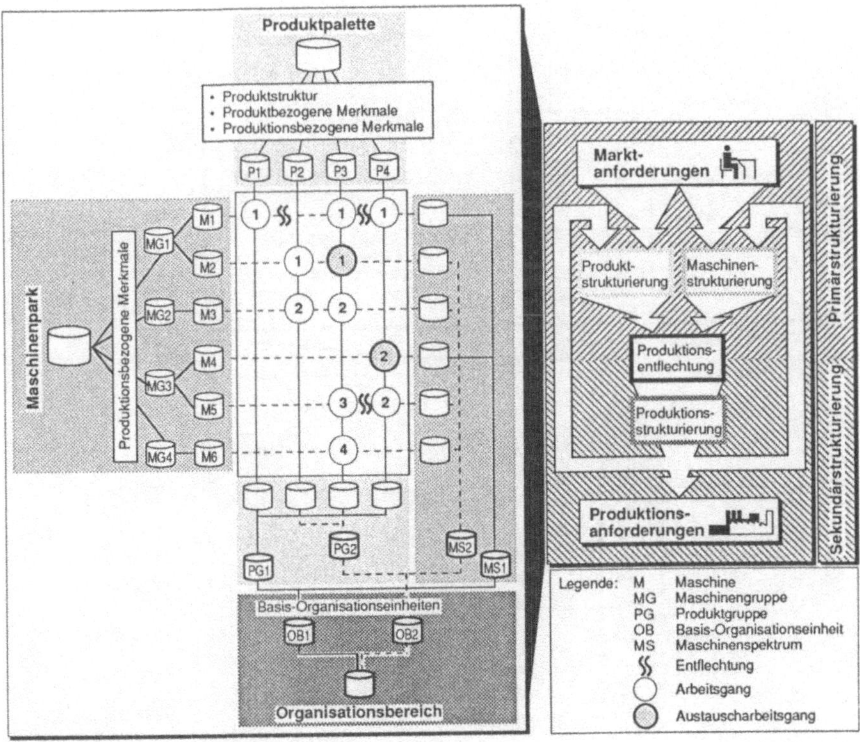

Bild 3-4: Verallgemeinertes Strukturierungsmodell

Die Strukturierungsanalyse beinhaltet die oben definierte Produkt- und Maschinenstrukturierung. Die Produktgliederung erfolgt innerhalb der definierten Produktebenen so weit wie möglich und zwischen den definierten Produktebenen so tief wie notwendig. Auf diese Weise sollen unter Nutzung sämtlicher zur Verfügung stehender Gestaltungsdimensionen verschiedene Produktgruppen - sogenannte **Produktbasen** - generiert werden, die weitgehend technologisch entflochten sind (Bild 3-5). Dies setzt voraus, daß unter Beachtung der Auslastungssituation und der Anzahl der insgesamt zur Verfügung stehenden Maschineneinheiten die zugeordneten Funktionsträger zusammengefaßt und ausgegrenzt werden können. Deshalb wird, ausgehend von der Produktebene, über die Baugruppen- und Einzelteilebene analysiert, inwieweit eine solche Trennung möglich ist. Stehen bereits bei der Produktstrukturierung ausschließlich produktionsorientierte Gesichtspunkte im Vordergrund, so kann die Analyse bis auf die Fertigungsphasenebene fortgesetzt werden.

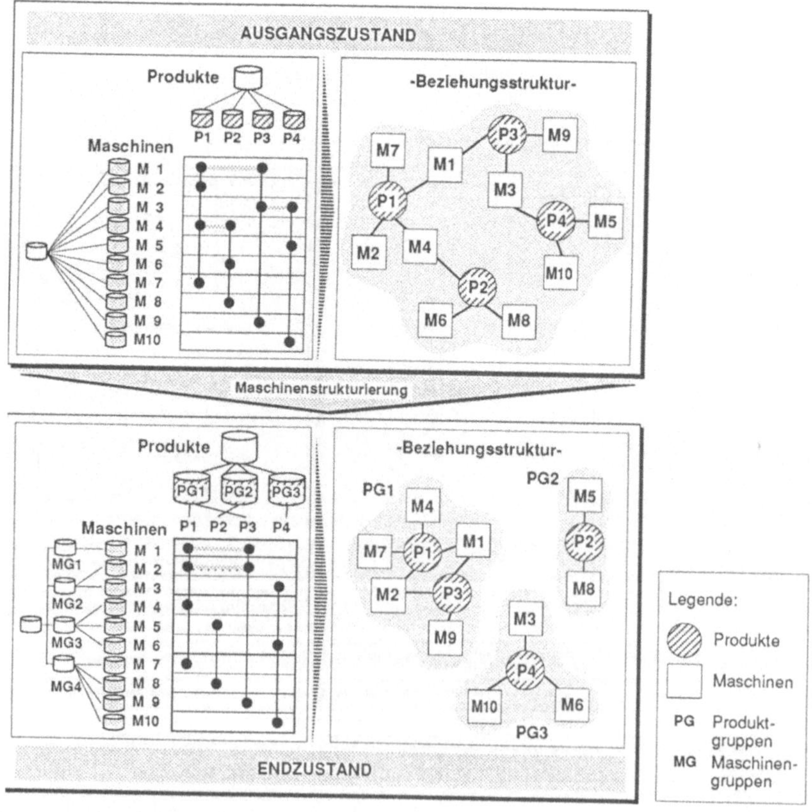

Bild 3-5: Prinzip der Produktionsentflechtung

Mit dem Begriff "technologisch entflochtene Produktbasis" wird das bereits erwähnte Problem der **Kapazitätenteilung** und der **Produktionsverflechtung** angesprochen. Gemeinsam genutzte Bearbeitungseinheiten verknüpfen unterschiedliche Produktgruppen miteinander. Infolge der mehrstufigen Bearbeitung entstehen die in Bild 3-5 gezeigten Bearbeitungsnetze - Verknüpfungen von Maschinen -, die vielfach eine Verflechtung aller Produktgruppen bewirken. Dies ist vor allem bei großen Bearbeitungskomplexitäten, bei geringen Produktionsmengen je Produktgruppe, bei der Kombination von Universal- und Spezialmaschinen sowie beim Vorhandensein von Engpaßmaschinen zu beobachten, wie Untersuchungen mit Hilfe der **Beziehungsanalyse** anhand mehrerer betrieblicher Datensätze zeigen (vgl. Kapitel 5) /109/.

Mit der Maschinenstrukturierung kann diesem Effekt entgegengewirkt werden. Dies ist darauf zurückzuführen, daß die einzelnen Bearbeitungseinheiten infolge der Zusammenfassung zu Gruppen mit bearbeitungsredundanten Bearbeitungseinheiten produktgruppenspezifisch ausgetauscht werden können. Nach der Auflösung der individuellen Beziehungsstrukturen durch das Maschinengruppensplitting ist dann eine Entkopplung des Bearbeitungsnetzes möglich (Bild 3-6). Ein ähnlicher Effekt kann dadurch erzielt werden, daß der Stellenwert des Verfahrens berücksichtigt wird. In diesem Fall werden die Beziehungsstrukturen unwichtiger oder geringwertiger Maschinen unterdrückt.

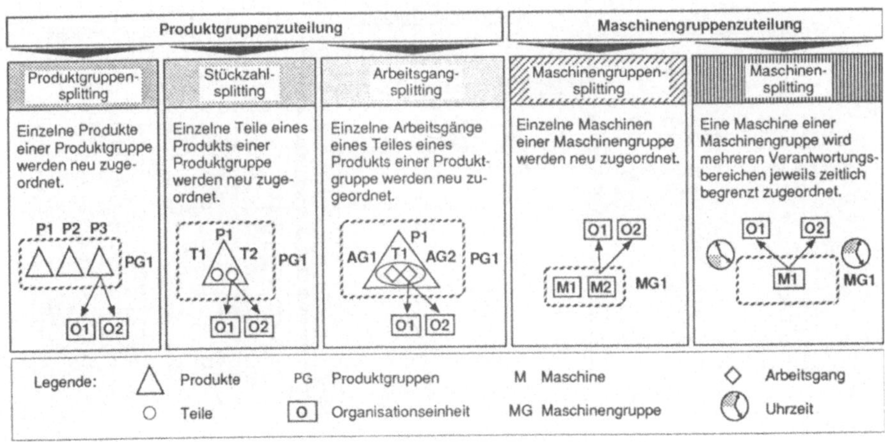

Bild 3-6: Zuteilungsstrategien

Das Problem der Engpaßmaschinen bleibt davon allerdings unberührt. Engpaßmaschinen sind Bearbeitungseinheiten, die aus unterschiedlichen Gesichtspunkten heraus einen kapazitiven Engpaß bilden, aus technologischer Sicht nicht in Einheiten mit einem kleineren Kapazitätsquerschnitt unterteilt werden können oder aus Verfahrensgründen räumlich konzentriert werden müssen. Alle drei Faktoren bewirken dasselbe, das Problem der Kapazitätenteilung: Eine Aufteilung und Zuordnung der Maschineneinheiten zu mehreren Organisationseinheiten ist nicht oder nur teilweise möglich.

Mit der sich an die Produktionsentflechtung anschließenden Produktionsstrukturierung wird der Übergang zur Sekundärstrukturierung vollzogen. Hier entsteht zunächst durch eine sukzessive, objekt- oder verrichtungsorientierte Verschmelzung der Produktbasen oder der produktbasenbezogenen Produktionsabschnitte die Produktionsgrundstruktur. Unter Berücksichtigung der Auswirkungen auf Strukturkosten werden die zuvor festgelegten Produktbasen zielgerichtet weiter zusammengefaßt. Gleichzeitig und -rangig werden die Produktionsfunktionen und die Funktionsträger den Organisationseinheiten zugeordnet. Bei diesem Prozeß werden zur Lösung des Kapazitätenteilungsproblems neben den bereits erwähnten maschinengruppenbezogenen auch produktgruppenbezogene Zuteilungsstrategien berücksichtigt. Zudem bestimmt die Engpaßsituation die Verschmelzungsreihenfolge. Die Unterscheidung der Produktgruppen und -basen in Universal-, Kern- und Verknüpfungsprodukte bietet die Möglichkeit zur zielorientierten Generierung von Organisationseinheiten mit unterschiedlichen Spezialisierungsgraden (Bild 3-7).

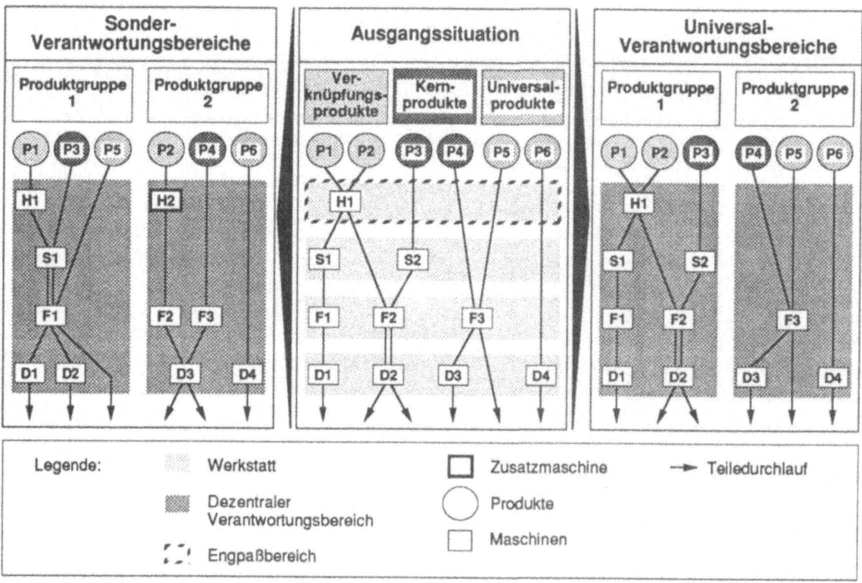

Bild 3-7: Produktionsbedingte Strukturierungsfreiräume von Produktgruppen

Die nachfolgende Optimierungsphase ist ein weiterer wichtiger Bestandteil der Produktionsstrukturierung. Mit dem vorgegebenen reduzierten Lösungsraum werden in diesem Schritt zusätzliche Gestaltungsfreiräume genutzt. Dies geschieht in mehreren Iterationen durch sukzessive Verfeinerung des Datenniveaus. Beispielsweise werden anstelle von Produktionsabschnitten (Phasengruppen) die Verfahrensgruppen oder Einzelmaschinen betrachtet. Zudem wird versucht, durch Austausch der produktbasenbezogenen Produktionsabschnitte die Lösung zu verbessern. An dieser Stelle ist u.a. der Einsatz der ganzzahligen Optimierung sinnvoll, da die Anzahl an Organisationseinheiten bereits feststeht. In diesen Strukturierungsschritt fließen auch die bereits diskutierten organisatorischen Gestaltungsdimensionen zur hierarchischen Verknüpfung der elementaren Organisationseinheiten ein.

Als Konsequenz der bisherigen Ausführungen ergibt sich der in Bild 3-8 beschriebene Strukturierungsablauf.

3.2 Produktionsstrukturmodell

Das Organisationskonzept Dezentraler Verantwortungsbereich umfaßt trotz der zugrunde gelegten Gemeinsamkeiten wie Produkt- und Mitarbeiterorientierung nicht nur eine einzelne, spezifische Ausprägung. Vielmehr resultiert aus den diskutierten Strukturierungsfreiräumen eine Bandbreite unterschiedlicher technischer, organisatorischer und personeller Strukturvarianten, die das Zusammenwirken von Prozeß- und Arbeitsorganisation variieren. In diesem Sinne dient das Produktionsstrukturmodell der Beschreibung potentieller Ausprägungen von strukturrelevanten Parametern sowie der Typisierung charakteristischer Formen von Produktionsstrukturen mit Dezentralen Verantwortungsbereichen. Dabei sollen die komplexen Strukturzusammenhänge so aufbereitet werden, daß trotz einer bewußten Vereinfachung, Aggregation und Problemreduktion die elementaren logischen Strukturverknüpfungen erhalten bleiben.

Unter diesen Voraussetzungen kann das Strukturmodell aus Sicht des Planungsprozesses auch als Planungs- und Gestaltungsleitfaden zur Strukturplanung interpretiert werden. So sind im Modell Strukturierungshinweise zur Reorganisation von Teilbereichen oder der gesamten Produktion in Form einer Strukturierungsmorphologie implizit enthalten. Diese basiert auf charakteristischen Strukturparametern und Merkmalsausprägungen, auf der Beschreibung deren realer Abhängigkeiten (Begrenzung des theoretischen Lösungsraums auf eine realitätsnahe Größenordnung) sowie auf deren Bezug zu den betrieblichen Rahmenbedingungen. Zugleich findet eine Fokussierung auf die planungsspezifisch relevanten Gestaltungsdimensionen sowie eine Steuerung des Planungsablaufs, d.h. eine Betonung oder Abschwächung von Planungsphasen, statt. Dies ist allerdings nicht im Sinne einer mathematischen Formel, sondern als Bereitstellen systematisierten Erfahrungswissens zu verstehen; eine Affinität zu einem wissensbasierten Ansatz ist vorgegeben. Infolge der modellierten Abhängigkeiten zwischen strukturabhängigen Systemparametern und Struktureigenschaften sind ferner die Voraussetzungen zur Strukturbewertung geschaffen und die Einsatzrestriktionen von Strukturierungsmaßnahmen definiert. Das Strukturmodell stellt somit die Verbindung zwischen Strukturierungs- und Strukturbewertungsmodell dar (Bild 3-9).

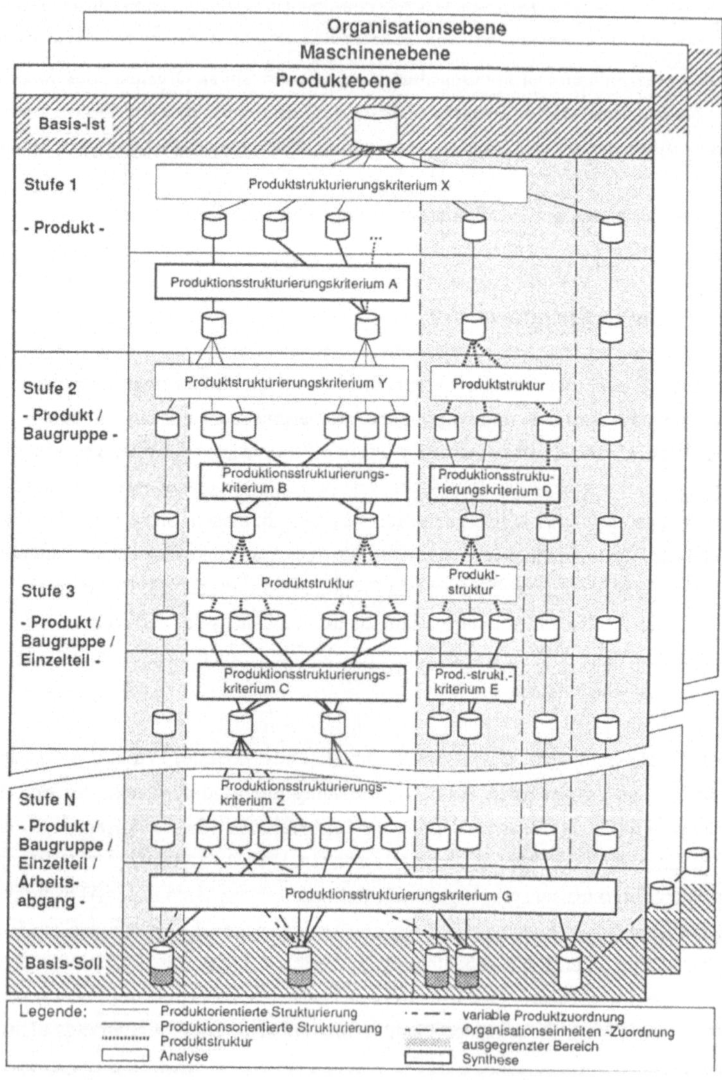

Bild 3-8: Strukturierungsablauf

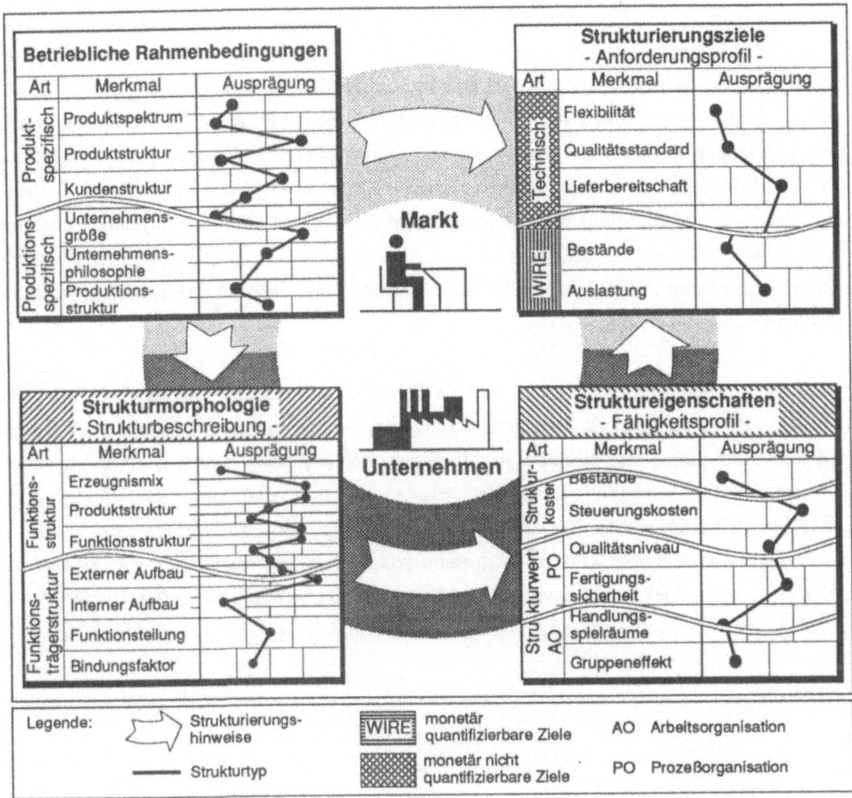

Bild 3-9: Produktionsstrukturmodell

Demnach müßten die Strukturparameter konsequenterweise das Beziehungstripel Produkt-Funktions-träger-Organisationeinheit und damit die Effekte der Produktzuteilung, der Maschinenzuteilung sowie der Organisationsgliederung widerspiegeln. Vorausgesetzt wird, daß gerade diese strukturbedingten Kriterien das Systemverhalten maßgeblich beeinflussen.

Zur Absicherung dieser These wurden, ausgehend von systemtheoretischen Überlegungen zur Kau-salkette "Planungsrestriktion-Gestaltungsdimension-Systemeigenschaft", die multivariaten Abhängig-keiten von Strukturparametern und -eigenschaften anhand einer Vielzahl von betrieblichen Struktur-varianten untersucht /110/. Zur Verfügung standen ca. 60 durch Einsatz von Industrierobotern teilautomatisierte Produktionssysteme /111/ und etwa 15 Produktionsstrukturen mit Einzel- oder Bereichslösungen von Fertigungsinseln /112/.

In den Analysen konnte die Relevanz der ausgewählten Strukturparameter bestätigt werden. Wie mit Hilfe einer Faktorenanalyse belegbar, lassen sich die Strukturparameter zu den drei Hauptfaktoren Strukturierungs-, Autonomie- und Flexibilitätsgrad zusammenfassen. Dies entspricht den angeführten Gestaltungsdimensionen (Bild 3-10). In ähnlicher Weise konnten die beiden strukturierungsbestimmenden Haupteinflußfaktoren Marktanforderungen und Produktionsrestriktionen aufgezeigt werden. Mit Hilfe der Faktorenwerte können clusteranalytisch charakateristische Typen von Merkmalskombinationen für die Planungsbedingungen und die Strukturvarianten definiert werden. Als Beispiel sei die Produktstruktur-Teilbereich-Variante genannt, die eine verfahrenskombinationsorientierte Zusammenfassung von Baugruppen und zugeordneten Maschinen für einen Teil der Produktpalette und der Produktion enthält.

Aufgrund der Aufgabenstellung ist, wie auch die Faktorenanalyse zeigt, eine gewisse Korrelation zwischen einzelnen Strukturmerkmalen nicht vermeidbar. Dies ist darauf zurückzuführen, daß unterschiedliche Strukturparameter dieselbe Struktureigenschaft verstärkend oder auch abschwächend beeinflussen. Für die Handhabung des Modells ergeben sich daraus allerdings keinerlei Einschränkungen. Dies trifft auch auf die Skalierung der Ausprägungen der Strukturparameter zu, die zur Verbesserung der Transparenz und zur Integration von schwer quantifizierbaren Merkmalen trotz einer Zunahme von subjektiven Beurteilungsmöglichkeiten vorgenommen wurde. Hier ergibt sich eine zunehmende Wertigkeit der Gestaltungsspielräume von links nach rechts in der Morphologie.

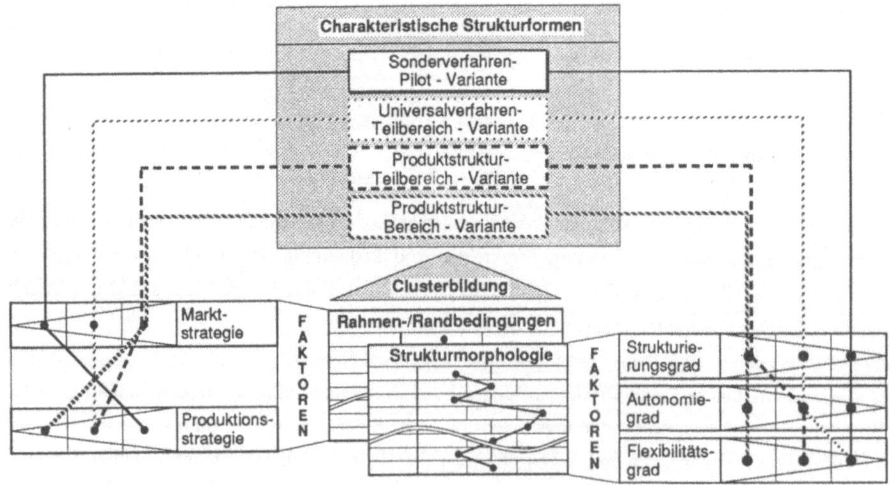

Bild 3-10: Faktorenwerte und charakteristische Strukturformen

Dem System- und Planungscharakter wird bei dem entwickelten Strukturmodell insofern Rechnung getragen, daß die hierarchische Abhängigkeit der verschiedenen Unternehmensstrukturebenen bei der Auswahl und Anordnung der Strukturmerkmale berücksichtigt wird (Bild 3-11). Nicht zuletzt werden dadurch der Zusammenhang zwischen Strukturniveau und Gestaltungsrestriktionen sowie die Abhängigkeiten von Maßnahmen zwischen den Strukturebenen beschrieben. Die Fokussierung auf die beiden oberen Ebenen entspricht der Anforderung von Strukturierungsvorhaben.

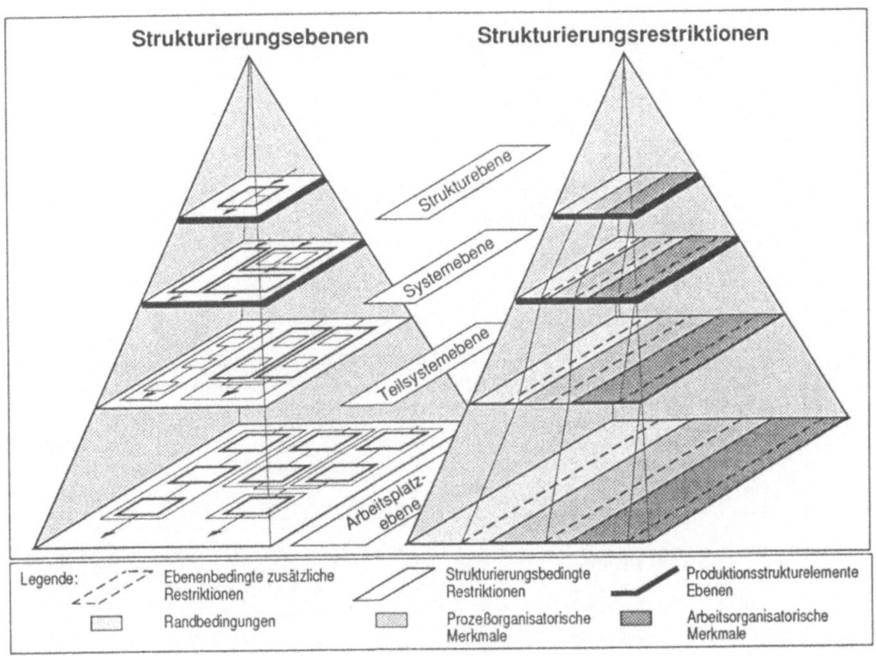

Bild 3-11: Strukturebenen und Strukturierungsrestriktionen

Durch diesen ganzheitlichen Ansatz kann das von Carrie und Aneke /113/ aufgezeigte Defizit einer sinnvollen Beschreibung von objektorientierten Produktionsstrukturformen beseitigt werden. Gegenüber der von Martin /69/ erwähnten Morphologie zur Einordnung des Planungsfalls grenzt es sich insoweit ab, als nicht die Untersuchung der Eignung der Gruppenfertigung im Sinne einer Voruntersuchung, sondern die Gestaltungsdimensionen und deren Einsatzrestriktionen bei der Planung von Dezentralen Verantwortungsbereichen, also eine strukturierungsbegleitende Untersuchung, beabsichtigtes Ziel ist.

3.3 Strukturbewertungsmodell

Durch das Strukturbewertungsmodell werden die Voraussetzungen geschaffen, spezifische Ausprägungen von sich im Planungsstadium befindenden Strukturvarianten bewerten zu können. Aus objektiv meßbaren Strukturausprägungen von fiktiven Strukturen sollen das zu erwartende Systemverhalten ex ante prognostiziert und die potentiellen Auswirkungen der Strukturierung bereits in statu nascendi erfaßbar und nach Möglichkeit monetär bewertbar gemacht werden (Bild 3-12).

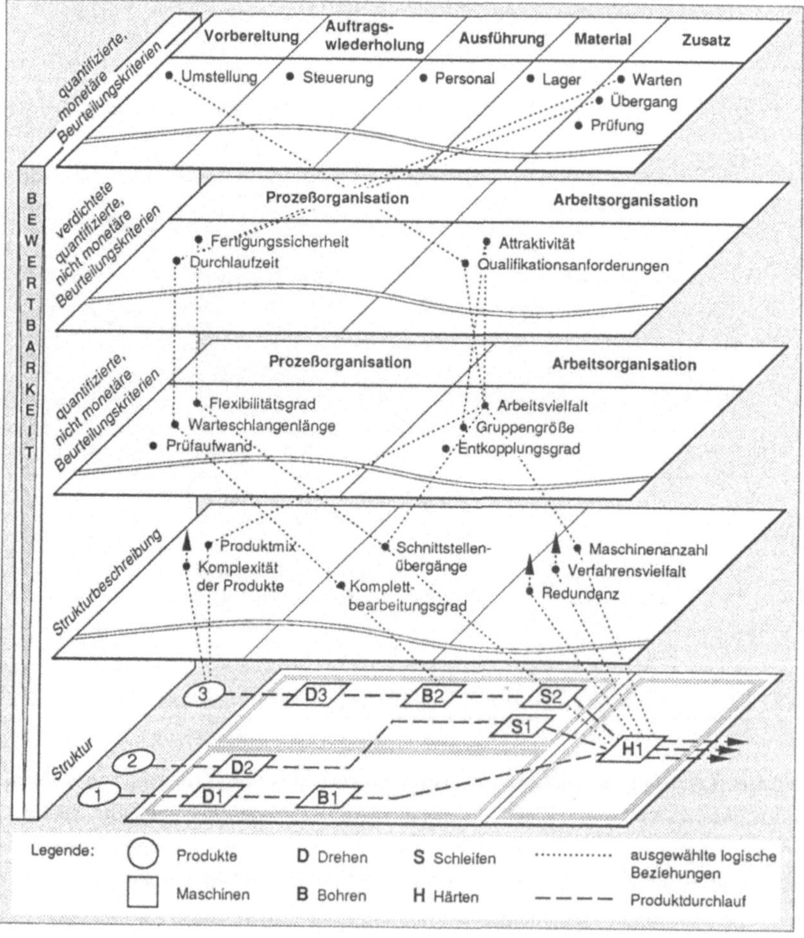

Bild 3-12: Verknüpfung von Strukturparametern und Struktureigenschaften

Das Strukturbewertungsmodell repräsentiert demnach kein neues Verfahren zur Wirtschaftlichkeitsrechnung. Vielmehr stellt es ein Bindeglied zur erweiterten Wirtschaftlichkeitsrechnung /104/ dar, die auch den Anforderungen einer Strukturbewertung genügt. Es kann als Erhebungsinstrumentarium interpretiert werden, sind doch im wesentlichen die produktionsstrukturbedingten Einflüsse auf die in eine Kostenvergleichsrechnung einfließenden Kostenarten und die Erfüllungsfaktoren einer Arbeitssystemwertermittlung abgebildet.

Das Strukturbewertungsmodell umfaßt zwei wesentliche Komponenten. Die Basis bildet die Ermittlung und Abbildung von strukturabhängigen Systemeigenschaften sowie deren Beschreibung durch quantifizierbare, monetäre und nicht monetäre Bewertungskriterien. Infolge der gegenseitigen Beeinflussung sind die Struktureigenschaften entsprechend ihrer Unter- bzw. Überordnung in mehreren Ebenen eingeteilt, die durch m:n-Relationen hierarchisch verknüpft sind. Die Top-Ebene repräsentiert quantifizierbare, monetäre Bewertungskriterien, während die Strukturparameter in der unteren Ebene angeordnet sind.

Die zweite Komponente definiert Meßvorschriften für die verschiedenen Bewertungskriterien. Hierzu wird der logische Zusammenhang von Strukturparametern und -eigenschaften anhand von wissensbasierten Regeln und Formeln quantifiziert, wobei besonders die Transformation in monetäre Bewertungskriterien fokussiert ist. Im einzelnen fließen neben den strukturbedingten auch planungsspezifische Daten ein, die sich aus einer Analyse des Ist-Zustands ergeben. Ergänzend kommen Erfahrungswerte zur Verwendung, die im Rahmen von Sensitivitätsanalysen innerhalb bestimmter Bandbreiten variiert werden können. Dies betrifft zum einen strukturbedingte Korrekturwerte, wie z.B. unterschiedliche Übergangszeiten für organisationsinterne oder -übergreifende Produktwechsel, zum anderen die Umrechnung oder der Bezug auf eine geänderte Basis. So können nach der Ermittlung eines durchschnittlichen Steuerungsaufwands je Steuerstelle im Ist-Zustand die zu erwartenden Minderaufwände, die sich aus der strukturbedingten Reduktion von Steuerstellen ergeben, abgeleitet werden.

Diese grundlegenden Zusammenhänge sind in Bild 3-13 aufgezeigt. Deutlich wird, daß die Zuordnung zu den Einflußbereichen Prozeß- und Arbeitsorganisation sowie die Transformation des Datenniveaus auf vergleichsweise wenigen Faktoren beruht. In ähnlicher Weise wie in Kapitel 3.2 beschrieben, können auch diese Faktoren durch eine Faktorenanalyse bestätigt werden. Sie repräsentieren schließlich die Konsequenz der Produkt- und Funktionsträgerzuteilung sowie der Organisationseinheitengliederung. So spielen beispielsweise das Merkmal "Arbeitsgang in Organisationseinheit" beim Komplettbearbeitungsgrad, bei der Funktionsvielfalt oder bei den Synergieeffekten, das Merkmal "Maschine in Organisationseinheit" bei der Maschinenredundanz und das Merkmal "Schnittstellenübergang" bei den Umlaufbeständen eine wichtige Rolle hinsichtlich der Modellierung.

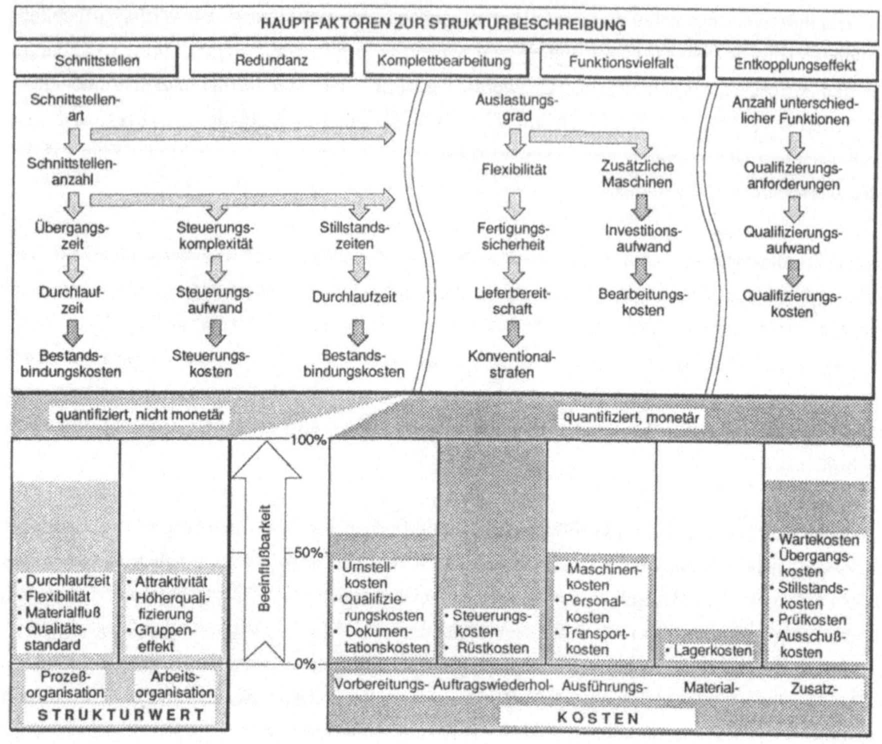

Bild 3-13: Transformationsprozeß zur Quantifizierung von Struktureigenschaften

Ein wesentliches Element des Transformationsprozesses stellt die Abbildung von Schnittstellen sowie des Funktionsintegrationsgrads dar. Berücksichtigt sind die material- und informationsflußtechnischen Schnittstellen von Dezentralen Verantwortungsbereichen, die sich aus der Trennung von Auftragssteuerungs-, Funktionssteuerungs- sowie Bearbeitungsregelkreis aufgrund der Arbeitsteilung innerhalb und zwischen den Funktionsbereichen des Unternehmens ergeben (Bild 3-14). Der Funktionsregelkreis spielt allerdings eine untergeordnete Rolle, da hiervon in erster Linie Strukturierungseffekte im nicht direkt produktiven Bereich betroffen sind. Diese sind aber nicht Gegenstand dieser Arbeit. Insofern werden nur die Auswirkungen der Arbeitsteilung in diesen Unternehmensbereichen auf die Produktion und hier vor allem auf die Steuerungsfunktion betrachtet.

Insgesamt können vier Schnittstellenarten unterschieden werden, die das Strukturverhalten jeweils unterschiedlich stark beeinflussen. Die schnittstellenbedingten Effekte wurden hinsichtlich durchlaufzeit- und aufwandsorientierter Zeitfaktoren quantifiziert und anhand von Leistungsfaktoren monetär bewertet. Aufwandsorientierte Zeitfaktoren entsprechen nicht ertragswirksamen Mehr- und Verlustzeiten bzw. nach Transformation in die Werteebene nicht leistungswirksamen Kosten. Die Durchlaufzeitverlängerungen, bedingt durch die Schnittstellen der Steuerungs- und Unterstützungsfunktionen, führen zu kalkulatorischen Kosten für Lager- und Fertigungsumlaufbestände.

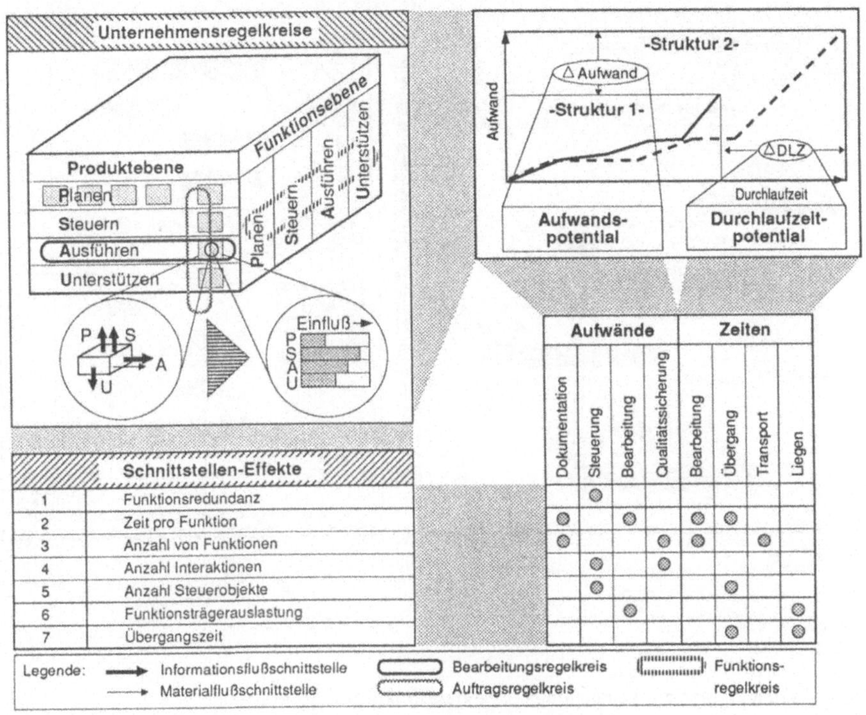

Schnittstellen-Effekte		Aufwände				Zeiten			
		Dokumentation	Steuerung	Bearbeitung	Qualitätssicherung	Bearbeitung	Übergang	Transport	Liegen
1	Funktionsredundanz		◎						
2	Zeit pro Funktion	◎		◎		◎	◎		
3	Anzahl von Funktionen	◎			◎	◎		◎	
4	Anzahl Interaktionen			◎		◎			
5	Anzahl Steuerobjekte			◎			◎		
6	Funktionsträgerauslastung			◎					◎
7	Übergangszeit							◎	◎

Bild 3-14: Schnittstellenmodell zur Bewertung von Schnittstelleneffekten

Eine besondere Bedeutung kommt der Abbildung der Produktstruktur zu, sollen doch auch produktstrukturbedingte Schnittstellen erfaßt und bewertet werden können. Dies gelingt mit dem **Produktgraph**, der Stücklistenstruktur und Arbeitspläne miteinander verbindet. Auf jeder Produktstrukturstufe wird unter Zugriff auf **synthetische Arbeitspläne** das zugeordnete Bearbeitungsanforderungsprofil, das sich aus der Verfahrenskombination und dem verfahrensspezifischen Kapazitätsbedarf zusammensetzt, zur Verfügung gestellt (Bild 3-15). Durch Ermittlung des kritischen Weges und Abschätzung der zu erwartenden schnittstellenbedingten einzelteil- und baugruppenspezifischen Liegezeiten können auch Schnittstelleneffekte zwischen Montage und Teilefertigung sowie Strukturen mit produktorientierten Dezentralen Verantwortungsbereichen in der Teilefertigung analysiert werden. Dies bezieht sich auch auf die durchlaufzeitbedingten Potentiale.

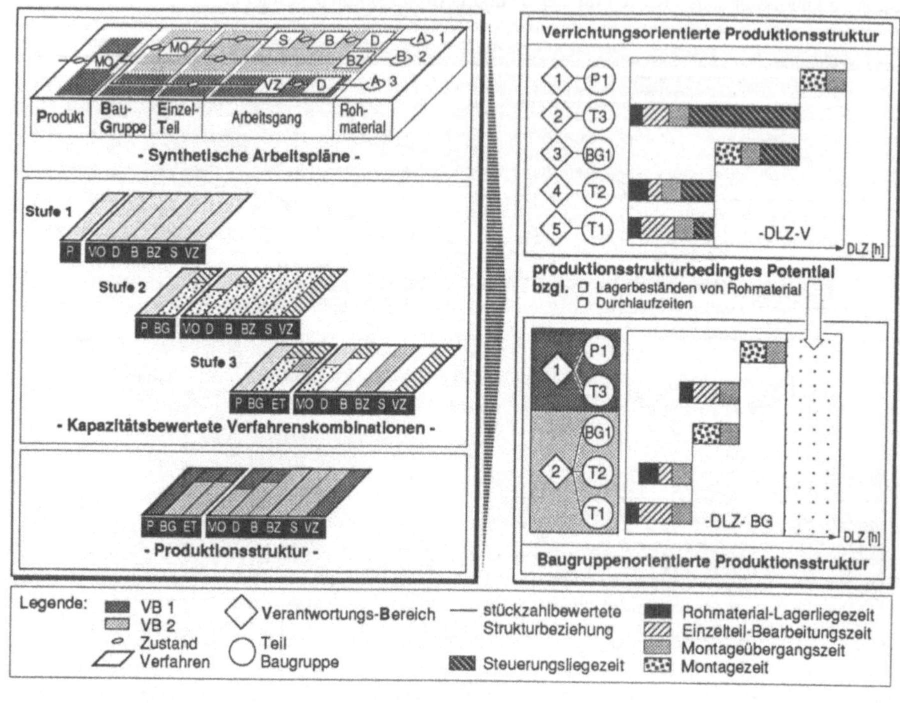

Bild 3-15: Produktgraph zur Darstellung der produktstrukturbedingten Effekte

Synthetische Arbeitspläne enthalten wegen der Verdichtung von produktbezogenen Arbeitsgängen zu produktgruppenbezogenen Produktionsfunktionen keine Reihenfolgenbeziehungen. Hieraus ergeben sich allerdings keine methodischen Einschränkungen, da bei der Produktionsstrukturierung vorwiegend die Verfahrenskombination von Bedeutung ist. Die Reihenfolgenbeziehungen sind lediglich bei einer phasenorientierten Unterteilung relevant. In diesem Fall jedoch werden die Einzelteile, deren Arbeitspläne ohnehin jederzeit zur Verfügung stehen, diskutiert.

Neben den schnittstellenbedingten Einflüssen spielen, wie in Bild 3-13 erwähnt, auch die Strukturfaktoren "Redundanz", "Funktionsvielfalt" und "Entkopplung" eine entscheidende Rolle bei der Modellierung von strukturbedingten Systemeigenschaften.

Der Faktor "Redundanz" betrifft prozeßorganisatorische Eigenschaften wie Fertigungssicherheit und monetäre Kriterien wie Zusatzinvestitionen oder Umstellungskosten. Dies ist die Konsequenz der Aufteilung gleichartiger Maschinen in verschiedene Verantwortungsbereiche. Besonders die Auswirkungen auf die organisationseinheitenintern zur Verfügung stehenden Maschineneinheiten gleichen Verfahrensprofils, deren Auslastung und der Bedarf zusätzlicher Maschinen werden bewertet.

Die Faktoren "Funktionsvielfalt" und "Entkopplung" stellen dagegen vor allem den Zusammenhang zur Arbeitsorganisation her. Aus der Anzahl der jeweils den einzelnen Organisationseinheiten zugeordneten Betriebsmitteln, Funktionen und der Gruppengröße wird auf die Arbeitssituation geschlossen. In einem weiteren Schritt werden zudem Qualifikationsanforderungen und Qualifizierungskosten abgeschätzt. Über den Entkopplungsgrad, der die maschinenbezogene personelle Andienungszeit beschreibt, werden Synergieeffekte bei den Personalkapazitäten abgeleitet.

Die Berechnung der bisher diskutieren Bewertungskriterien basiert ausschließlich auf einer statischen Betrachtung. Dynamische Ansätze sind bei der Generierung von Produktionsstrukturen nur bedingt geeignet, da sie trotz des erheblichen Mehraufwands zur Beschaffung der notwendigen Daten und des hohen Rechenaufwands in diesem Planungsabschnitt die Qualität der Ergebnisse nur unwesentlich verbessern.

Mit Einschränkungen, die vor allem die Berücksichtigung und Bewertung auslastungsbedingter Wartezeiten anbelangen, trifft dies auch auf die Bewertung von Strukturalternativen in der Phase "Strukturbewertung" zu. Hier werden verschiedene fiktive Produktionsstrukturen untereinander verglichen. Für diese Aufgabenstellung sind warteschlangenorientierte Modelle im Vergleich zu Simulationsansätzen besser geeignet, da sie ohne großen Rechenaufwand eine Abschätzung der zu erwartenden kapazitätsbedingten Liegezeiten erlauben. Aufbauend auf den Überlegungen von Lorenz /100/ und Solberg /114,115/ wurde daher ein Warteschlangenmodell für objektorientierte Strukturen entwickelt, das vor allem in der Strukturbewertungsphase eingesetzt wird und zusätzliche Bewertungsgrundlagen erschließt.

Infolge der beschriebenen meist einfachen Beziehungen des Strukturbewertungsmodells ist bei einer für Strukturplanungen hinreichenden Genauigkeit eine umfassende Gesamt- oder Teilbewertung einer Strukturvariante möglich. Zudem können große Rechenaufwände und lange Rechenzeiten vermieden werden. Quantifizierbare, monetäre und nicht monetäre Bewertungskriterien werden bewußt dual verwendet, da einerseits eine vollständige Transformation in diesem Planungsstadium nicht möglich ist, andererseits jedoch die Transparenz verbessert wird. Zudem stehen dann alle relevanten Einzelaspekte zur Verfügung.

Aufgrund dieser Ansätze kann das Strukturbewertungsmodell direkt an das Produktionsstrukturierungsmodell gekoppelt werden (Bild 3-16), so daß sowohl bei der Generierung als auch bei der Optimierung der Produktionsstruktur die Strukturierungskonsequenzen berücksichtigt werden können. Dies bildet die entscheidende Voraussetzung für einen zielorientierten Strukturierungsprozeß.

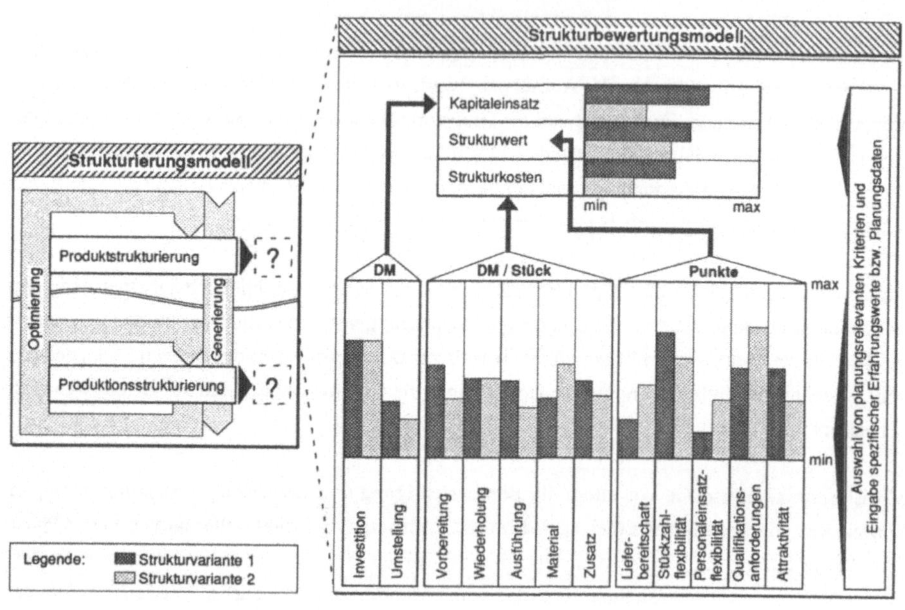

Bild 3-16: Kopplung von Strukturierungs- und Strukturbewertungsmodell

3.4 Planungsmodell

Während durch die bisher diskutierten Teilmodelle die inhaltlichen Grundlagen des entwickelten Planungssystems beschrieben sind, obliegt es dem Planungsmodell, diese Komponenten zu einem Planungsprozeß zu vereinen. Dies geschieht durch Organisation des Zusammenwirkens der Teilmodelle und Festlegung der wesentlichen Planungsfunktionen, deren Ablaufbeziehungen und deren Automatisierungsgrads. Insbesondere muß sich in diesem Zusammenhang das Planungsmodell an den spezifischen Anforderungen einer ziel- und strukturkostenorientierten Produktionsstrukturierung, des Strukturierens in Alternativen, der hohen Planungskomplexität sowie dem Denkmuster des betrieblichen Planers orientieren. Es scheint demzufolge sinnvoll, das Planungsmodell besonders bezüglich des Zusammenwirkens der Teilmodelle, der Strategien zur Steuerung des Lösungsraums sowie der Interaktion und Funktionsteilung von Planer und EDV-System etwas näher zu beleuchten (Bild 3-17).

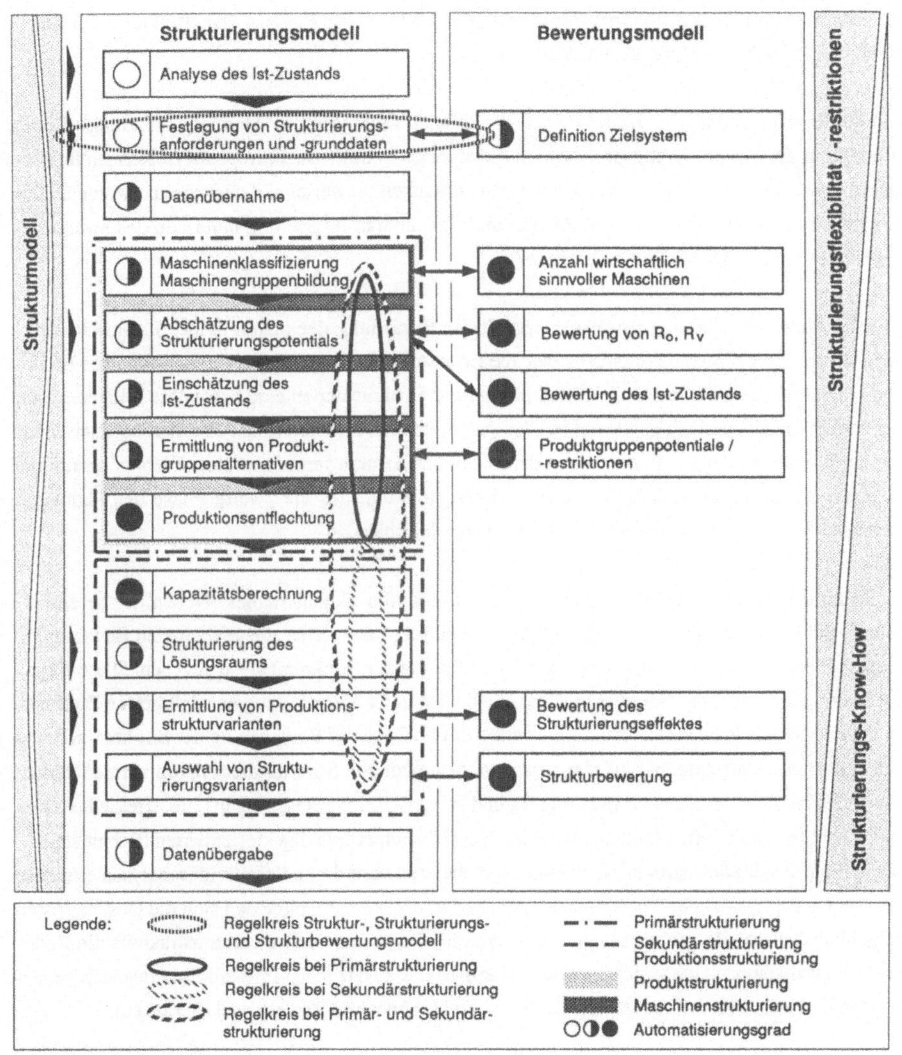

Bild 3-17: Planungsmodell

3.4.1 Zusammenwirken der Teilmodelle

Struktur-, Strukturierungs- und Strukturbewertungsmodell wirken in einem Strukturierungsregelkreis zusammen. Das Strukturmodell übernimmt in diesem Regelkreis die Funktion der Sollwertvorgabe und, zusammen mit dem Strukturierungsmodell, die Funktion des Reglers. Das Strukturbewertungsmodell repräsentiert Regelstrecke und Meßglied.

In diesen Regelkreis integriert ist das Prinzip der "hierarchisch gestuften Alternativenbildung". Durch Unterteilung des Strukturierungsprozesses in hierarchisch verknüpfte Teilregelkreise können in jeder Phase unterschiedliche Strukturierungsvarianten entwickelt, bewertet und ausgegrenzt werden. Dies erklärt auch die Verflochtenheit von Primär- und Sekundärstrukturierung innerhalb des Strukturierungsmodells sowie der Modelle untereinander.

Die erste Phase des Planungsprozesses umfaßt die Ermittlung der planungsspezifischen Restriktionen, Anforderungen und Vorgaben sowie die Erfassung, Beschreibung und Bewertung des Ist-Zustands (Strukturanalyse). In dieser Phase kommt dem Strukturmodell eine besondere Bedeutung zu. Dies betrifft die Unterstützung sowohl bei der zielgerichteten Problem- und Anforderungsanalyse als auch beim Ableiten der Zielfunktion und der relevanten Strukturierungsansätze. Hieraus resultieren die aufgezeigten Schnittstellen zum Strukturierungsmodell, das die zweite Phase des Planungsprozesses, die Generierung von Strukturalternativen, dominiert.

Das Strukturbewertungsmodell tangiert alle Planungsstufen gleichermaßen. Neben der bereits erwähnten Schnittstelle zum Strukturmodell in der Analysephase, in der die gewichteten Bewertungskriterien übergeben werden, ist eine weitere Verknüpfung zur Strukturanalyse gegeben. Diese Kopplung besitzt eine doppelte Zielsetzung. Zum einen wird unter Verwendung der definierten Zielfunktion die bestehende Produktionsstruktur bewertet, um im Zuge der Entwicklung der Strukturvarianten die Strukturierungseffekte quantifizieren und unterschiedliche Strukturalternativen vergleichen zu können. Zusätzlich werden als Randwerte R_0 und R_v der Optimierungsaufgabe die Effekte bei einer rein verrichtungsorientierten (Anlagenoptimierung) sowie einer rein objektorientierten (Schnittstellenoptimierung) Produktionsstruktur abgeleitet. Zum anderen wird durch Sensitivitätsanalysen ermittelt, ob und wieviele zusätzliche Maschinen eingeplant werden können, ohne daß sich die Gesamtkosten maßgeblich ändern. Hier wird mit Hilfe des dynamischen Teils des Bewertungsmodells die Reduzierung kapazitätsbedingter Maschinenwartezeitkosten den zusätzlichen Investitionsaufwänden gegenübergestellt. Zudem fließen die quantifizierbaren, nicht monetären Bewertungskriterien ein.

Die Kopplung von Struktur- und Strukturbewertungsmodell im Rahmen der Strukturierungsphase ist ein weiteres zentrales Element zur Realisierung einer zielorientierten Strukturplanung. Der grundlegende Gedanke ist, in allen Stufen des Strukturierungsprozesses, also bei der Produkt-, der Maschinen- und der Produktionsstrukturierung, die Auswirkungen sofort bewerten zu können. Im einzelnen werden dazu bei jedem Schritt die quantifizierbaren, monetären und nicht monetären Verschmelzungspotentiale ermittelt und so der Strukturierungsprozeß gesteuert. Während der Strukturoptimierung werden dagegen die Verschiebeeffekte von Produkten, einzelnen Produktionsfunktionen sowie Funktionsträgern aufgezeigt.

Das Strukturbewertungsmodell steht auch beim Strukturvergleich im Vordergrund. Die entwickelten Strukturalternativen werden unter Zuhilfenahme der Bewertungsfunktion untereinander und mit dem Ist-Zustand verglichen. Dadurch wird die Auswahl der besten Alternative vereinfacht.

3.4.2 Steuerung des Planungsablaufs durch Lösungsraumbegrenzungen

Die Planungsaufgabe repräsentiert ein Optimierungsproblem in einem sehr großen Lösungsraum. Beschreibt man den Lösungraum mit der vereinfachten Formel

(1) $L = P * AG * M$,

so ergibt sich bei einer für eine reale Planungssituation unbedeutenden Anzahl von 1000 Produkten P mit durchschnittlich 10 Arbeitsgängen AG sowie 50 Maschinen M ein Lösungsraum von 500 000 Möglichkeiten. Selbst mit einer EDV-Unterstützung scheitert hier eine deterministische Lösung wie z.B. eine vollständige Enumeration. Auf eine Lösungsraumbeschränkung, die auf heuristische Methoden zurückgreift, kann deshalb nicht verzichtet werden.

Grundsätzlich sind produkt- und maschinenbezogene Ansätze zur Reduktion des Lösungsraums zu differenzieren (Bild 3-18). Neben dem Gegenstandsbereich bietet der Phasenbezug einen Ansatzpunkt für eine weitere Unterteilung, können doch jedem Teilschritt charakteristische Gestaltungsdimensionen und relevante Lösungsräume zugeordnet werden. Dies bedeutet, daß schrittweise neue Gestaltungsdimensionen erschlossen werden können. Zudem kann der Lösungsraum des nachfolgenden Planungsschritts durch Auswahl relevanter Teillösungen begrenzt werden.

Im Rahmen der Produktstrukturierung wird die Produktvielfalt und damit die Basis für die anschließende Produktionsstrukturierung reduziert. Durch Zusammenfassung der Produkte zu Produktgruppen nach primär marktorientierten Gesichtspunkten wird dem Optimierungsteilziel "Schnittstellenreduktion" Rechnung getragen. Dagegen werden die aus Produktionssicht unzulässigen und dem Optimierungsteilziel "Auslastungsoptimierung" entgegenlaufenden Lösungen durch Zusammenfassung von Maschinen zu Maschinengruppen ausgeschlossen. Gleiches wird dadurch erreicht, daß die Ablaufsequenz nicht abgebildet wird und stattdessen Komplettbearbeitungsverfahrenskombinationen verwendet werden.

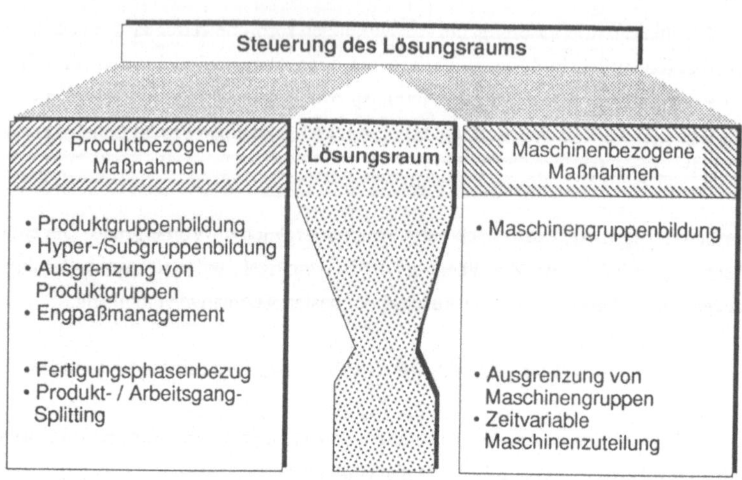

Bild 3-18: Strategien zur Steuerung des Lösungsraums

In einem weiteren Reduktionsschritt werden zur Vorbereitung der Produktionsentflechtung die Produktgruppen in Hyper- und Subgruppen unterteilt. Eine Produktgruppe PG_1 wird dann als Hypergruppe HG bezeichnet, wenn keine Maschinenkombination $MK(PG_i)$ für alle betrachteten Produktgruppen PG_i existiert, die eine echte Obermenge von $MK(PG_1)$ ist. Produktgruppen, deren Maschinenkombinationen Submengen von $MK(HG)$ sind, bilden die Subgruppen. Zusätzliche Reduktionseffekte ergeben sich durch Zulassen von Freiheitsgraden - bis zu m_f Maschinen der Subgruppe kommen nicht in der Maschinenkombination vor - sowie durch die Berücksichtigung der Maschinenstati. Der Maschinenstatus bestimmt dabei die Relevanz der Maschine. Angemerkt sei an dieser Stelle, daß gerade die Unterteilung der Produktgruppen die Voraussetzung für die Mehrfachzuteilung von Produktgruppen zu Organisationeinheiten sowie für die Realisierung von hinsichtlich den Verfahrenskombinationen redundanten oder teilredundanten Organisationseinheiten - dies entspricht dem Kaskadeneffekt /77/ - ist.

Im Zuge der Produktionsstrukturierung werden der Lösungsraum schrittweise eingegrenzt und gleichzeitig zusätzliche Gestaltungsdimensionen betrachtet. Diese nur auf den ersten Blick gegenläufigen Maßnahmen verfolgen das Ziel, schnittstellenarme Produktionsstrukturen zu realisieren, die möglichst viele objekt- und so wenig wie möglich verrichtungsorientierte Organisationseinheiten in Mischstrukturen vereinen.

Ein erster Ansatz ist die Ausgrenzung bestimmter Produkt- und Maschinengruppen. Dies bedeutet, daß bei der sukzessiven Verschmelzung von Produktionsfunktionen und Zuteilung von Funktionsträgern die selektierten Produkt- oder Maschinengruppen unberücksichtigt bleiben bzw. einer Organisationseinheit fest zugeordnet sind.

Ein zweiter Ansatz ist das **Engpaßmanagement**, das aus der diskutierten Kapazitätenteilungsproblematik resultiert. Hierunter verbirgt sich eine rollierende Ausweitung des zulässigen Basis-Lösungsraums durch Berücksichtigung von Komplettbearbeitungsverfahrenskombinationen mit unkritischen Verfahren. Kritisch werden solche Verfahren bezeichnet, die nur eine oder wenige Maschineneinheiten bereitstellen. Unkritische Verfahren repräsentieren dagegen Universalmaschinen, die mehrfach zur Verfügung stehen. Beginnend mit Produktgruppen, deren Bearbeitung auch kritische Verfahren umfaßt, wird sukzessive die Verschmelzung durchgeführt. Da parallel auch die notwendigen Maschinen zugeteilt werden, verschiebt sich die Engpaßsituation bei jedem Schritt. Tritt keine Engpaßsituation mehr auf, so können die noch nicht zugeteilten Produktgruppen und Maschinen entweder den bereits definierten Organisationseinheiten zur deren Verbesserung zugeordnet werden - dies wird als Auffüllen bezeichnet - oder sie bilden die Basis zur Realisierung von flexiblen Dezentralen Verantwortungsbereichen, die eine Komplettbearbeitung von Universalprodukten ermöglichen.

Eine wichtige Komponente ist die sukzessive Auflösung des Produktbezugs. Um das Kapazitätenteilungs- und Ressourcen-Sharingproblem lösen zu können, wird hier im Gegensatz zu den bisher aufgeführten Maßnahmen auf eine generelle Komplettbearbeitung innerhalb einer Organisationseinheit verzichtet. Dazu werden die Komplettbearbeitungsverfahrenskombination KVK_i jeweils in Verfahrenskombinationen VK_j unterteilt, die eine Submenge von KVK_i darstellen. Dies geschieht auf Basis der durch die Maschinenstrukturierung definierten variablen Maschinengruppen. Ausgehend von einer sehr groben Einteilung der Maschinen nach Fertigungsphasen, wie z.B. Hart- oder Weichbearbeitung, impliziert dies allerdings eine zunehmende Anzahl von technischen und organisatorischen Schnittstellen. Das Maximum wird erreicht, wenn Arbeitsgänge und spezifische Maschinen betrachtet werden. Dementsprechend wird die Optimierungsaufgabe dahingehend modifiziert, daß nunmehr Arbeitsgänge das Basiselement bilden und sowohl objekt- als auch verrichtungsorientierte Verschmelzungspotentiale analysiert werden.

Eine weitere Möglichkeit zur Lösungsraumbeschränkung bei der Produktionsstrukturierung besteht darin, daß bei dem Verschmelzungsvorgang nur die relevanten Verschmelzungsdupel betrachtet werden. Zur Realisierung dieser Anforderung werden der direkte Produktvergleich, der die einfachste Methode darstellt, und der Vergleich über den Maschineneinstieg kombiniert. Dazu werden primär die Produkte und zu jedem Produkt P die zugehörenden Maschinen M gelesen. Zu diesen Maschinen werden wiederum sämtliche Produkte ermittelt, so daß man alle Produkte erhält, die für den Vergleich mit dem Produkt P relevant sind. Damit kann sowohl die Anzahl an Schleifendurchläufen als auch die Anzahl an Dateizugriffen minimiert werden.

Bei der Optimierung der entwickelten Produktionsstrukturen greifen ferner noch Maßnahmen, die unter dem Begriff **Kapazitätenteilungsstrategien** zusammengefaßt sind. Dies betrifft auf Produktseite das Produkt- und Arbeitsgang-Splitting, das eine Neuzuordnung bestimmter Produktgruppen, bestimmter Produkte von Produktgruppen, bestimmter stückzahlbezogener Teilmengen von Produkten sowie bestimmter Arbeitsgänge von Einzelteilen erlaubt. Ergänzt wird dies durch eine maschinenbezogene Gestaltungsdimension, die eine zeitraumbegrenzte organisatorische Zuordnung einer Maschine zu mehreren Organisationseinheiten vorsieht.

Die vorgestellten Maßnahmen zur Lösungsraumsteuerung können einzeln oder, flexibel verknüpft, in Kombination eingesetzt werden. Ausschlaggebend ist aber stets, daß der Lösungsraum im jeweiligen Schritt mit den eingesetzten Methoden beherrschbar ist. Dies wird jeweils vor deren Anwendung geprüft.

3.4.3   Automatisierungsgrad

Das Planungsmodell berücksichtigt den Umstand, daß infolge der beschriebenen Planungskomplexität sich sowohl ein manueller als auch ein komplett rechnergestützter Planungsansatz ausschließt. Dies betrifft die einzelnen Funktionen ebenso wie die Verknüpfung der Funktionen im Planungsablauf. Es wurde eine aufgabenorientierte Funktionsteilung zwischen Planer und EDV in der Weise vorgesehen, daß die Generierungs- und Entscheidungsphase jeder Planungsstufe dem Planer, die Berechnungs- und Auswertephase dagegen der EDV zugeordnet ist (vgl. Bild 3-17).

Ziel dieser Vorgehensweise ist die Kombination von Kreativität sowie Erfahrung einerseits und Leistungsfähigkeit zur Beherrschung großer Datenmengen andererseits. Im Gegensatz zu Repräsentativplanungen können die Planungsideen auf der Basis des gesamten Produktionsspektrums unter Nutzung aller zur Verfügung stehenden Informationen erarbeitet und validiert werden. Insofern wird die Qualität der Planungsergebnisse wesentlich besser sein als bei manuellen Planungen auf Basis eines mehr oder weniger repräsentativen Produktspektrums. Zudem wird sich die Möglichkeit, eine Vielzahl auch extrem unterschiedlicher Planungsszenarien durchzuspielen, positiv auswirken.

Entsprechend dieser Prämissen legt der Planer die konkrete Planungsrichtung fest. Auf jeder Planungsstufe besteht die Wahlmöglichkeit, auf einen von der EDV vorgegeben Vorschlag aufzubauen oder im Rahmen von Sensitivitätsanalysen eine neue Alternative interaktiv zu generieren. Die Optimierung und Auswahl der in der nächsten Planungsstufe weiter zu entwickelnden Alternative erfolgt dagegen ausschließlich interaktiv. Konsequenterweise kann eine vollständige Produktionsstrukturvariante nur interaktiv erzeugt werden.

Die Flexibilität bezüglich des Planungsablaufs hat den Vorteil, daß auf jeder Planungsstufe auch Teilplanungen durchgeführt werden können und nicht jeweils der gesamte Bereich durchstrukturiert werden muß. So können beispielsweise für einen Ausschnitt des Produktspektrums die weitergehenden Planungsschritte initiiert werden, ohne daß das gesamte Produktspektrum vorstrukturiert wurde.

4.1   Produktstrukturierung

Zu Beginn des Strukturierungsprozesses ist der Kenntnisstand hinsichtlich der strukturierungswirksamen Zusammensetzung des Produktspektrums sehr niedrig. Dies ist nicht überraschend, orientieren sich doch in den meisten Unternehmen die Merkmale zur Produktbeschreibung sowie die statistischen Auswertungen dieser Massendaten an Anforderungen der Auftragsabwicklung. Diese weisen aber nur eine geringe Affinität zu Strukturierungsanforderungen auf.

Zur Einschätzung des Strukturierungspotentials der zunächst noch diffusen Masse von Produkten muß demzufolge in einem ersten Schritt die Struktur des Produktspektrums analysiert werden. Das gelingt mit der **dynamischen Klassifizierung** und darauf aufgesetzten statistischen Analysen, die auf Sensitivitätsanalysen zurückgreifen.

Die auf diese Weise definierten Produktkerne und die dynamische Klassifizierung bilden die Grundlage für die anschließende Primärstrukturierung. Im Gegensatz zu der Analysephase der Produktstrukturierung werden in dieser Synthesephase die zuvor definierten Produktkerne in **Produktgruppen** mit aus Marketing-Gesichtspunkten signifikanten Eigenschaften zusammengefaßt, d.h. eine Unterteilung des gesamten Produktspektrums durchgeführt. Dies geschieht durch eine **hierarchische Produktgruppenbildung**, die vorwiegend auf produktbezogene Merkmale zurückgreift. Durch Diskussion unterschiedlicher, extremer Alternativen werden relevante Gestaltungsdimensionen erschlossen und für die weiteren Strukturierungsschritte vorgegeben.

4.1.1   Dynamische Klassifizierung

Die dynamische Klassifizierung beruht auf dem Gedanken, vorhandene EDV-technisch gespeicherte Informationen zu produktbeschreibenden Merkmalen aufzubereiten, strukturierungsrelevante Merkmale zu selektieren und diese Merkmalskombination zur Klassifizierung der Produkte einzusetzen. Dies entspricht einer Strukturierungs-Sachmerkmalsleiste auf der Basis von Rohdaten, die ähnlich wie die DIN-Sachmerkmalsleiste einen selektiven Produktzugriff erlaubt. Die wesentliche Eigenschaft besteht darin, daß diese Merkmalsleiste, die durch die strukturierten Rohdaten implizit vorhanden ist, selbständig, d.h. ohne manuelle Manipulation der Produkte, entsteht. Sie wird also nicht auf bereits existierenden Produkt-Schlüsseln aufgebaut, wie das bei den in Kapitel 2 beschriebenen Klassifizierungssystemen der Fall ist.

Das Attribut "dynamisch" bezieht sich darauf, daß die Merkmale abhängig vom Strukturierungsfortschritt variabel verknüpft werden können und on-line während des Strukturierungsprozesses variable

Merkmalskombinationen entstehen. Neben den verfügbaren direkten Merkmalen der Basisdateien können auch indirekte Merkmale verwendet werden, die in enger Wechselbeziehung zum jeweiligen Strukturierungsschritt und Strukturzustand stehen. Als Beispiel ist die Anzahl von externen Arbeitsgängen für ein spezifisches Bearbeitungsprofil oder die Anzahl von Arbeitsgängen vor bzw. nach einem bestimmten Produktionsabschnitt zu nennen. Derartige Merkmale werden vor allem bei einer produktionsorientierten Zuordnung von Produktionsfunktionen zu Organisationseinheiten benutzt.

Aus Strukturierungssicht sind sowohl **marketingorientierte** als auch **produktionsbezogene** Produktmerkmale wichtig. Davon betroffen sind die Daten der Teilestammdatei wie Abnehmer, Absatzmengen, Größe oder Qualitätsstandard, die Daten zur Produktstruktur aus den Stücklisten wie die Baugruppenzugehörigkeit von Einzelteilen sowie die produktionstechnischen Daten aus den Arbeitsplänen wie Verfahrenskombinationen (Bild 4-1).

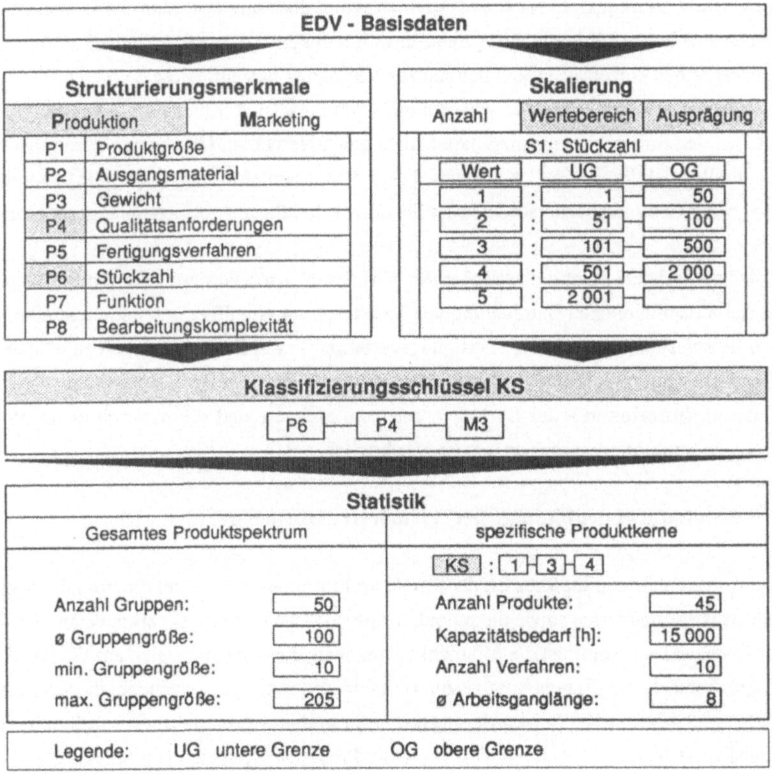

EDV - Basisdaten

Strukturierungsmerkmale

Produktion	Marketing
P1	Produktgröße
P2	Ausgangsmaterial
P3	Gewicht
P4	Qualitätsanforderungen
P5	Fertigungsverfahren
P6	Stückzahl
P7	Funktion
P8	Bearbeitungskomplexität

Skalierung

Anzahl	Wertebereich	Ausprägung

S1: Stückzahl

Wert	UG	OG
1	1	50
2	51	100
3	101	500
4	501	2 000
5	2 001	

Klassifizierungsschlüssel KS

P6 — P4 — M3

Statistik

Gesamtes Produktspektrum	spezifische Produktkerne
	KS : 1 — 3 — 4
Anzahl Gruppen: 50	Anzahl Produkte: 45
ø Gruppengröße: 100	Kapazitätsbedarf [h]: 15 000
min. Gruppengröße: 10	Anzahl Verfahren: 10
max. Gruppengröße: 205	ø Arbeitsganglänge: 8

Legende: UG untere Grenze OG obere Grenze

Bild 4-1: Prinzip der dynamischen Klassifizierung

Diese Merkmale bilden die Voraussetzung für statistische Untersuchungen. Kombiniert man ausgewählte Merkmale zu einem Klassifizierungsschlüssel, so werden durch den selektiven Zugriff variabel verschiedene Ausschnitte des Produktspektrums - sogenannte **Produktkerne** - gebildet, deren Zusammensetzung anhand statistischer Kennzahlen ausreichend genau beschrieben werden kann. Produktionstechnisch relevante Erkenntnisse lassen sich dadurch gewinnen, daß man durch Ankoppeln der Module Maschinenstrukturierung, Kapazitätsberechnung sowie Strukturbewertung die Auswirkungen der Produktstrukturierung auf die Produktion und hier vor allem auf die Kapazitätssituation sichtbar machen kann.

Die Realisierung der dynamischen Klassifizierung beruht auf einem relationalen Datenbankkonzept in Verbindung mit einem strukturierten Zugriff auf die Daten (vgl. Anhang 8.1). Die Datenbankabfrage wurde in der Weise gestaltet, daß die im Planungsfall verfügbaren Strukturierungsmerkmale angezeigt, alle Merkmale interaktiv skaliert und die Schlüsselwerte bestimmt werden. Dies definiert einen imaginären Klassifizierungsschlüssel, der durch Scannen über alle Produkte die Unterteilung des Produktspektrums in Produktkerne ermöglicht. In weiteren Fenstern werden Statistiken zur Gesamtstruktur sowie zu den einzelnen Produktkernen zur Verfügung gestellt. Diese enthalten Häufigkeitsverteilungen sowie statistische Größen wie Minimal-, Maximal- und Mittelwerte. Die Bezugsgrößen, die sich neben den Strukturierungsmerkmalen auch aus allgemeinen Merkmalen zusammensetzen, können ebenfalls selektiert werden. Als Beispiel sind die Gesamtanzahl Produkte, die Gesamtanzahl Arbeitsgänge, der Gesamtkapazitätsbedarf oder die durchschnittliche Arbeitsganglänge zu nennen.

Wie Bild 4-2 am Beispiel einer dynamischen Klassifizierung nach Fertigungsverfahren zeigt, resultieren aus der ausschließlichen Betrachtung von strukturierungssignifikanten und nicht allen Merkmalen - im Beispiel sind dies wichtige Fertigungsverfahren - zwei Effekte: Zum einen reduziert sich infolge der Verdichtung auf Produktkerne - dies sind die sogenannten **Komplettbearbeitungsverfahrenskombinationen** - der Lösungsraum, zum anderen sind die neu gebildeten Produktkerne durch den Strukturierungsansatz präzise beschrieben.

4.1.2   Produktgruppenbildung der Primärstrukturierung

Die Produktgruppenbildung im Rahmen der Primärstrukturierung verwendet die produktbezogenen, die produktstrukturorientierten sowie die produktionstechnischen Schlüsselmerkmale einzeln oder in beliebiger Kombination. Somit ist die Möglichkeit gegeben, die bekannten, sich am Einzelteil orientierenden gruppentechnologischen Ansätze zur Teilefamilienbildung anzuwenden, diese miteinander zu verbinden und zudem neue Strukturierungskriterien in den Strukturierungsprozeß einzubinden. Entscheidend ist, daß alle Kriterien auf jeder Stufe der Produktstruktur zum Einsatz kommen können. Sie sind nicht nur auf Einzelteile, sondern auch auf Baugruppen oder Endprodukte anwendbar.

Die fertigungsablaufbezogene Strukturierung wurde dahingehend modifiziert, daß bevorzugt Komplettbearbeitungsverfahrenskombinationen anstelle der sonst überwiegend eingesetzten Ablauffolgen betrachtet werden. Die Reihenfolge der Bearbeitung wird bewußt nicht abgebildet, da für die Strukturplanung im Gegensatz zu einer System- oder Teilsystemplanung ausschließlich das **Vorhandensein** der Technologie in einem Dezentralen Verantwortungsbereich entscheidend ist. Nur wenn die Komplettbearbeitung von Produkten innerhalb einer einzigen Organisationseinheit scheitert und deshalb eine Unterteilung in Produktionsabschnitte nach Produktionsphasen vorgenommen werden muß, wird auf die Folgenbeziehungen zurückgegriffen. In diesem Fall hat die Reihenfolge der Arbeitsgänge einen entscheidenden Einfluß auf die Anzahl materialflußtechnischer Schnittstellen.

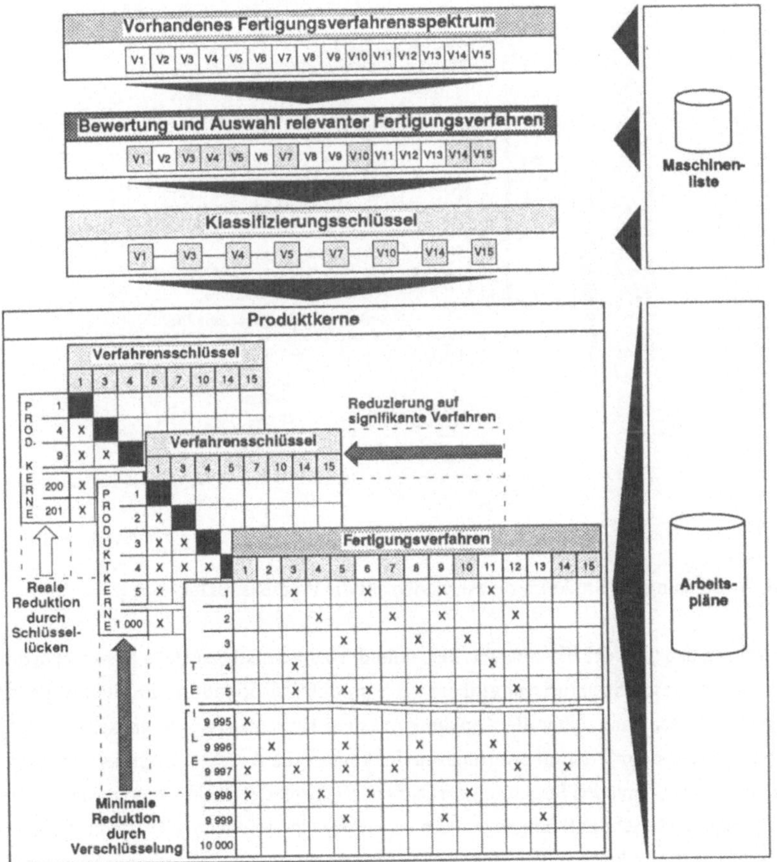

Bild 4-2: Dynamische Klassifizierung nach Fertigungsverfahren

Obwohl prinzipiell alle genannten Strukturierungskriterien verfügbar sind, orientiert sich die Primärstrukturierung an den produktbezogenen Kriterien. Nachdem in dieser Phase vor allem Marketing-Strategien die Produktgruppenbildung bestimmen sollen, steht neben Merkmalen, die ein Marktsegment beschreiben - z.B. Produktart, Abnehmer, Qualitätsstandard oder Stückzahl -, die Produktstruktur im Vordergrund (Bild 4-3). Den produktionstechnischen Anforderungen wird dagegen vorwiegend durch die nachfolgende Sekundärstrukturierung Rechnung getragen. Dazu werden die auf diesem Weg zu einer Produktgruppe verknüpften Produktkerne unter produktionstechnischen Gesichtspunkten weiter zusammengefaßt und den Organisationseinheiten zugeordnet. Dieses Vorgehen entspricht einer Ausgrenzung bestimmter Produktkerne mit anschließender Unterteilung der Produktgruppe.

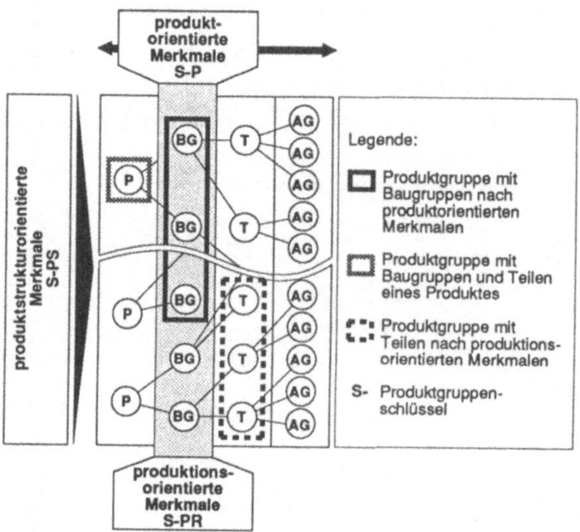

Bild 4-3: Anwendung der Strukturierungskriterien auf die Produktstruktur

Angemerkt sei, daß trotz der bevorzugten Behandlung von produktbezogenen Merkmalen prinzipiell auch bereits in dieser Strukturierungsphase eine produktionsorientierte Produktgruppenbildung durchgeführt werden kann. Über die Kopplung mit dem Kapazitätsberechnungsmodul, dem Kapazitätstableau sowie dem Strukturbewertungsmodul können die Auswirkungen der Produktgruppenbildung auf die resultierenden Struktureigenschaften transparent gemacht werden. Die Generierungsmodule werden in diesem Fall umgangen, d.h. es erfolgt eine rein manuelle Produktionsstrukturierung. Hieraus resultiert keine Einschränkung der Forderung einer zielorientierten Strukturierung, da die Effekte bezüglich der Struktureigenschaften und insbesondere der Strukturkosten bei jedem Schritt berücksichtigt werden.

Bei der Primärstrukturierung wurde ein hierarchischer Ansatz gewählt, da dieser erfahrungsgemäß den betrieblichen Planungsrealitäten entspricht. Dies bedeutet, daß in der Regel nicht das gesamte Produktkernspektrum in einem Schritt in verschiedene Produktgruppen unterteilt wird. Vielmehr wird sukzessive jeweils eine Produktgruppe durch Hinzufügen weiterer Merkmale oder Merkmalswerte abgeleitet. Ausgehend von der Ebene "Endprodukt" wird im einzelnen analysiert, ob innerhalb dieser Ebene eine Produktgruppe mit ausreichendem Strukturierungspotential gefunden werden kann. In mehreren Stufen wird so über die Produktstruktur jeweils eine Produktgruppe sowie eine Restmenge aus dem Gesamtspektrum ausgegrenzt (Bild 4-4).

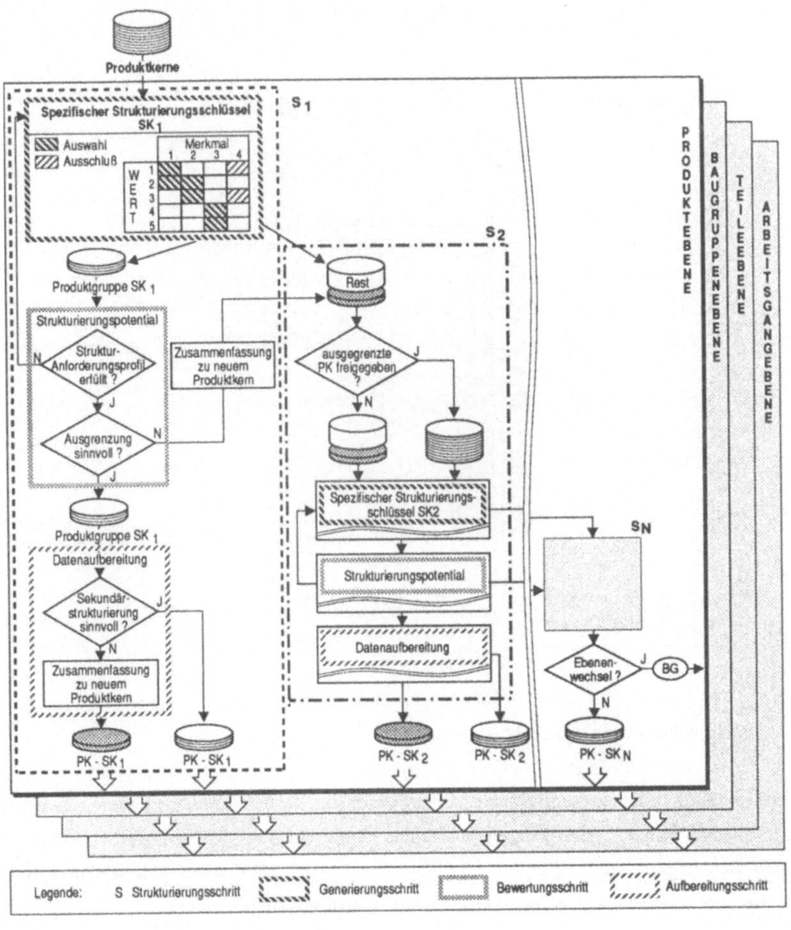

Bild 4-4: Prinzip der Produktgruppenbildung

- 84 -

Unterstützt wird dieser Schritt durch das strategische Produktgruppen-Layout, das die Auswirkungen einer Produktgruppenbildung in den verschiedenen Produktstrukturebenen hinsichtlich der Produktionssituation und insbesondere auf den produktebenenspezifischen, normierten Kapazitätsbedarf zeigt (Bild 4-5). Insofern ist es mit dem Kapazitätstableau (vgl. Kapitel 4.3.6) vergleichbar.

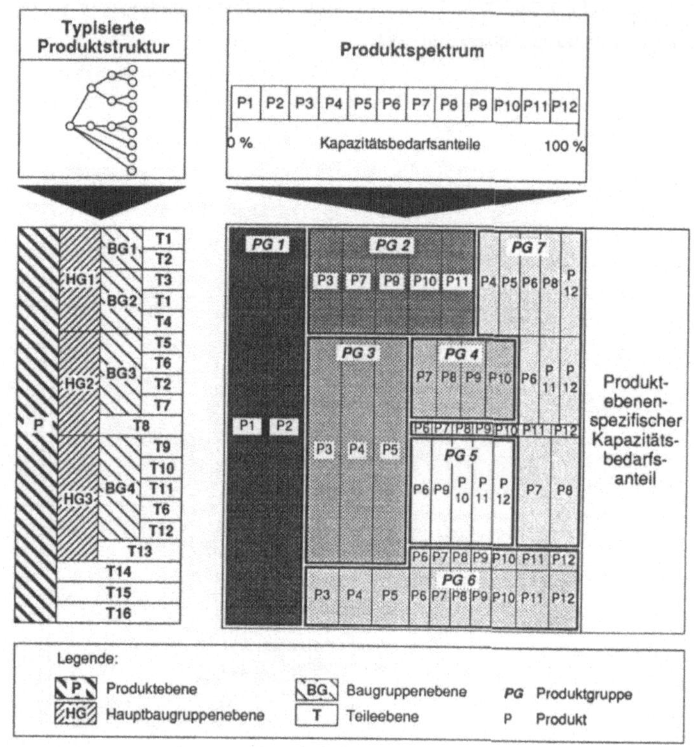

Bild 4-5: Strategisches Produktgruppen-Layout

Das zentrale Moment des beschriebenen Ansatzes ist die Berücksichtigung des Stellenwerts der Strukturierungsmerkmale. Strukturierungsmerkmale können nicht gleichbehandelt werden, da sie für die spezifische Aufgabenstellung unterschiedlich relevant sind. Dem widersprechen die mehrdimensionalen Methoden wie die Clusteranalyse oder die mehrdimensionale Skalierung, die zur Teilefamilienbildung von einigen Autoren /35,49-52/ diskutiert werden. Nicht zuletzt zeigt sich das dadurch, daß bei Anwendung solcher Methoden in der Regel mit Gewichtungsfaktoren gearbeitet wird. Die

Gewichtungsfaktoren beeinflussen aber ebenso wie die Algorithmen zur Definition einer mehrdimensionalen Ähnlichkeit das Ergebnis und somit die Reproduzierbarkeit wesentlich. Ferner ist zu berücksichtigen, daß sich die Interpretation der Ergebnisse besonders im betrieblichen Planungsumfeld sehr schwierig gestaltet.

Zur Produktgruppenbildung werden, ähnlich wie in Kapitel 4.1.1 beschrieben, alle relevanten Strukturierungskriterien angezeigt. Unter Zuhilfenahme logischer Operatoren können anschließend die selektierten Merkmale beliebig miteinander zu einem Produktgruppenschlüssel verknüpft werden. Eine Besonderheit bildet die Verwendung der oben angeführten indirekten Merkmale und die Unterscheidung in einen Auswahl- und einen Ausschlußbereich. Hiermit wird die Möglichkeit geschaffen, dezidierte Merkmalskombinationen zur Ausgrenzung von Produktgruppen zu nutzen. Dies ist besonders dann wichtig, wenn gleichzeitig mit der Produktgruppenbildung die Zuordnung zu den Organisationseinheiten, also die Produktionsstrukturierung durchgeführt wird.

Der Auswahl- und Ausschlußbereich eines Schlüssels soll am Beispiel einer fertigungsverfahrensorientierten Verschlüsselung nach Komplettbearbeitungsverfahrenskombinationen erläutert werden.

Angenommen sei, daß ein 4-stelliger Klassifizierungsschlüssel mit den Produktionsfunktionen Drehen-Bohren-Räumen-Schleifen existiert, der alle möglichen Komplettbearbeitungsverfahrenskombinationen beschreibt. Wird im Auswahlbereich das Drehen oder Bohren selektiert - Schlüsselnummer 1 oder 2 nehmen den Wert "1" an - und gleichzeitig im Ausschlußbereich das Räumen, d.h. die Schlüsselnummer 3 auf "1" gesetzt, so werden zur Produktgruppenbildung diejenigen Produktkerne ausgewählt, deren Komplettbearbeitungsverfahrenskombinationen das Drehen bzw. Bohren einzeln oder in Kombination enthalten und das Räumen nicht aufweisen.

Mit dem selektieren Schlüssel werden die zugehörenden Produktkerne und statistische Kenngrößen der gebildeten Produktgruppe ermittelt. Eine elementare Bedeutung hat die Anbindung an die Module Kapazitätsberechnung, Kapazitätstableau sowie Strukturbewertung, da hierdurch die Konsequenzen der Zusammenfassung der Produkte bezüglich zu erwartender Struktureigenschaften transparent werden und ein zielorientiertes Vorgehen zu verwirklichen ist. Hieraus entsteht ferner der synthetische Arbeitsplan der Produktgruppe, der ebenso wie das strategische Produkt-Layout ausschließlich die Komplettbearbeitungsverfahrenskombinationen betrachtet.

In weiteren Iterationen, die auf andere Kriterien zurückgreifen oder auf anderen Wertebereichen der Strukturierungskriterien basieren, kann die Zusammensetzung der Produktgruppe variiert, d.h. die Produktgruppe erweitert oder eingeengt werden. Neben der Konsistenzprüfung wurde eine Option verwirklicht, mit der diejenigen Produkte, die bereits in tieferen Ebenen Produktgruppen zugeordnet sind, freigegeben oder fixiert werden können. Dies ermöglicht die Steuerung des Abgleichs mit dem Rest (Bild 4-4).

Eine wichtige Begleiterscheinung der Produktgruppenbildung ist die Reduktion des Lösungsraums. Mit kleiner werdendem Umfang der ausgegrenzten Produktgruppen verliert die Restriktion an Bedeutung, so daß der Zugang zu den Merkmalen ohne manuellen Eingriff möglich sein muß. Daher können für spezifische Produktgruppen über die Nachklassifizierung der Produkte hinsichtlich bestimmter, für diese Gruppe besonders relevanter Merkmale zusätzliche Strukturierungskriterien erschlossen werden. Im Zuge einer weiteren Unterteilung der Produktgruppen anhand dieser Merkmale erleichtert dies die anschließende Produktionsstrukturierung und die nicht in dieser Arbeit behandelte Feinplanung der Dezentralen Verantwortungsbereiche im Sinne einer System- und Teilsystemplanung.

4.2   Maschinenstrukturierung

Die Zuordnung von Produktgruppen und Funktionsträgern im Rahmen der Produktionsstrukturierung basiert im wesentlichen auf den Informationen der Arbeitspläne und Maschinenlisten. Da dieses Datenmaterial im betrieblichen Alltag erfahrungsgemäß sowohl mit vielen planerischen Unzulänglichkeiten als auch mit Informationslücken behaftet ist, müssen Maßnahmen getroffen werden, den für die einzelnen Strukturierungsaufgaben notwendigen Informationsgehalt ohne großen Eingabeaufwand zu gewährleisten. Beispiele für die unzureichende Datenqualität sind die willkürliche Maschinenzuordnung, die Betrachtung von spezifischen Maschineneinheiten statt Maschinengruppen oder die fehlende Angabe von Austauschmaschinen.

4.2.1   Nachklassifizierung von Maschinen

In den meisten Fällen wäre es bei einer auf Volldaten basierenden Strukturierung viel zu aufwendig, nachträglich alle Teile bzw. Arbeitspläne nach zusätzlichen, EDV-technisch nicht abgespeicherten Merkmalen zu beschreiben. Dies gilt in Anbetracht der Größe des üblichen Maschinenparks jedoch nicht für eine maschinenbezogene Betrachtung. Aus diesem Grund wurde der Ansatz der Nachklassifizierung von Maschinen nach strukturierungsrelevanten Kriterien verwirklicht. Neben fertigungsverfahrensorientierten Merkmalen, die sich sinnvollerweise an DIN 8580 orientieren, werden in Abhängigkeit von der betrieblichen Situation und der Bearbeitungsaufgabe Merkmale wie beispielsweise die maximale Werkstückgröße, der Qualitätsstandard oder der Automatisierungsgrad der jeweiligen Maschineneinheiten verwendet.

Obwohl die Kombination der aufgeführten Merkmale ausreichend ist, wie verschiedene Strukturierungsvorhaben zeigen, können mit einer umfangreicheren, detaillierteren Maschinen-Klassifizierung zusätzliche Strukturierungsspielräume erschlossen werden. Optimale Voraussetzungen können dann geschaffen werden, wenn betriebsspezifische, den Produktionsaufgaben entsprechende Bearbeitungsmakros definiert und den Maschineneinheiten als Fähigkeitsprofil zugeordnet werden. Als Beispiel sind die in /116/ als Voraussetzung der Kopplung von CAD und Arbeitsplanerstellung vorgeschlagenen Bearbeitungsmakros oder das fertigungsbeschreibende Klassifizierungssystem im Hinblick auf die Beschreibung von Maschinen /41/ zu nennen. Vom Autor wurde diesbezüglich ein Instrumentarium geschaffen, das über die Beschreibung des Fähigkeitsprofils von Drehzentren anhand charakteristischer Bearbeitungsmakros die Zuordnung der Arbeitsgänge von Drehteilen zu geeigneten Drehmaschinen mit dem Ziel einer integrierten Bearbeitung erlaubt /117/. Hingewiesen sei auch auf die Möglichkeit, die Maschinen nach sogenannten Produktionsphasen einzuteilen. Dies bedeutet, daß die Produktion in Abschnitte wie z.B. Weich- und Hartbearbeitung unterteilt wird und die Maschinen diesen Abschnitten zugeordnet werden.

Diese produktionsbezogenen Merkmalskombinationen werden ähnlich wie bei der Produktionsstrukturierung als variable Klassifizierungschlüssel verwendet. Für die nachfolgenden Betrachtungen werden damit maschinenneutrale **Produktionsfunktionen** definiert, die entsprechend der Struktur des Schlüssels in mehreren Ebenen hierarchisch verknüpft sind und Bearbeitungsanforderungen repräsentieren.

4.2.2 Verbesserung der Strukturierungsgrunddaten

Über die Maschinenidentnummer können die in den Produktionsfunktionsschlüsseln enthaltenen Zusatzinformationen in die Arbeitspläne eingebracht und so die bestehenden Grunddaten auf ein qualitativ höheres Niveau transformiert werden. Unter der Annahme, daß sich das Ansprechen einer Maschine im Arbeitsplan an der Obergrenze der Bearbeitungsanforderung orientiert, kann aus einer nicht-sprechenden Maschinennummer ein in unterschiedlichen Ebenen zu aggregierendes Bearbeitungsanforderungsprofil abgeleitet werden. Man löst sich von der spezifischen Maschineneinheit, da auch andere Maschinen existieren, die dieses Profil abdecken. Neben der Festlegung von Austauschmaschinen können neue Maschinenkonzeptionen oder Technologieweiterentwicklungen wie integrierte Bearbeitung sowie alternative Prozeßabläufe in die bestehenden Arbeitspläne eingebracht werden (Bild 4-6). Auf diese Weise wird der Übergang von einer vergangenheits- zu einer zukunftsorientierten Betrachtungsweise vollzogen. Ferner ist interessant, daß bei der beschriebenen qualitativen Verbesserung des Datenmaterials eine nicht unerhebliche Reduktion des Lösungsraums und der zu beherrschenden Datenmenge auftritt, sind doch die Planungsgrundlagen nunmehr die Produktionsfunktionen.

Zieht man einen Vergleich zu dem erwähnten fertigungsbeschreibenden Klassifizierungssystem, so kann festgestellt werden, daß ohne den Umweg einer Produktklassifizierung für jeden Arbeitsgang ein maschinenneutrales Bearbeitungs-Anforderungsprofil entsteht. Diesem ist ein funktionsträgerbezogenes Fähigkeitsprofil gegenübergestellt. Es ergibt sich somit die Möglichkeit, die einzelnen Arbeitsgänge variabel unterschiedlichen Maschinen zuzuordnen und über die Beurteilung der Eignung von Maschinen für die verschiedenen Produktionsfunktionen die Substituierbarkeit der Maschinen aufzuzeigen.

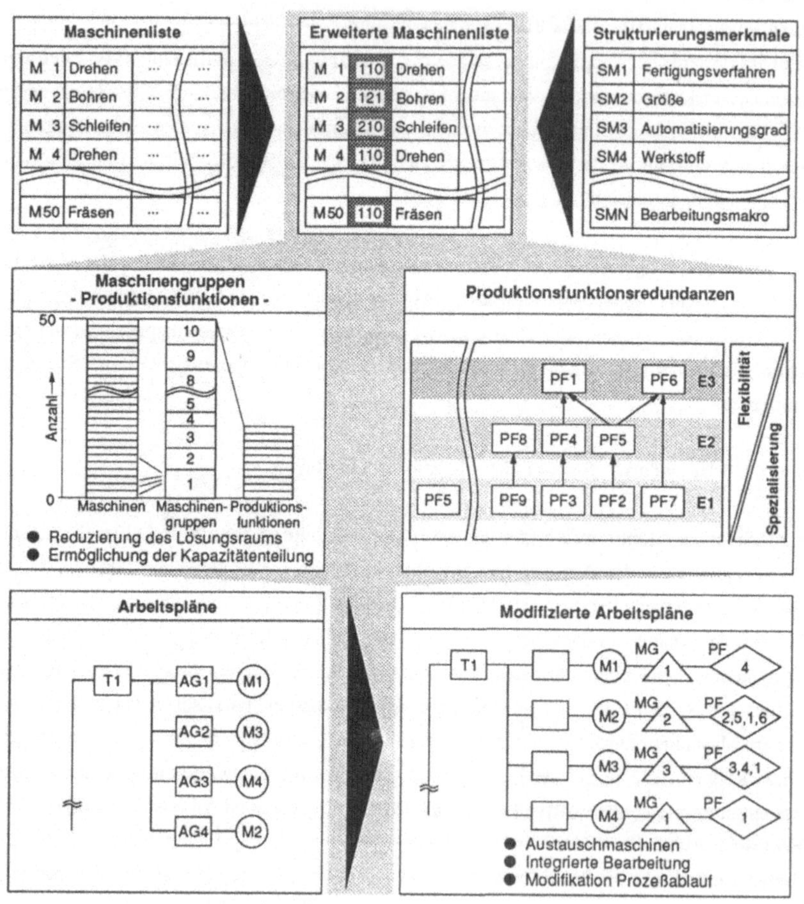

Bild 4-6 : Effekte der Maschinenklassifizierung

4.2.3 Bildung von produktionsfunktionsorientierten Maschinengruppen

Die individuellen Maschinen können unter Zuhilfenahme des variablen Klassifizierungsschlüssels für jede Produktionsfunktion zu Gruppen mit redundanten Maschineneinheiten zusammengefaßt werden.

Es entsteht ein Potential austauschbarer Maschinen, das die Aufteilung von Funktionsträgern auf mehrere Organisationseinheiten ermöglicht. Dieses maschinenbezogene Kapazitätenteilungsproblem ist bei einer Betrachtung individueller Maschinen in der Regel nicht lösbar.

Ergänzend zu dieser Strategie sind weitere Maßnahmen vorgesehen, um die Kapazitätenteilungsproblematik zu entschärfen. Neben der Beziehungsanalyse zur Feststellung der strukturierungskritischen Produktionsfunktionen sowie deren produktionstechnischen Verflechtungen, die in Kapitel 4.3.2.3 behandelt werden, sind dies die Ermittlung von Zusatzmaschinen sowie der Produktionsfunktionsredundanzen. Durch beide Ansätze kann das je Produktionsfunktion zur Verfügung stehende Potential an Maschineneinheiten vergrößert werden.

In diesem Sinne führt auch der seit einiger Zeit zu beobachtende Trend der Integration mehrerer Fertigungsverfahren auf eine einzelne Bearbeitungseinheit zu einer wesentlichen Entschärfung des Problems der Kapazitätenteilung. Mit abnehmender Maschinenspezialisierung besteht nicht mehr die Notwendigkeit, für jede Bearbeitungsanforderung eine spezifische Maschineneinheit in jedem Dezentralen Verantwortungsbereich vorhalten zu müssen, die durch das Produktspektrum nur unzureichend auszulasten ist. Die Anschaffung von zusätzlichen strukturbedingten Betriebsmitteln kann dabei vermieden werden.

4.2.3.1 Ermittlung von Zusatzmaschinen

Für den Strukturierungsprozeß steht primär der bestehende Maschinenpark zur Verfügung. Erfahrungsgemäß ist es jedoch auch unter Kostengesichtspunkten sinnvoll, in zusätzliche Kapazitäten - im nachfolgenden **Zusatzmaschinen** genannt - zu investieren. Den Investitionsaufwänden und damit verknüpft den höheren Maschinenstundensätzen stehen nämlich Einsparungspotentiale vor allem durch die Reduzierung von Umlaufbestandsbindungskosten gegenüber. Dies ist darauf zurückzuführen, daß die kapazitätsbedingte Engpaßsituation verbessert wird. Zudem sind auch positive Veränderungen bezüglich den quantifizierbaren, nicht monetären prozeßorganisatorischen Systemeigenschaften zu erwarten. Hauptsächlich betrifft dies die Flexibilitätseigenschaften.

Die Ermittlung der sinnvollen Anzahl an Zusatzmaschinen geschieht mit Hilfe der Sensitivitätsanalyse auf der Basis des Bewertungsmodells. Für jede Produktionsfunktion wird schrittweise jeweils eine Maschineneinheit hinzugefügt. Unter der Annahme, daß mit einer zunehmenden Anzahl an Maschineneinheiten die Wahrscheinlichkeit des Auftretens von organisatorischen Schnittstellen sinkt - dies entspricht einer Komplettbearbeitung aller Produkte innerhalb jeweils einer Organisationseinheit -, werden in einer dynamischen Warteschlangen-Betrachtung das zu erwartende Durchlaufverhalten analysiert und die angeführten Systemeigenschaften inklusive der Systemkosten ermittelt. Die maximale Anzahl an zusätzlichen Maschineneinheiten, die innerhalb einer vorgegebenen, ebenfalls variierbaren Toleranzbreite zum Optimum liegt, wird als Vorgabe für die weiteren Strukturierungsschritte benutzt (Bild 4-7).

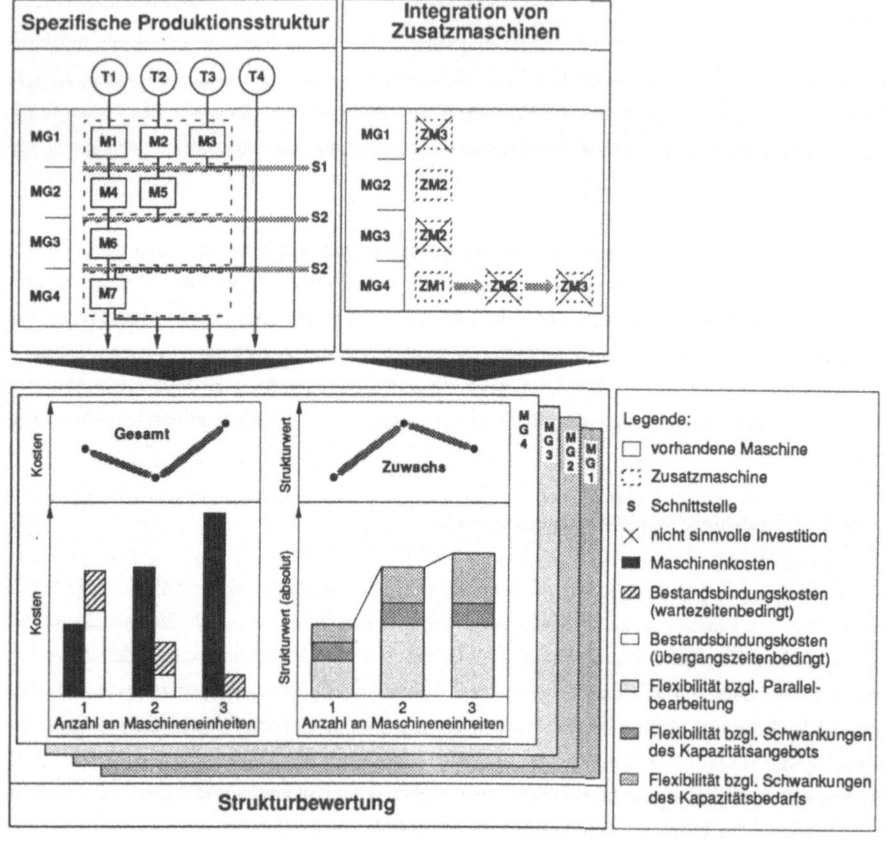

Bild 4-7: Ermittlung von Zusatzmaschinen

4.2.3.2 Produktionsfunktionsredundanzen

Sehr häufig sind die einzelnen Maschineneinheiten hinsichtlich der Produktionsfunktionen teilweise oder vollständig substituierbar. So deckt beispielsweise ein großes Bearbeitungszentrum die Bearbeitungsmöglichkeiten eines Bearbeitungszentrums mit einem kleineren Arbeitsraum in den meisten

Fällen ab. Dieser Flexibilität, die zusätzliche Strukturierungsfreiräume erschließt, steht allerdings gegenüber, daß das Maschinenpotential dann nicht voll ausgeschöpft wird. Dies wird in der vorliegenden Arbeit durch die **technische Überdimensionierung** /118/ der Maschineneinheit für die spezifische Produktionsfunktion auf niedrigerem Niveau umschrieben.

Die Substituierbarkeit der Maschineneinheiten kann anhand der Produktionsfunktionsredundanzen dargestellt werden. Hierzu wird zunächst die Eignung jeder Maschine für die einzelnen Produktionsfunktionen festgelegt. Zudem wird der Stellenwert der verschiedenen, die spezifische Produktionsfunktion beschreibenden Einzelmerkmale bestimmt und eine Rangreihenbildung der Merkmale durchgeführt. Ausgehend von Maschinen mit hoher Spezialisierung ergeben sich aus diesen beiden Vorleistungen die Unterstellungsverhältnisse der Maschinen. Diese drücken einerseits die Einsatzflexibilität, andererseits den Grad der technischen Überdimensionierung aus (Bild 4-8).

In Verbindung mit einem kapazitätsbewerteten Maschinenverwendungsnachweis können die Produktionsfunktionsredundanzen genutzt werden, um die Situation von kritischen Maschinengruppen zu analysieren. Die Kapazitätenteilungsproblematik kann dadurch entschärft werden, daß zusätzliche Maschineneinheiten aus anderen, für die spezifische Produktionsfunktion ebenfalls geeigneten Maschinengruppen zum Einsatz kommen. Im Umkehrschluß besteht die Möglichkeit, den produktionsfunktionsbezogenen Kapazitätsbedarf durch andere Maschineneinheiten abzudecken.

Zur Analyse dieses Szenarios wurde ein Algorithmus entwickelt, der auf den Grad der technischen Überdimensionierung und auf die Kapazitätssituation zurückgreift. Unter Beachtung der Minimierung der Überdimensionierung wird schrittweise für jede Produktionsfunktion ermittelt, ob Maschinengruppen existieren, die eine Neuzuordnung einzelner Maschinen erlauben. Entscheidungsrelevant sind die spezifische Auslastungssituation und die zur Verfügung stehende Anzahl an Maschineneinheiten.

Das Ergebnis dieser Analyse gibt Hinweise, ob bei der Produktionsstrukturierung eine Engpaßsituation (vgl. Kapitel 4.2.3.1) zu erwarten ist. Darüber hinaus kann dieser Modul auch direkt mit den Modulen der Produktionsstrukturierung gekoppelt werden, um bei der Strukturgenerierung alle relevanten Strukturierungsfreiräume erschließen zu können.

4.3 Methodenbausteine der Produktionsstrukturierung

Die wesentliche Aufgabe der Produktionsstrukturierung ist es, die in der Primärstrukturierung definierten produktgruppenbezogenen Produktionsfunktionen einerseits und die produktionsfunktionsbezogenen Bearbeitungseinheiten (Funktionsträger) andererseits zielorientiert den neu zu bildenden Organisationseinheiten zuzuordnen. Nach Ermittlung des Kapazitätsbedarfs, des Kapazitätsangebots sowie der Bearbeitungsabhängigkeiten werden dazu die Produktionsfunktionen und die Funktionsträger unter Beachtung von Produktionsanforderungen in verschiedenen Varianten zusammengefaßt. Verwendet wird eine Zielfunktion, die die Auswirkungen dieser alternativen Zuordnungen bezüglich den resultierenden Strukturkosten bewertbar macht und zudem auch quantifizierbare, nicht monetäre Strukturierungseffekte und Struktureigenschaften berücksichtigt. Aus der Vielzahl relevanter Lösungen soll auf diesem Weg eine dem Optimum nahe ideale Lösung ermittelt werden.

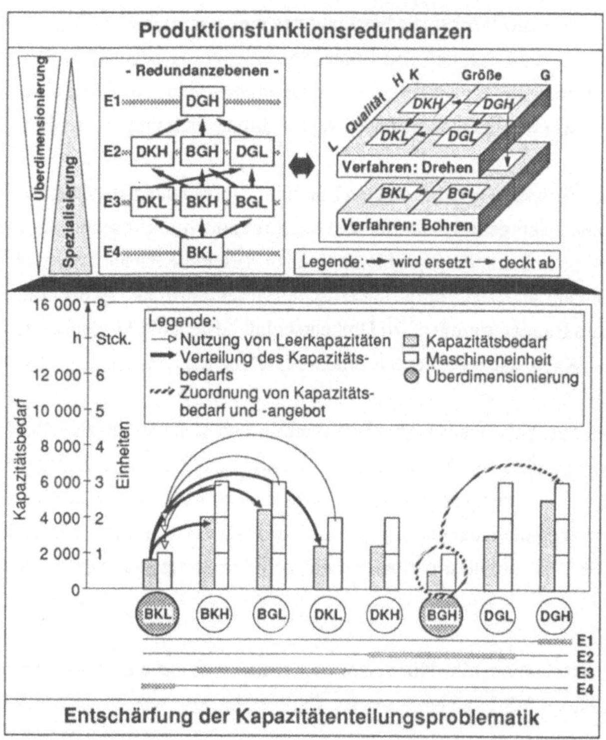

Bild 4-8: Ermittlung und Nutzung der Produktionsfunktionsredundanzen

Für diese Aufgabenstellung erwies sich ein interaktives, heuristisches Kompositionsverfahren als besonders geeignet. Das Verfahren versucht, die jeweils relevanten Basiselemente des betrachteten Lösungsraums sukzessive zu vereinen. Hierzu wird für jedes Element untersucht, ob eine produktionsfunktions- oder eine produktbezogene Vereinigung bzw. Zuordnung mit anderen Elementen zu bevorzugen ist (Bild 4-9).

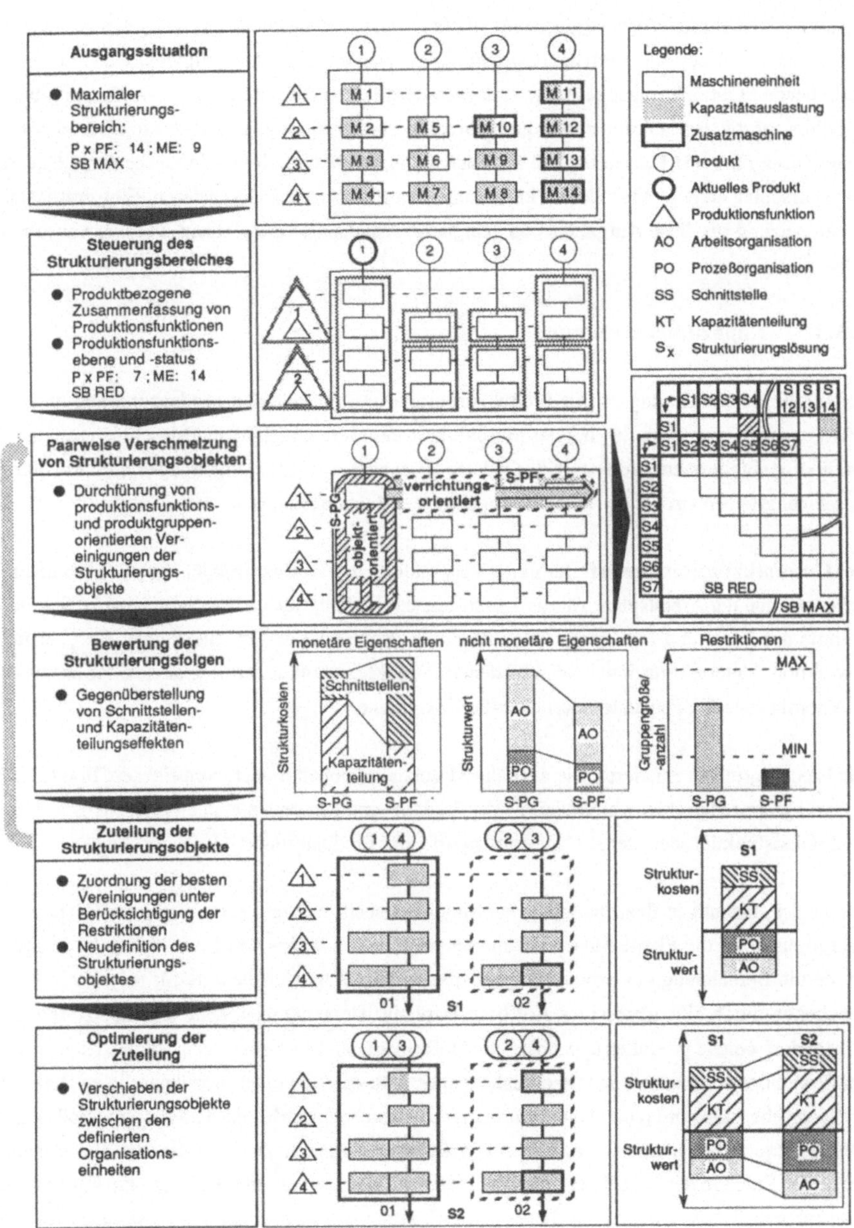

Bild 4-9: Produktionsstrukturierung

Gesteuert wird dieser Vorgang durch ebenfalls heuristische Methoden zur Beschränkung des Lösungsraums und zur sukzessiven Erweiterung relevanter Gestaltungsdimensionen. In einer anschließenden Optimierungsphase, die sich im wesentlichen auf ein Austauschverfahren stützt und ebenfalls auf die Zielfunktion zurückgreift, werden die Zuordnungen überprüft und verfeinert. Charakteristisch für beide Phasen ist, daß zunächst automatisch auf jeder Planungsebene ein Strukturierungsvorschlag erzeugt wird. Dieser kann dann vom Planer modifiziert werden. Eine entscheidende Voraussetzung für diese Aufgaben sind geeignete Visualisierungstechniken und hier vor allem das Kapazitätstableau.

4.3.1 Kapazitätsberechnung

Für die im Strukturierungsschritt Produktstrukturierung festgelegten Produktgruppen und -kerne müssen, spezifiziert nach den bei der Maschinenstrukturierung gebildeten Maschinengruppen bzw. Produktionsfunktionen, die Kapazitätsbedarfe berechnet werden. Dementgegen sind die ebenfalls maschinengruppenbezogenen Kapazitätsangebote der Funktionsträger zu stellen.

Der **Gesamtkapazitätsbedarf**, der unter Verwendung der Produktgruppen-Relationendateien, der Teiledatei und der Arbeitspläne für die verschiedenen Produktgruppen berechnet wird, ist definiert als Summe der Rüst- und Fertigungszeiten über alle Produkte einer Produktgruppe für eine Jahresproduktion. Unterteilt nach den verschiedenen Produktionsfunktionen, ergibt sich der produktionsfunktionsbezogene Kapazitätsbedarf einer Produktgruppe.

Die Produktgruppen existieren wie auch die Maschinengruppen in mehreren Ebenen. Folglich resultiert aus jeder möglichen Kombination von Produkt- und Maschinenebene ein ebenenspezifischer, produktionsfunktionsbezogener Kapazitätsbedarf einer Produktgruppe.

Wegen der eindeutigen Beziehungen in der Maschinenebene wäre ein ausschließlicher Bezug der Produktgruppen auf die Ebene Maschineneinheit prinzipiell möglich und ausreichend. In diesem Fall würde die Berechnung des produktgruppenspezifischen Kapazitätsbedarfs für die oberen Maschinenebenen durch ein sukzessives Auflösen erfolgen. Dementgegen steht, daß neben dem Kapazitätsbedarf weitere produktgruppenbezogene Informationen benötigt werden. Zudem sind gerade bei der Produktionsstrukturierung kurze Rechenzeiten gefordert, die einer prozeßparallelen Berechnung widersprechen. Obwohl redundante Informationen entstehen, werden deshalb für jede Produktgruppe synthetische Arbeitspläne für alle Maschinenebenen angelegt. Dem in diesem Zusammenhang wichtigen Problem der Datenkonsistenz zwischen den Ebenen wird durch eine an die Editierfunktion angekoppelte Konsistenzprüfung begegnet. Bei Veränderungen der Daten wird automatisch eine Korrektur der zugeordneten und abhängigen Daten vorgenommen.

Die in den synthetischen Arbeitsplänen ebenfalls enthaltenen produktionsfunktionsbezogenen Informationen beschreiben die Produktgruppenzusammensetzung mit Hilfe statistischer Kennzahlen. So wird für jede Relation PG x PF die Anzahl unterschiedlicher Teile **PGTPF** und unterschiedlicher Arbeitsgänge **PGAGPF** ermittelt, die in den oberen Produktebenen durch die Anzahl an Baugruppen **PGBGPF** und an Produkten **PGPPF** ergänzt werden können. Darüber hinaus werden in den synthetischen Arbeitsplänen produktionsfunktionsbezogene Gesamtstatistiken berücksichtigt. Diese umfassen für jede Produktionsfunktion neben der oben angeführten Kapazität GKPPF die Gesamtanzahl an Teilen **GTPF** und Arbeitsgängen **GAGPF**.

Mit dem diskutierten Ansatz kann der Kapazitätsbedarf sowohl hinsichtlich technischer als auch personeller Produktionsfunktionen berücksichtigt werden. Hierbei wird allerdings davon ausgegangen, daß bei technischen Produktionsfunktionen ein personeller Kapazitätsbedarf nicht vorhanden ist. Dies trifft in der Regel jedoch nicht zu. Um unterschiedliche Automatisierungsgrade einbringen zu können, wird daher ein produktionsfunktionsbezogener Kopplungsfaktor definiert. Der Faktor beschreibt die zur Durchführung der technischen Produktionsfunktionen notwendigen personellen Kapazitätsaufwände. Hieraus resultiert ein zusätzlicher personeller Kapazitätsbedarf pro Produktionsfunktion.

Das **Kapazitätsangebot** resultiert aus der durch die Funktionsträger bereitgestellten Kapazität. Betrachtet man technische Funktionsträger, so kann das Kapazitätsangebot über die Nutzungszeit, die Anzahl von Einheiten und die Anzahl von Schichten berechnet werden. Das personelle Kapazitätsangebot ergibt sich aus der Anwesenheit pro Mitarbeiter. Führt man das produktionsfunktionsbezogene Kapazitätsangebot und den produktionsfunktionsbezogenen Kapazitätsbedarf der einzelnen Produktgruppen zusammen, so ergibt sich die **Kapazitätsliste** (Bild 4-10).

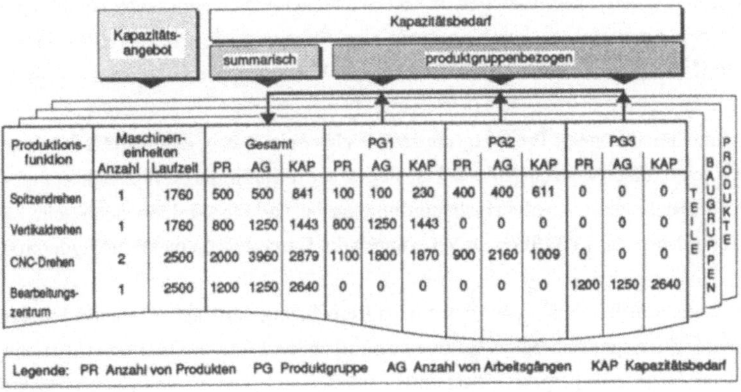

Produktions-funktion	Maschineneinheiten		Gesamt			PG1			PG2			PG3		
	Anzahl	Laufzeit	PR	AG	KAP	PR	AG	KAP	PR	AG	KAP	PR	AG	KAP
Spitzendrehen	1	1760	500	500	841	100	100	230	400	400	611	0	0	0
Vertikaldrehen	1	1760	800	1250	1443	800	1250	1443	0	0	0	0	0	0
CNC-Drehen	2	2500	2000	3960	2879	1100	1800	1870	900	2160	1009	0	0	0
Bearbeitungs-zentrum	1	2500	1200	1250	2640	0	0	0	0	0	0	1200	1250	2640

Legende: PR Anzahl von Produkten PG Produktgruppe AG Anzahl von Arbeitsgängen KAP Kapazitätsbedarf

Bild 4-10: Kapazitätsliste

4.3.2   Methoden zur Steuerung des Lösungsraums

Die entscheidende Voraussetzung zur Realisierung eines praxisrelevanten Planungssystems zur Produktionsstrukturierung bildet die Beherrschung des komplexen Lösungsraums bei gleichzeitiger Nutzung aller relevanter Gestaltungsdimensionen. Hierzu werden verschiedene Maßnahmen eingesetzt, die es erlauben, die für die jeweilige Planungsphase in Frage kommenden Gestaltungsdimensionen zu erkennen und die relevanten Lösungsräume zu reduzieren.

4.3.2.1 Differenzierung von Hyper- und Subprodukten

Dem Bearbeitungsprofil, d.h. der Kombination von bestimmten Produktionsfunktionen, kommt in den meisten Schritten der Strukturgenerierung eine zentrale Bedeutung zu. Dies betrifft einerseits das durch die Zuordnung der Funktionsträger zu den Organisationseinheiten determinierte **Fähigkeitsprofil** der Dezentralen Verantwortungsbereiche und andererseits das produktseitige **Anforderungsprofil**.

Das produktseitige Anforderungsprofil wird in diesem Zusammenhang durch **Komplettbearbeitungsverfahrenskombinationen** beschrieben. Hierin sind alle Produkte zusammengefaßt, die durch Nutzung aller oder nur einiger Verfahren der Kombination komplett bearbeitet werden können. Die Reihenfolge findet entgegen den der Teileflußanalyse zugrunde gelegten Annahmen keine Berücksichtigung. Die erstgenannte Art von Produkten wird im nachfolgenden als **Hyperprodukt** bezeichnet. Die **Subprodukte** repräsentieren dagegen die Submengen der Verfahrenskombination.

Als **Hypergruppen** werden Produktgruppen bezeichnet, die zu einem Hyperprodukt **HP** und der dazugehörenden Verfahrenskombination **KVK(HP)** diejenigen Subprodukte kombinieren, deren Komplettbearbeitungsverfahrenskombinationen eine Submenge von **KVK(HP)** bilden. **Hypermaschinen HM** sind Maschineneinheiten, die in diesen Verfahrenskombinationen auftreten.

Mit diesen Annahmen können Produktgruppen mit gleichem Bearbeitungsprofil in einer fiktiven Gruppe zusammengefaßt werden (Bild 4-11). Ferner wird durch die Berücksichtigung von Subprodukten die Möglichkeit zu Mehrfachzuordnungen beschrieben, bilden doch sehr häufig die Verfahrenskombinationen KVK(SG) von Subgruppen die Untermengen mehrerer Hyperprodukte.

Die Effekte dieser m:n-Beziehungen können nach Berechnung der Kapazitätsanforderungen durch unterschiedliche Zuteilungsstrategien bei den nachfolgenden Strukturierungsschritten eingebracht werden. So kann für jede Hypergruppe bestimmt werden, wieviele identische Hyperprodukte existieren und welche Kapazität durch sie gebunden ist. Dazu gehört zudem ein minimaler, maximaler und ein Erwartungswert, der die Anzahl Produkte, Arbeitsgänge sowie Kapazitäten bei einer Zuteilung der nur für diese Hypergruppe relevanten Subprodukte, aller Produkte und eines Durchschnittswerts aufgrund der beiden Randbedingungen beinhaltet (Hypergruppen-Kapazitätsliste).

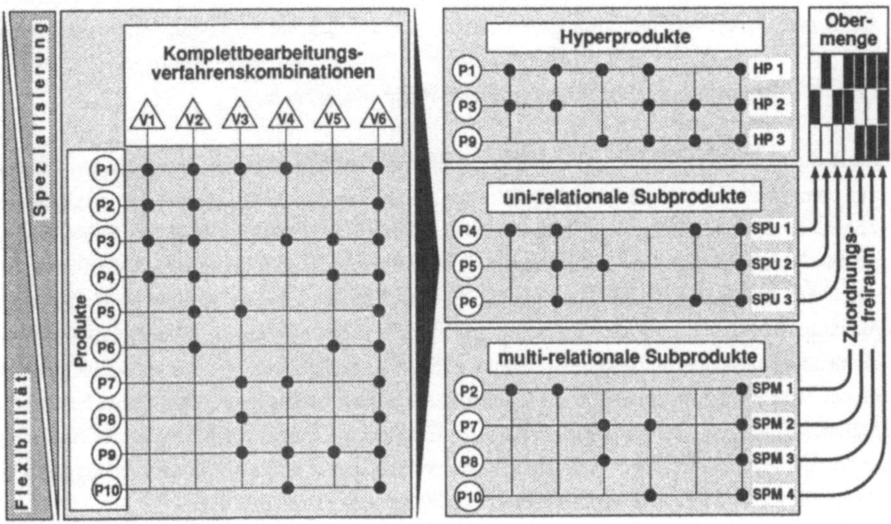

Bild 4-11: Bestimmung von Hyper- und Subprodukten

Im Gegensatz zu ähnlichen von de Witte /58/ vorgeschlagenen Ansätzen werden bei der Ermittlung sowohl Verfahrensstati berücksichtigt als auch Freiheitsgrade zugelassen. Freiheitsgrade ermöglichen die Zuteilung eines Subprodukts zu einer Hypergruppe auch dann, wenn bis zu **FG** Verfahren eines Subprodukts nicht in der Verfahrenskombination des Hyperprodukts vorkommen. Dabei bezeichnet **FG** den Freiheitsgrad. Der Verfahrenstatus kennzeichnet dagegen die Wichtigkeit des Verfahrens für die Produktionsstrukturierung. So ist es beispielsweise wenig sinnvoll, einfache Betriebsmittel wie Ständerbohrmaschinen zu diskutieren.

Werden diese Variationen angewandt, so kann es vorkommen, daß ein Produkt gleichzeitig Hyper- und Subprodukt ist. Dieser Effekt wirkt sich vor allem auf die Möglichkeit zu Mehrfachzuordnungen aus. Besonders wichtig ist dann die Unterscheidung zwischen diesen multi-relationalen und den elementaren uni-relationalen Subprodukten. Dem wird durch eine Kennzeichnung in der Produktgruppenliste Rechnung getragen.

Da in vielen Fällen der Strukturierungsprozeß in einem reduzierten Lösungsraum auf der Basis der Hypergruppen erfolgt, wurde bei der Implementation besonders auf die Rechenzeit geachtet. Nur so wurde es möglich, eine rollierende Ermittlung von Hypergruppen zu realisieren. Dies bedeutet, daß nach jeder Vereinigung von Produktgruppen eine Neubestimmung der Hypergruppen durchgeführt wird und auf diesem Weg der Lösungsraum für die folgenden Schritte weiter eingeengt werden kann.

4.3.2.2 Bestimmung von Kernverfahren-Produktgruppen

Eine Reduktion der Produktgruppen auf die Anzahl unterschiedlicher Produktionsfunktionen läßt sich erreichen, wenn man in der Kapazitätsliste die gebildeten Produktgruppen unter produktionstechnischen Gesichtspunkten nach dem Ansprechen derselben Produktionsfunktion weiter zusammenfaßt. Dazu wird zunächst die Liste der Produktionsfunktionen nach bestimmten Kriterien - in der Regel wird dies die Engpaßsituation (vgl. Kapitel 4.3.2.3.2) sein - sortiert. Beginnend mit der ersten Produktionsfunktion werden alle Produktgruppen zusammengeschlossen, die diese Produktionsfunktion benötigen; es entsteht die kernverfahrenorientierte Kapazitätsliste. Mit den restlichen Produktgruppen wird dieses Vorgehen für die nächste Produktionsfunktion fortgeführt. Dabei besteht die Möglichkeit, aufgrund der durch die Vereinigung veränderten Kapazitätssituation eine Neusortierung der Produktionsfunktionsliste vorzunehmen. Die produktionsfunktionsbezogene Vereinigung wird solange wiederholt, bis alle Produktionsfunktionen abgehandelt sind (Bild 4-12).

Mit der Ermittlung von Kernverfahren-Produktgruppen wurden Überlegungen von de Witte /58/, Burbridge /62/ und Wolf /75/ aufgegriffen, miteinander kombiniert und unter dem Gesichtspunkt der Strukturbewertung erweitert. So wurde die von de Witte vorgestellte funktionsträgerbezogene Kombinationsmatrix, die Materialfluß-Beziehungshäufigkeiten zwischen Paaren von Maschinen beinhaltet, in eine kapazitätsbewertete, produktgruppenbezogene Matrix übergeführt. Die Matrix repräsentiert den produktionsfunktionsbezogenen Kapazitätsbedarf inklusive der Anzahl von Produkten und Arbeitsgängen. Dies entspricht im Prinzip der Zuordnungsmatrix Kernmaschine-Maschinenart von Wolf, die allerdings nur die binäre Beziehung, d.h. das Ansprechen der jeweiligen Maschinenart beinhaltet. Zudem wird dort von einer festen Sortierung ausgegangen.

Die kapazitiven Effekte sowie die Stati der Verfahrens- und Produktgruppen bleiben bei diesem Ansatz im Gegensatz zu der entwickelten Kernverfahrensanalyse ebenfalls unberücksichtigt. Die Sortierung nach der Engpaßsituation trägt den Vorschlägen von Burbridge Rechnung, der bei der Bildung von sogenannten "Nuclei" diejenigen Produkte, die Sondermaschinen beanspruchen, priorisiert. Bei der Kernverfahrensanalyse werden allerdings auch die fiktiven Zusatzmaschinen berücksichtigt, deren wirtschaftlicher Einsatz im Rahmen der vorangegangenen Maschinenstrukturierung nachgewiesen ist.

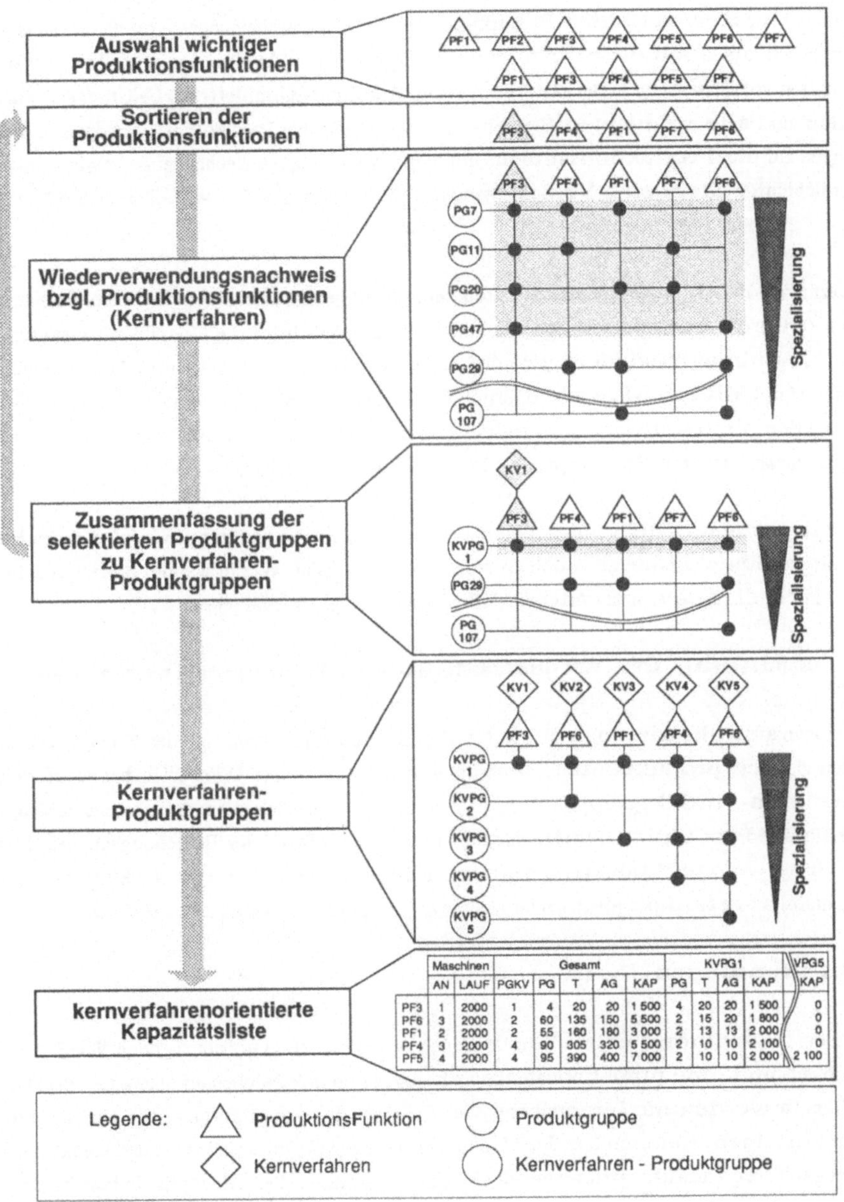

| | Maschinen | | Gesamt | | | | | KVPG1 | | | | VPG5 |
	AN	LAUF	PGKV	PG	T	AG	KAP	PG	T	AG	KAP	KAP
PF3	1	2000	1	4	20	20	1 500	4	20	20	1 500	0
PF6	3	2000	2	60	135	150	5 500	2	15	20	1 800	0
PF1	2	2000	2	55	160	180	3 000	2	13	13	2 000	0
PF4	3	2000	4	90	305	320	5 500	2	10	10	2 100	0
PF5	4	2000	4	95	390	400	7 000	2	10	10	2 000	2 100

Bild 4-12: Ermittlung von Kernverfahren-Produktgruppen

Die Bestimmung der **Kernverfahren-Produktgruppen** hat den entscheidenden Vorteil, daß sowohl die Beziehungsanalyse als auch die Strukturgenerierung effizienter durchzuführen ist. Trotz der drastischen Reduktion auf jeweils eine einzige, fiktive **Maximal-Komplettbearbeitungsverfahrenskombination** sind alle relevanten Beziehungen zwischen den Produktionsfunktionen und deren Auswirkungen auf die Produktionsstruktur abgelegt. Neben kurzen Rechenzeiten bewirkt die Informationsverdichtung zudem eine Verbesserung der Transparenz und Übersichtlichkeit des Planungsprozesses.

Die Kernverfahren-Produktgruppen enthalten demnach Produktkerne unterschiedlicher Arbeitsganglängen und Verfahrenskombinationen in sich. Dies ist unterschiedlichen Flexibilitätseigenschaften bezüglich den Zuordnungsmöglichkeiten der Produktkerne gleichzusetzen. Kurze Arbeitsganglängen in Verbindung mit Universal-Produktionsfunktionen bieten diesbezüglich wesentlich bessere Voraussetzungen als Komplettbearbeitungsverfahrenskombinationen, die viele unterschiedliche und zudem sonderverfahrensorientierte Spezialproduktionsfunktionen ansprechen.

Angemerkt sei an dieser Stelle, daß man die Kernverfahren-Produktgruppen infolge dieser Eigenschaften mit derselben Strategie auch in sich unterteilen kann. Wie in Kapitel 4.3.3.1 ausführlich diskutiert wird, ist dies eine wesentliche Maßnahme des Engpaßverfahrens.

4.3.2.3 Ermittlung der produktionstechnischen Produktgruppenverknüpfung

Die in der Primärstrukturierung definierten Produktgruppen sind infolge der Nutzung derselben Ressourcen vielfach produktionstechnisch untereinander verknüpft. Wie bereits bei der Herleitung der Kernverfahren-Produktgruppen gezeigt wurde, sind diese Beziehungen von unterschiedlicher Relevanz für die Produktionsstrukturierung. Es ist die Aufgabe der Beziehungsanalyse herauszufinden, ob und welche Produktgruppen miteinander über welche Produktionsfunktion produktionstechnisch unlösbar verknüpft sind sowie welche eigenständigen Produktkerne existieren.

4.3.2.3.1 Grundlagen

Es wurde ein Algorithmus entwickelt, der einen produktionsfunktionsbezogenen Wiederverwendungsnachweis und eine produktionsfunktionsbezogene Produktgruppenauflösung miteinander verbindet. Genutzt werden die Informationen der Kapazitätsliste, die Informationen zur Art und zum Status der Maschineneinheiten aus der Maschinenliste sowie die Informationen zur Charakterisierung der Wichtigkeit der Produktgruppe aus der Produktgruppenliste. Das Grundprinzip besteht darin, für eine beliebige Kombination von Produktgruppen die betroffenen Maschinen (Ordnungsgrad OG=1) zu ermitteln, unter Beachtung der Maschinenstati die Teilmenge von relevanten Maschinen zu selektieren und zu diesen Maschinen sämtliche Produktgruppen inklusive der zugehörenden Maschinen

(OG=n mit n>1) zu bestimmen. Nach Ausgrenzung unwichtiger Produktgruppen wird das Verfahren mit der neuen Produktgruppenkombination gestartet und solange fortgesetzt, bis entweder keine neuen relevanten Maschinen oder Produkte auftreten. Danach wird eine neue Kombination von Produktgruppen vorgegeben und das Verfahren neu gestartet. Nach mehrfacher Iteration sind die unlösbaren Kombinationen von Produktgruppen sowie die eigenständigen Produktgruppen gefunden. Zur selektiven Behandlung der abgeleiteten Teilmengen in den nachfolgenden Strukturierungsschritten wird in der Produktgruppenliste ein Merker gesetzt, der die Teilmengenzugehörigkeit anzeigt. Dies kommt einer Reduzierung der Kapazitätsliste oder Unterteilung der synthetischen Arbeitspläne gleich.

Die wichtigste Eigenschaft des Verfahrens ist die Differenzierung der Beziehungsstrukturen in direkte und indirekte Verknüpfungen (Bild 4-13). Dadurch wird es möglich, die über spezifische Produktionsfunktionen an die Basis-Produktgruppen angehängten Produktgruppen zu entflechten und die Beziehung an dieser Stelle aufzubrechen. Dies geschieht in der Weise, daß die vorhandenen Maschineneinheiten im Rahmen der funktionsträgerbezogenen Kapazitätenteilung fiktiv aufgeteilt, d.h. entsprechend dem Kapazitätsbedarf sowohl der aktuell betrachteten Teilmenge als auch dem Rest zugeordnet werden. Bei diesem Schritt werden die Art und Anzahl der hinsichtlich der verschiedenen Produktionsfunktionen zur Verfügung stehenden Maschineneinheiten berücksichtigt.

Die Maschinenstrukturierung ist demnach für die Anwendung des Verfahrens von größter Bedeutung. Dies ist auf den ersten Blick überraschend, da durch die Aggregation zu Produktionsfunktionen die Beziehungsstrukturen per se komplexer und verdichtet werden. Ohne die erwähnte Abkopplung wird zwar die Wahrscheinlichkeit, die Menge an Produktgruppen in nicht-abhängige Untermengen unterteilen zu können, verringert. Dem steht aber entgegen, daß gerade die Konzentration zu redundanten Maschineneinheiten das produktionsfunktionsbezogene Kapazitätenteilungspotential erhöht und so die Voraussetzungen zur Abspaltung von Maschineneinheiten und der tangierten Produktgruppen geschaffen werden.

Der Ablauf des Verfahrens kann entweder automatisch oder interaktiv erfolgen. Im ersten Fall sind die Startpunkte und der Verlauf durch die Sortierung der Produktionsfunktionen (z.B. nach dem Engpaßcharakter und Investitionsvolumen für eine Maschineneinheit) vorgegeben. Beim interaktiven Betrieb kann der Einstieg variiert und das Verfahren abgebrochen werden. Somit ist es möglich, anstatt der Produktgruppen-Kombination auch Kombinationen von Produktionsfunktionen vorzugeben. Dann werden zuerst die Produktgruppen 1. Ordnung bestimmt, die den Einstieg in das Verfahren initiieren.

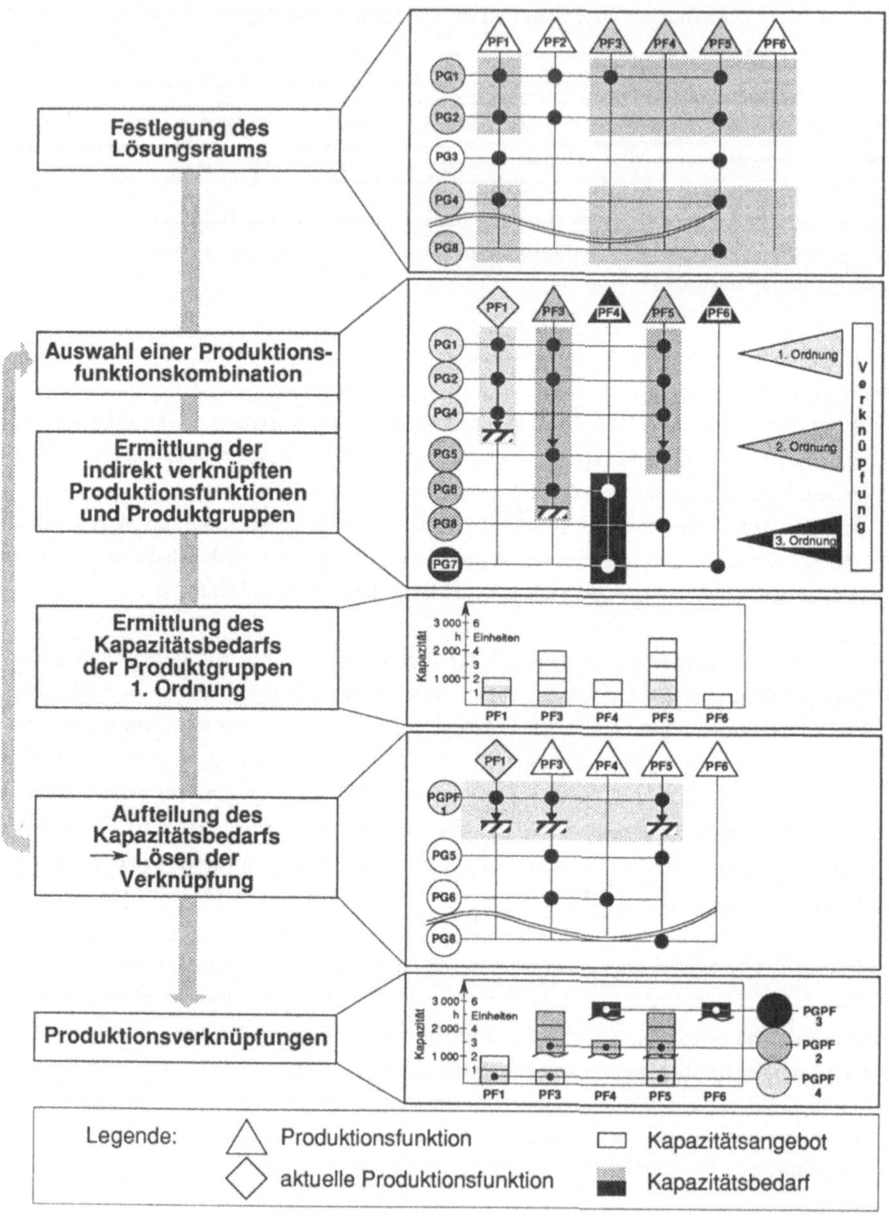

Bild 4-13: Grundlagen der Beziehungsanalyse

4.3.2.3.2 Ermittlung produktionsfunktionsbezogener Verknüpfungsgrade

Eine wichtige Anwendung der Beziehungsanalyse ist die Ermittlung von produktionsfunktions-bezogenen Verknüpfungsgraden. Zur Unterteilung der Kernverfahren-Produktgruppen werden im Rahmen der **Kernverfahrensanalyse** die Beziehungsstrukturen der kernverfahrenorientierten Kapazitätsliste ermittelt und diejenigen Produktionsfunktionen bestimmt, die verantwortlich sind für die Vernetzung der Produktgruppen. Zudem soll aufgezeigt werden, ob die unlösbaren Produkt-gruppen durch Kombinationen von Engpaßsituationen (Kombinationsengpaß) oder durch eine ein-zelne Engpaßsituation verbunden sind (singulärer Engpaß).

Im Rahmen der Kernverfahrensanalyse wird für jede Produktionsfunktion das Verschmelzungspoten-tial jedes Ordnungsgrads bestimmt. Wie Bild 4-14 zeigt, wird zunächst ohne die Berücksichtung der Entflechtungsmöglichkeiten für jeden Ordnungsgrad die Anzahl der betroffenen Produkte, die Anzahl der betroffenen Verfahren oder der Kapazitätsbedarf berechnet und als Funktion über dem Ordnungs-grad in einem **Verknüpfungsdiagramm** aufgetragen. In einer zweiten Iteration wird dies unter Lösung der Engpaßsituation wiederholt. Bildet man das Integral über die von beiden Kurven aufge-spannten Flächen und normiert dieses auf den Ordnungsgrad, so ergibt sich der maximale bzw. der entflochtene **Verknüpfungsgrad**, der die Beziehungskomplexität anzeigt.

Durch ausschließliche Betrachtung der direkten Verknüpfungen kann das Ergebnis verfeinert werden. Dazu wird das Verfahren auf die Kernverfahren-Produktgruppe angewandt, ohne daß die Kernver-fahren-Produktionsfunktion berücksichtigt wird. Hieraus ergeben sich weitere Daten zur Verflech-tungssituation, z.B. der Kapazitätsbedarf für direkt und indirekt verknüpfte Produktionsfunktionen.

Durch Fokussierung auf Ordnungsgrade OG=n mit n>1 können die für die Vernetzung verant-wortlichen Produktionsfunktionen und Kombinationsengpässe festgestellt werden. Dies ist der Analyse von Kernverfahren-Kombinationen gleichzusetzen. Die Ergebnisse, die in einem Schalen-modell oder auch im Kapazitätstableau dargestellt werden können, liefern für die nachfolgende Strukturgenerierung wichtige Hinweise.

4.3.3   Generierungsverfahren

Im Gegensatz zu den Methoden der Gruppentechnologie basieren die entwickelten Generierungs-methoden weder auf dem Prinzip der Bildung von Teilefamilien mit bearbeitungsähnlichen Teilen noch auf dem Prinzip der Trennung von Teilefamilien- und Maschinengruppenbildung. Vielmehr orientiert sich die Zuordnung von Produktionsfunktionen und Bearbeitungseinheiten an den Effekten bezüglich der Struktureigenschaften der durch diese Zuordnungen erzeugten Produktionsstrukturen.

Dies bedeutet, daß zunächst jede produktgruppenbezogene Komplettbearbeitungskombination genau einer Organisationseinheit - im nachfolgenden Basis-Organisationseinheit **OB** genannt - zugeordnet wird. Durch den Generierungsalgorithmus werden nun die Auswirkungen der Integration zweier oder mehrer Basen in eine Organisationseinheit hinsichtlich der Struktureigenschaften ermittelt. Nach Vergleich unterschiedlicher Basen-Kombinationen kann sukzessive und unter Verzicht auf eine der infolge der Komplexität der Aufgabenstellung unzweckmäßigen vollständigen Enumeration eine dem Optimum nahe Lösung abgeleitet werden.

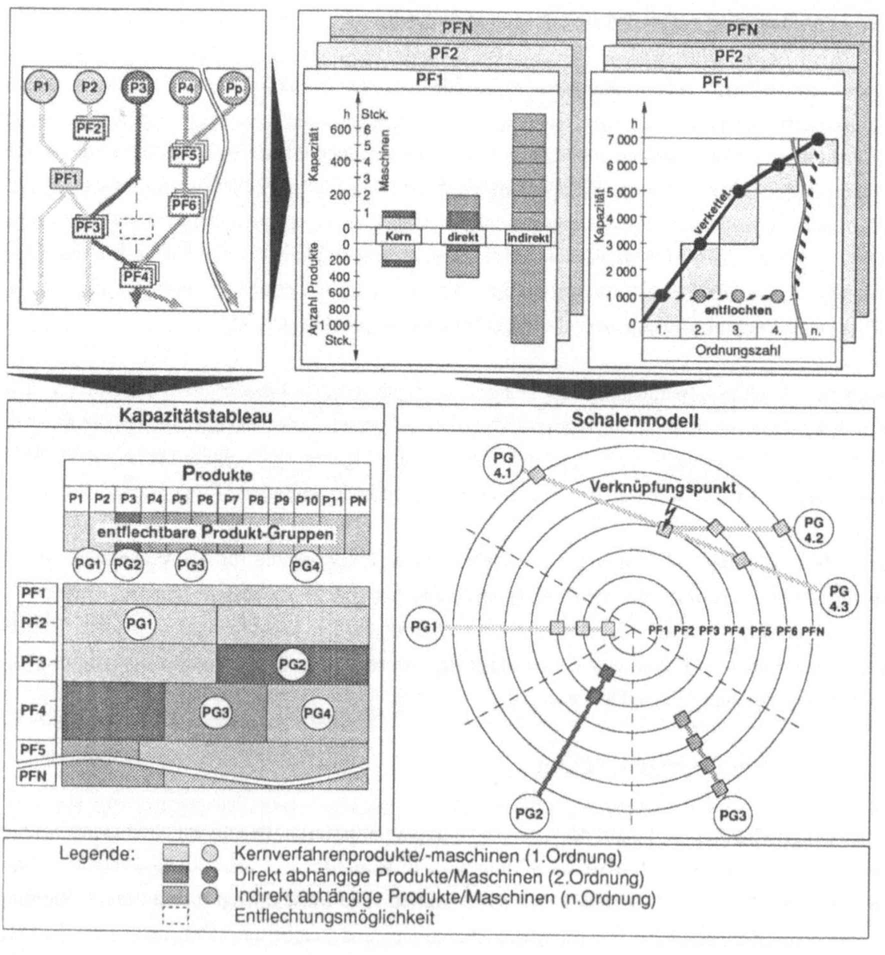

Bild 4-14: Kernverfahrensanalyse

Formuliert man diese Optimierungsaufgabe in der Notation als ganzzahlige Optimierung, so ergibt sich mit der Anzahl an Produktgruppen **n**, mit der Anzahl an Basis-Organisationseinheiten **p** und mit dem Vereinigungspotential VP_{ij} :

(2) $\qquad \max \sum\sum VP_{ij} * Y_{ij}$

mit $\qquad \sum Y_{ij} \ = p$

$$
\begin{array}{lll}
\sum Y_{ij} & = 1 & \text{für alle } i = 1, ..., n \\
VP_{ij} & \geq 0 & \text{für alle } i \neq j = 1, ..., n \\
VP_{ij} & = 0 & \text{für alle } i = j = 1, ..., n \\
Y_{ij} & = 1 & \text{wenn } PG_i \text{ der } OB_j \text{ zugeordnet ist} \\
Y_{ij} & = 0 & \text{andernfalls}
\end{array}
$$

Hierbei muß allerdings die Anzahl an Dezentralen Verantwortungsbereichen a priori bekannt sein. Infolge dieser Restriktion und der Komplexität der Aufgabenstellung greifen die Generierungsmethoden nicht auf die ganzzahlige Optimierung zurück.

4.3.3.1 Engpaßverfahren

Dieses Verfahren beruht auf der Erkenntnis, daß die Produkte und Produktgruppen wegen der gemeinsamen Nutzung von Engpaßmaschinen unter Umständen teilweise produktionstechnisch verknüpft sind. Will man zur Optimierung von Strukturkosten einerseits wegen der entstehenden Schnittstellen auf eine verrichtungsorientierte Ausgrenzung verzichten und andererseits wegen der erforderlichen Investitionsaufwände nicht mehr als die aus Kostengesichtspunkten maximal sinnvolle Anzahl von Engpaßmaschinen einsetzen, so muß eine Entflechtung der Produktgruppen durchgeführt werden. Hierzu müssen solche Kombinationen von Produktionsfunktionen gefunden und den neuen Organisationseinheiten zugeordnet werden, die sowohl eine Komplettbearbeitung entsprechender Produktgruppen als auch eine Aufteilung der zur Verfügung stehenden Maschineneinheiten ermöglichen. Dies sind die Komplettbearbeitungsverfahrenskombinationen. Auf diese Weise werden unzulässige und nicht relevante Lösungen der Optimierungsaufgabe ohne große Rechenaufwände ausgeschlossen. Dies ist die entscheidende Voraussetzung für das nachfolgende zeitkritische Fusionsverfahren.

Das Grundprinzip des Verfahrens, vom Verfasser rollierendes **Engpaßmanagement** genannt, beruht darauf, rekursiv die kritischste Engpaßsituation inklusive der betroffenen Produktgruppen und Maschineneinheiten zu ermitteln. Für diesen Ausschnitt des Lösungsraums soll eine Lösung gefunden, d.h. die Zuordnung von Produktgruppen und Maschineneinheiten zu geeigneten Organisationseinheiten vorgenommen werden (Bild 4-15). Eine Engpaßsituation ist dadurch definiert, daß entweder die Anzahl an Maschineneinheiten kleiner als die Anzahl an Produktgruppen ist oder daß die Auslastungsgrade in einem kritischen Bereich liegen.

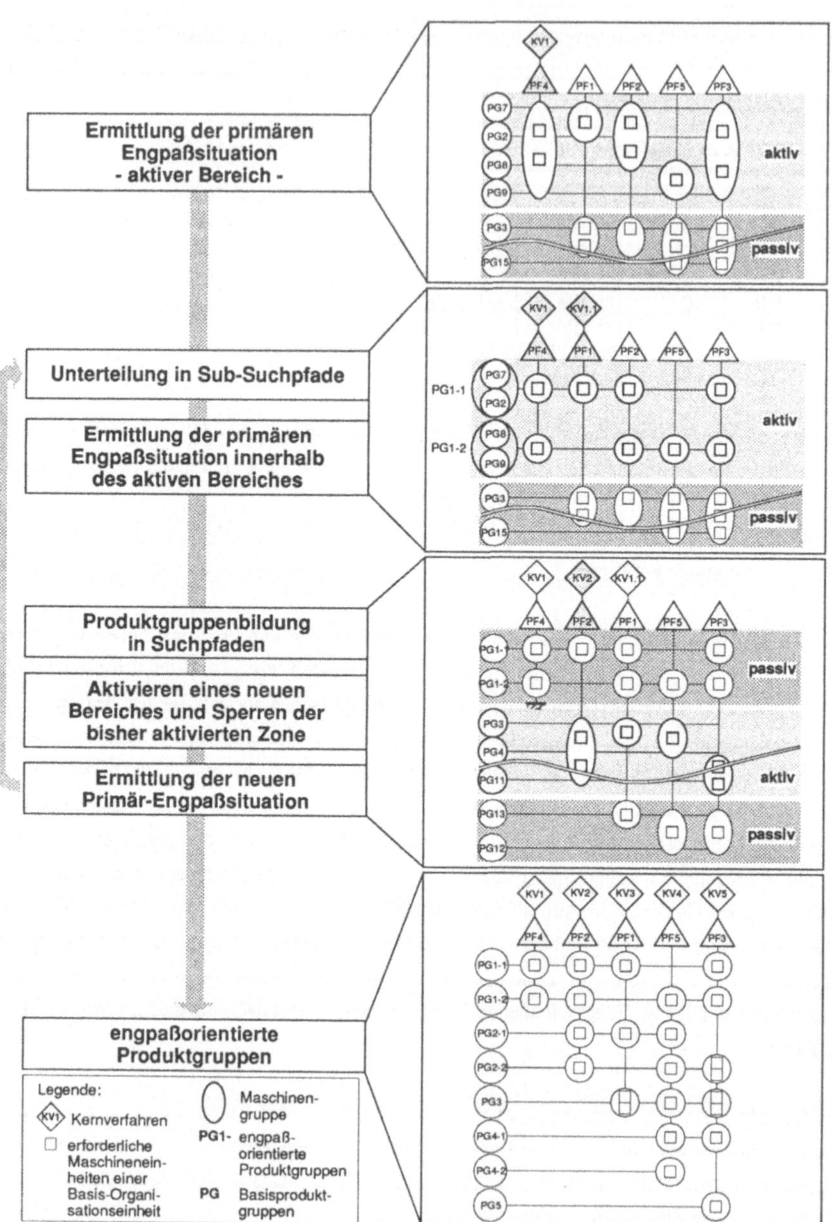

Bild 4-15: Prinzip des Engpaßverfahrens

Berücksichtigt wird in diesem Zusammenhang, daß zur Auflösung oder Entschärfung der Engpaßsituation infolge der Produktionsfunktionsredundanzen neben den direkt betroffenen sonderverfahrensorientierten Maschineneinheiten auch die flexiblen, universellen Maschineneinheiten eingesetzt werden können.

Auf der Basis der normalen oder der kernverfahrenorientierten Kapazitätsliste wird zunächst die Produktionsfunktion mit den wenigsten Maschineneinheiten gesucht (primäre Engpaßsituation). Sie bildet die Startmaschine für eine Beziehungsanalyse. Hierbei werden nur solche Produktionsfunktionen betrachtet, die ebensoviele Maschineneinheiten wie die Produktionsfunktion der Startmaschine aufweisen. Zudem wird der Status der Produktionsfunktionen, der die Verknüpfungen 2. Ordnung steuert, berücksichtigt. Für die auf diese Weise ermittelte **Produktbasis** wird nun der produktionsfunktionsbezogene Kapazitätsbedarf ermittelt und eine entsprechende Anzahl von Maschineneinheiten zugeteilt. Nach Ausgrenzung der Produktgruppen der Produktbasis und der zugehörenden Maschineneinheiten wird in der reduzierten Kapazitätsliste die neu entstehende sekundäre Engpaßsituation ermittelt und ein weiterer Durchlauf begonnen. Dies wird solange durchgeführt, bis alle Produktgruppen und Funktionsträger aufgeteilt sind.

Dieses Grundprinzip wurde um eine ebenfalls rekursive Kapazitätenteilungsstrategie ergänzt, die eine Aufteilung von Engpaß-Produktionsfunktionen auf mehrere Organisationseinheiten erlaubt. Dazu werden in Abhängigkeit zur jeweils zur Verfügung stehenden Anzahl an Engpaßmaschinen EPM_i für jede Engpaßsituation E_i nicht nur eine, sondern EPM_i Suchpfade zur Entflechtung der Produktgruppen angelegt. Mit diesen Startgruppen werden jeweils die nächstkritischen Engpaßsituationen analysiert. Dies bedeutet, daß Kombinationen von kritischen Produktionsfunktionen ermittelt und sukzessive die zugehörenden Komplettbearbeitungsverfahrenskombinationen ausgegrenzt und auf diese Weise entflochten werden können.

In ähnlicher Weise wie beim Grundprinzip wird damit auch innerhalb eines Verfahrenskerns die Entflechtung durch bevorzugte Behandlung von Engpaßsituationen realisiert. Dies entspricht einer Unterteilung der durch die Engpaßsituation betroffenen Produkte oder Produktgruppen in kritische und unkritische Produkte. Bei letzteren handelt es sich um solche Produkte, die neben der Engpaß-Produktionsfunktion überwiegend Produktionsfunktionen beinhalten, die eine Vielzahl an Maschineneinheiten zur Verfügung stellen.

Gesteuert wird der Ablauf dieser Gruppierung durch Steuergrößen sowie durch einen backtracking Algorithmus. Durch die Steuergrößen werden zielorientiert bestimmte Struktureigenschaften und hier vor allem die maximale Anzahl an Maschineneinheiten pro Organisationseinheit beeinflußt. Dagegen wird durch das Backtracking versucht, innerhalb eines reduzierten Lösungsraums unter Verzicht auf eine vollständige Enumeration eine dem Optimum nahe Lösung zu finden. Hierbei wird zunächst eine tiefenorientierte Suchstrategie verfolgt. Treten über die Steuergrößen Kollisionen auf, so wird auf die nächsthöhere Ebene zurückgesprungen und die Suche mit einem neuen Startpunkt fortgesetzt.

Eine weitere Modifikation ergibt sich durch die Betrachtung von Hyper- und Subteilen. Stehen in einer Engpaßsituation mehrere Maschineneinheiten zur Verfügung, so wird die Entflechtung in einem ersten Schritt nur mit den Hyperteilen durchgeführt. Nachdem die EPM_i Komplettbearbeitungs-verfahrenskombinationen definiert sind, werden nachfolgend die Subteile zugeordnet. Voraussetzung hierfür ist, daß bei jeder Produktzuordnung infolge des veränderten Bearbeitungsprofils eine neue Bestimmung von Hyper- und Subteilen erfolgt (rollierende Hyperteilbestimmung).

Das Engpaßprinzip kann ohne Probleme auch auf die Gruppierung von produktgruppenbezogen Fertigungsphasen angewandt werden. Dazu werden neben den angeführten produktionsfunktionsbe-zogenen Suchpfaden zusätzlich auch produktgruppenbezogene Suchpfade definiert.

4.3.3.2 Fusionsverfahren

Das Fusionsverfahren setzt normalerweise auf den durch das Engpaßverfahren definierten Produkt-basen und zugeordneten synthetischen Arbeitsplänen auf. In gleicher Weise kann es jedoch auch mit der Kapazitätsliste arbeiten, wenn der dadurch definierte Lösungsraum nicht zu groß wird.

Charakteristisch für das Verfahren ist, daß ausgehend von der Zuordnung aller Produktbasen sowie der zugehörenden Maschineneinheiten zu je einer Organisationseinheit schrittweise die Organisations-einheiten mit den zugeordneten produktbezogenen Produktionsfunktionen und Funktionsträgern verschmolzen werden (Bild 4-16). Im Gegensatz zu der vom Verlauf her prinzipiell ähnlichen hierarchischen Clusteranalyse werden allerdings weder Ähnlichkeitsmaße noch Gruppierungsalgo-rithmen wie z.B. single linkage verwendet. Vielmehr orientiert sich die Fusion an der Größe des Nutzens, der bei der Verschmelzung zweier Basis-Organisationseinheiten entsteht. Ferner wird nach der Gruppierung das Bearbeitungsprofil der fusionierten Organisationeinheit auf der Basis von Roh-daten und nicht von Ähnlichkeitsmaßen aktualisiert. Produkt- und Maschinenzuordnung erfolgen in einem Schritt.

In der ersten Stufe wird jede Produktbasis einer Organisationseinheit zugeordnet. Dazu werden abhängig vom produktionsfunktionsbezogenen Kapazitätsbedarf Art und Anzahl erforderlicher Maschineneinheiten abgeleitet. Dies erfolgt unter Zuhilfenahme von variablen Minimal- und Maximal-Kapazitätsauslastungsgraden. Die so definierten Maschineneinheiten werden ebenfalls den Organisa-tionseinheiten zugeordnet.

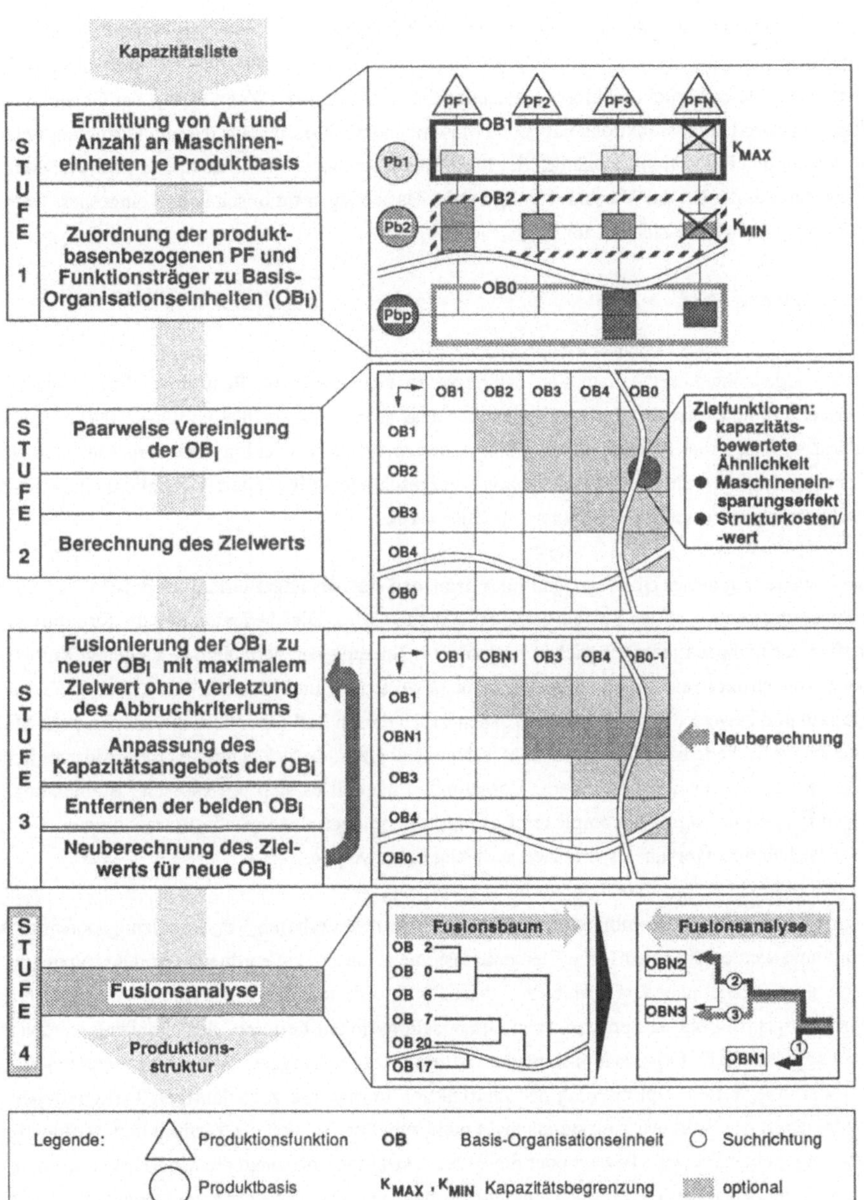

Bild 4-16: Fusionsverfahren

In der zweiten Stufe wird der Verschmelzungsnutzen aller Kombinationen von Basis-Organisationseinheiten ermittelt. Dies geschieht in einer einfachen Version durch eine Zielfunktion, die Einsparungseffekte bezüglich wichtiger Maschineneinheiten abbildet. Wenn $G(M_f)$ der Gewichtungsfaktor einer produktionsfunktionsbezogenen Maschineneinheit ist, der aus der zur Verfügung stehenden Anzahl und Investitionsaufwänden der Maschinen berechnet werden kann, und $E(M_f)$ die Menge an Maschinen, die bei der Verschmelzung zweier Basis-Organisationseinheiten eingespart werden kann, so ergibt sich die Zielfunktion zu:

$$(3) \qquad ZF\text{-}G = \sum G_f * E_f$$

Der Grundgedanke dieses Ansatzes ist, daß begrenzte kapitalintensive Ressourcen durch Integration mehrerer Produktbasen besser ausgelastet sind und so dem Kapazitätenteilungseffekt entgegengewirkt werden kann. Es handelt sich damit um eine Weiterentwicklung der vom Autor zur Verbesserung der hierarchischen Clusteranalyse vorgeschlagenen erweiterten Ähnlichkeitsmaße zur Abschätzung des Verschmelzungspotentials (Bild 4-16).

Eine Erweiterung dieser Überlegungen führt dazu, daß statt der angeführten Zielfunktion ein Strukturbewertungsmodul an den Fusionsvorgang gekoppelt wird. Dies bedeutet, daß die Struktureigenschaften vor und nach jeder möglichen Fusion unter Nutzung von variablen, gewichteten Kombinationen von strukturrelevanten, monetär nicht bewertbaren und monetär bewertbaren Faktoren bestimmt und bewertet werden. Hierbei können neben diesen Soll-Optimierungskriterien auch Muß-Kriterien - z.B. die maximale Anzahl an Maschineneinheiten - berücksichtigt werden, die trotz hoher Nutzenwerte eine Fusion verhindern. Vornehmlich handelt es sich um statische Betrachtungen. Jedoch können bei weniger komplexen Lösungsräumen auch dynamische Betrachtungen, die vor allem das Durchlaufverhalten spezifizieren, durchgeführt werden.

In der Stufe 3 wird die Kombination mit dem größten realisierbaren Verschmelzungspotential bestimmt und werden die betroffenen Elemente fusioniert. Für die zugeordneten Produktgruppen wird zuerst der Kapazitätsbedarf ermittelt. Über die Zuordnung der Maschinen wird darauf das Bearbeitungsprofil der neu entstandenen Organisationseinheit definiert. Anschließend werden die ursprünglichen Basis-Organisationseinheiten entfernt. Dieser Vorgang wird solange wiederholt, bis entweder eine weitere Optimierung der Zielfunktion infolge der gegenläufigen Teilfunktionen in Abhängigkeit des Strukturierungsgrads nicht mehr möglich ist, sich die Zielfunktion nur innerhalb einer vorgegeben Schwelle bewegt oder die Abbruchkriterien - dies sind die Muß-Kriterien, wie z.B. vorgegebene Anzahl an Dezentralen Verantwortungsbereichen - erreicht sind. Dabei soll auch dem Effekt entgegengewirkt werden, daß erstmals fusionierte Elemente infolge des vergrößerten Bearbeitungsfähigkeitsprofils weitere Elemente aufsaugen.

Es ist zu beachten, daß in der Stufe 3 bei dieser Art von Gruppierung stets auf der Basis der Ursprungsdaten aktualisiert wird. Im Gegensatz zur Clusteranalyse wird also nicht auf die bereits transformierten Daten der Stufe 2 zurückgegriffen. Dies trifft auch dann zu, wenn man statt der beiden dargestellten Nutzenfunktionen die erweiterten Ähnlichkeitsmaße verwendet. Nicht zuletzt kann allein mit dieser Maßnahme den im Kapitel 2 aufgeführten Problemen, die bei Anwendung der üblicherweise eingesetzten Gruppierungsalgorithmen zu beobachten sind, entgegengewirkt werden.

In der Stufe 4 können bedarfsweise die erzeugten hierarchischen Fusionen analysiert und die Produktionsstruktur festgeschrieben werden. Verzichtet man auf die Abbruchkriterien in der Stufe 3, so können durch eine rückwärtsgerichtete Analyse der Fusionspunkte, die man ähnlich wie bei der Clusteranalyse als Dendrogramm darstellen kann, mögliche Entwicklungsrichtungen analysiert und bewertet werden. Die Analyse erfolgt ebenso wie eine Strukturgliederung top-down orientiert. Erreicht wird dies durch einen Backtracking-Ansatz, der mit der Zielfunktion und den Abbruchkriterien kombiniert wird.

Infolge der sehr mächtigen Zielfunktion ist im weiteren Planungsverlauf auch eine arbeitsgangorientierte Betrachtung möglich. Dazu werden die Produktbasen entsprechend den durch die Maschinenstrukturierung definierten Produktionsfunktionsebenen in Subelemente unterteilt. In der Stufe 2 werden nun statt der ganzheitlichen Verschmelzung von Produktbasen produktionsfunktions- und produktbasisbezogene Verschmelzungspotentiale gegenübergestellt. Aus der Bewertung von Schnittstellen- und Kapazitätenteilungseffekten ergeben sich zielfunktionsbezogen optimale Strukturen mit verrichtungs- und objektorientierten Dezentralen Verantwortungsbereichen.

Einschränkungen ergeben sich bezüglich der Einsetzbarkeit des Verfahrens aus der bereits mehrfach erwähnten Komplexität der Aufgabenstellung. Man wird daher im ersten Schritt bevorzugt die oberen Ebenen betrachten und sich sukzessive im Rahmen der Erschließung von weiteren Gestaltungsdimensionen der Arbeitsgangebene nähern.

Eine weitere Möglichkeit zur Eingrenzung der Lösungsräume ist die Kombination des Fusionsverfahrens mit den Überlegungen des Engpaßmanagements. Anstatt der normalen wird die kernverfahrenorientierte Kapazitätsliste benutzt und eine Einteilung der Produktgruppen in Klassen mit unterschiedlichen Engpaßsituationen vorgenommen. Die Fusion erfolgt dann zunächst nur in der kritischsten Klasse (Zonensteuerung). Sind sinnvolle Gruppen gefunden, so werden die Gruppen übernommen und zusammen mit den Elementen der nächsten Klasse fusioniert. Die schrittweise Gruppierung von kritischen zu unkritischen Produktgruppen - dies entspricht den diskutierten Sonder- bzw. Universalprodukten - wird solange fortgesetzt, bis alle Klassen behandelt sind (Bild 4-17).

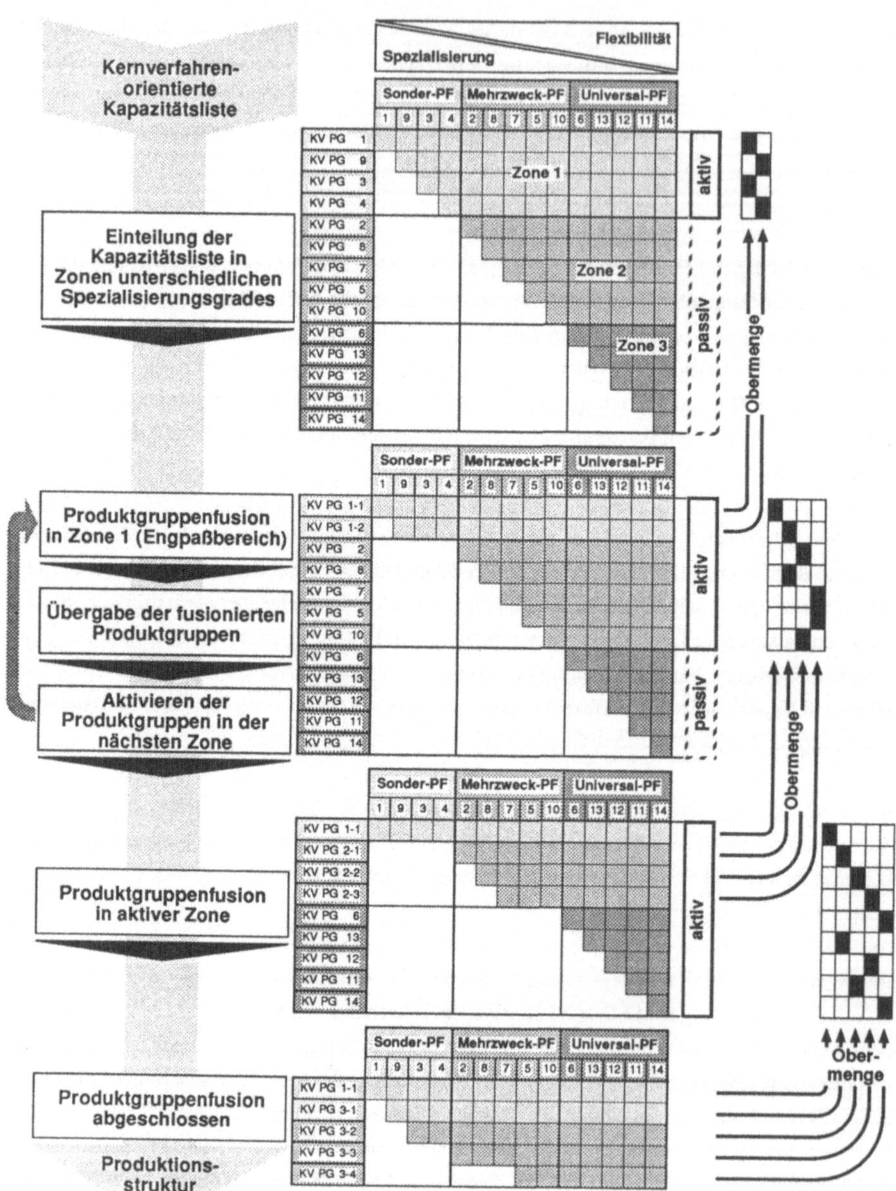

Bild 4-17: Anwendung des Fusionsverfahrens in unterschiedlichen Lösungsräumen

Zusammen mit der Zielfunktion hat die Zonensteuerung einen entscheidenden Einfluß auf die neue Struktur und die zu erwartenden Struktureigenschaften. Findet z.B. eine Trennung der Fusionszonen in kritische und unkritische Bereiche statt, so entstehen tendenzweise Kombinationen von flexiblen und sonderverfahrensorientierten Organisationseinheiten. Verzichtet man dagegen auf eine Vorsteuerung der unkritischen Bereiche, so wird die Zusammensetzung der Produktionsstruktur eher durch sonderverfahrensorientierte Organisationseinheiten geprägt sein.

Auch beim Fusionsverfahren kommt der Unterscheidung und rollierenden Ermittlung von Hyper- und Subteilen eine wichtige Rolle zu. So ist es sinnvoll, sich innerhalb einer Produktionsfunktionsklasse zunächst nur auf die Hyperteile zu konzentrieren. Nachdem die Fusionen in dieser Produktionsfunktionsklasse erfolgt sind und die neuen Beziehungsstrukturen von Hyper- und Subteilen ermittelt wurden, werden die Subteile unter Nutzung der Zuordnungsfreiräume schrittweise jeder Produktionsfunktionsklasse zugeordnet. Dies erfolgt wie in Stufe 2 und 3 des Grundverfahrens durch Gegenüberstellung aller möglichen Kombinationen von Hyper- und Subteilen und einer Fusion der optimalen Variante.

Eine Besonderheit tritt dabei insofern auf, daß die Fusion durch die Zuordnungsvariabilität gesteuert wird. In einem ersten Schritt werden Fusionen mit geringen Freiheitsgraden durchgeführt. Erst danach werden die mehrfach zuordenbaren Elemente berücksichtigt. Darüber hinaus fließt auch ein Erwartungswert mit ein, der die maximal möglichen, die minimal möglichen und die wahrscheinlichen Kapazitätsbedarfe der einzelnen Organisationseinheiten berücksichtigt. Trotz der schrittweisen, dualen Betrachtungsweise sollen bei der Zuordnung auch solche Effekte, die sich aus nachfolgenden Fusionen ergeben können, bereits zu einem frühen Zeitpunkt einfließen.

Da das Verfahren trotz der vorgestellten Möglichkeiten zur Einschränkung und sukzessiven Erweiterung des Lösungsraums zeitkritisch ist, bestimmte die Zeitkomplexität, die Anzahl an Schleifendurchläufen, die Anzahl der IOs und der Speicherplatzbedarf die Auswahl geeigneter Algorithmen. Die Kombination von direktem Produktvergleich und Vergleich über Maschineneinstieg erwies sich als besonders günstig, da bei einer Minimierung von Rechenoperationen zugleich ein zusätzlicher Bedarf an Speicherplatz zu vermeiden war /119/.

Desweiteren wurde berücksichtigt, daß nicht nur das erste Einsparungsmaximum, sondern alle wesentlichen Einsparungsmaxima interessieren. Da nur die relevanten Kombinationen aufgrund existierender produktionsfunktions- oder produktgruppenbezogener Beziehungsstrukturen - dies sind die "1" Einträge bei einer Darstellung als binäres Array - diskutiert werden, können damit ab dem zweiten Durchlauf die weiteren Gruppierungsschritte effizienter durchgeführt werden. Dazu wurde jedem Element ein weiteres Element zugeordnet, das die Notwendigkeit zu und die Ausgrenzung von weiteren Fusionen anzeigt.

4.3.4   Optimierungsverfahren

Mit den Verfahren dieses Planungsabschnitts wird zunächst die bisher ermittelte Zuordnung überprüft und gegebenenfalls korrigiert. Anschließend werden die festgeschriebenen Basis-Organisationseinheiten im Rahmen der Organisationsgliederung weiter strukturiert. Durch Zusammenfassung sinnvoller Basis-Organisationseinheiten werden die Dezentralen Verantwortungsbereiche abgeleitet.

4.3.4.1   Zuordnungsüberprüfung

Nachdem die Art, das Bearbeitungsprofil sowie die Anzahl der Basis-Organisationseinheiten vorgegeben sind, eignen sich für diese Aufgabenstellung prinzipiell sowohl die ganzzahlige Optimierung als auch die disjunktiven Clusterverfahren. Zu bedenken ist aber, daß auch bei Variation der Zuordnung von Produktionsfunktionen und der entsprechenden Maschineneinheiten die Auswirkungen auf die Systemeigenschaften zu berücksichtigen sind.

Gerade hierbei treten Schwierigkeiten bei der ganzzahligen Optimierung auf. Bei der in Kapitel 4.3.3 aufgezeigten Formulierung wird deutlich, daß sich die eingesetzte Zielfunktion aus Konstanten zusammensetzt. Dies widerspricht der in dieser Arbeit zugrunde gelegten Auffassung, daß die Zuordnungen die Systemeigenschaften und damit auch die Kostensituation beeinflussen. Zudem können quantifizierbare, nicht monetäre Systemeigenschaften nicht abgebildet werden. Auf diese Punkte hat auch Choobineh /61/ hingewiesen, obwohl gerade er die ganzzahlige Optimierung in die gruppentechnologischen Diskussionen eingebracht hat. Angemerkt sei, daß auch wegen der Komplexität der Aufgabenstellung dieser Ansatz wenig geeignet scheint. Die für die ganzzahlige Optimierung genannten Einschränkungen hinsichtlich der Anzahl an Variablen und Restriktionen stehen im deutlichen Widerspruch zu den in dieser Planungsphase immer noch komplexen Lösungsräumen /120,121/.

Aus diesen Gründen wurde ein Weg beschritten, der das durch die disjunktive Clusteranalyse beschriebene Prinzip des iterativen Austauschens mit der bei der Generierung verwendeten Zielfunktion verbindet. Für jedes Produktelement wird versucht, ausgehend von der vorgegebenen Ausgangszerlegung die Zielfunktion durch Überprüfung der Zuordnung zu den restlichen Basis-Organisationseinheiten zu verbessern. Unter Beachtung der Muß-Bedingungen orientiert sich die Neuzuordnung an dem jeweils besten Wert der Zielfunktion. Das Verfahren wird solange fortgesetzt, bis alle Produktelemente analysiert sind. Nach Beendigung einer Schleife kann über Vorgabe eines Schwellenwerts oder einer Interaktion mit dem Planer eine weitere Iteration initiiert werden.

4.3.4.2   Organisationsgliederung

Mit den Basis-Organisationseinheiten wird in diesem Schritt in einer bottom-up orientierten Vorgehensweise sukzessive die Aufbaustruktur definiert. Unter Verwendung einer geänderten Zielfunktion, die vor allem Effekte von Informationsschnittstellen und Produktionsfunktionen aus den indirekt produktiven Bereichen aufnimmt, wird interaktiv durch eine Kombination der Elemente die nächste Organisationsebene gebildet. Der Planer kann auch hierbei durch das Fusionsverfahren unterstützt werden. Infolge der geringen Komplexität des Lösungsraums besteht daneben häufig die Möglichkeit, innerhalb einer Ebene durch vollständige Enumeration die beste Alternative zu ermitteln. In weiteren Iterationen können zusätzliche Organisationsebenen diskutiert und die endgültige Aufbaustruktur festgelegt werden.

4.3.5 Ermittlung der Mehrfachzuordnung von Produkten

Die bisher vorgenommenen produktgruppenbezogenen Zuordnungen repräsentieren Primärzuordnungen, die unter einer mittel- bis langfristigen Betrachtungsweise die Produktionsstruktur festlegen. Infolge des durch die Produktionsstruktur definierten Bearbeitungsprofils der einzelnen Dezentralen Verantwortungsbereiche ist aber aus produktionstechnischen Gesichtspunkten eine Mehrfachzuordnung vieler Produktelemente möglich. Zum Abschluß der Strukturgenerierungsphase werden daher in Analogie zur Hyper- und Subteilbestimmung die 1:n-Beziehungen der Produktelemente auf der untersten Produktebene ermittelt und die potentiellen Auswirkungen auf die kapazitive Belastungssituation dargestellt. Diese Informationen, die als Alternativ-Arbeitspläne auf Organisationseinheitenebene verstanden werden können, stehen nach einer geeigneten Ausgabe für Maßnahmen der Fertigungssteuerung zur Verfügung.

4.3.6 Kapazitätstableau

4.3.6.1 Grundlagen

Das Kapazitätstableau visualisiert das Tripel Produktionsfunktion-Funktionsträger-Organisationseinheit als Folge der Zuordnungen von Arbeitsgängen und Maschinen zu neuen Organisationseinheiten. Die Zuordnungen können durch die beiden nachfolgenden im mathematischen Sinn eineindeutigen Zuordnungsrelationen beschrieben werden:

MZ: Maschine x (Organisationseinheit x Produktionsfunktion)
PZ: Produktgruppe x (Organisationseinheit x Produktionsfunktion)

Das Kapazitätstableau kann als kapazitätsbewertetes Produktionsstruktur-Layout interpretiert werden, das Strukturierungseffekte bezüglich des produktbezogenen Kapazitätsbedarfs, bezüglich des maschinenbezogenen Kapazitätsangebots sowie bezüglich strukturbedingter organisatorischer Schnittstellen durch die Produktübergänge anzeigt.

In das Kapazitätstableau fließt der produktionsfunktionsbezogene Kapazitätsbedarf der Produktgruppen, d.h. die Informationen der Kapazitätsliste ein. Da aber nicht nur die insgesamt zur Verfügung stehende Anzahl von Maschinen, sondern auch die den verschiedenen Produktgruppen für spezifische Produktionsfunktionen zugeordneten Maschineneinheiten gezeigt werden, entspricht dies dem Informationsgehalt der **erweiterten Kapazitätsliste** /122/.

Diese alphanumerischen Informationen werden im Kapazitätstableau in graphische Informationen umgewandelt. In Anlehnung an das Kapazitätsfeld /123/ werden dazu Kapazitätsbedarf und -angebot jeweils als Kapazitätsrechtecke in einem einzigen Diagramm dargestellt, das durch die beiden Achsen kapazitätsbewertete Produktionsfunktionen und Produktgruppen aufgespannt wird (Bild 4-18).

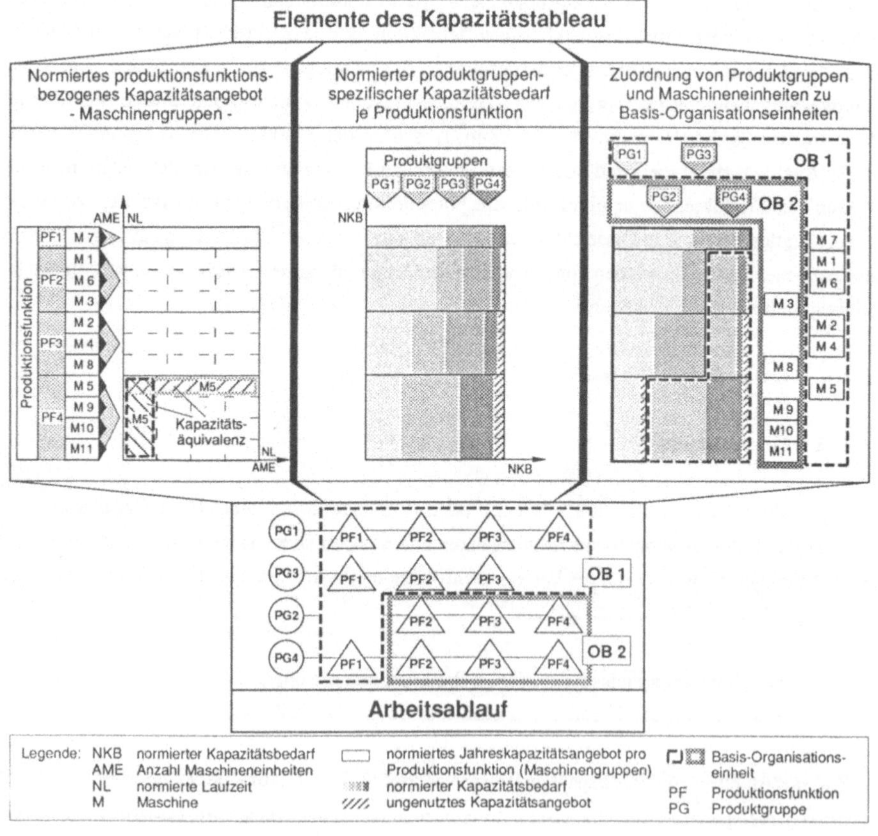

Bild 4-18: Grundlagen des Kapazitätstableaus

Auf der Ordinate sind die Produktionsfunktionen und die zugehörigen Funktionsträger als normierte Kapazitätseinheiten aufgetragen. Die Abszisse repräsentiert die normierte produktionsfunktionsbezogene Kapazität. Unter Berücksichtigung der Arbeitszeit und individueller Maschinenlaufzeiten entstehen so mit der Basis Funktionsträger verschiedene Rechtecke, die dem Kapazitätsangebot einer Maschineneinheit oder eines Mitarbeiters entsprechen. Die Normierung der Lauf- und Arbeitszeiten führt dazu, daß die rechte Begrenzung dieser Rechtecke identisch ist; ein Ausfranzen des Kapazitätstableaus wird vermieden.

Durch Verzicht der Betrachtung individueller Funktionsträger werden diese einzelnen Rechtecke in einem weiteren Schritt zu einem produktionsfunktionsbezogenen Kapazitätsangebot zusammengefügt. Basis hierfür ist die den Funktionsträgergruppen zugrunde gelegte Bearbeitungsredundanz. Wegen der Kapazitätsäquivalenz kann dieses Rechteck in Abhängigkeit von den verfügbaren Funktionsträgern anstatt wie bisher horizontal auch vertikal in Rechtecke unterteilt werden. Diese entsprechen dem normierten Kapazitätsangebot eines Funktionsträgers. Im Kapazitätstableau wird dieser Effekt durch die dünnen vertikalen und horizontalen Linien, die jeweils Kapazitätsrechtecke mit Basis auf der Ordinate bzw. Abszisse begrenzen, sowie mit der doppelten Bezeichnung der Achsen angedeutet. Für Produktionsfunktionen, die sowohl Maschinen als auch Mitarbeiter beanspruchen, werden zwei getrennte Ebenen geführt.

In dieses Rechteck einer Produktionsfunktion wird in einem zweiten Schritt, differenziert nach den verschiedenen Produktgruppen, der Kapazitätsbedarf eingetragen. Da es sich um eine produktionsfunktionsspezifizierte Kapazität handelt, bilden die zugehörenden Funktionsträger der Ordinate die Basis des Rechtecks. Durch Addition der Rechtecke aller relevanten Produktionsfunktionen ergibt sich das Kapazitätstableau.

Die festgelegte Zuordnung von Arbeitsgängen und spezifischen Maschineneinheiten zu Organisationseinheiten wird dadurch visualisiert, daß der bisher summarisch betrachtete produktionsfunktionsbezogene Kapazitätsbedarf der Produktgruppen hinsichtlich individueller Funktionsträger differenziert wird. Zudem sind die so spezifizierten Funktionsträger inklusive der zugeordneten Arbeitsgänge mit den Organisationseinheiten verknüpft. Die Zugehörigkeit von Funktionsträgern zu Organisationseinheiten wird dabei durch die Produktionsstruktur verdeutlicht. Die Produktionsstruktur ist durch Einrahmen der den Organisationseinheiten zugeordneten Funktionsträgern gekennzeichnet.

Gegenüber dem Kapazitätsfeld, das für die Planung von manuellen Montagesystemen entwickelt wurde, ergeben sich wesentliche Unterschiede. Diese betreffen vor allem die Berücksichtigung des Mehrproduktfalls und von maschinenenbezogen, d.h. nicht nur personellen Kapazitätsangeboten.

Das Kapazitätsfeld stellt ein Tagesmengen-Stückzahl-Diagramm dar. Dementsprechend werden auf den Achsen die arbeitsgangbezogenen Fertigungszeiten und die produktbezogenen Gesamtmengen aufgetragen. Unterschiedliche Einheiten für Stückzahl und Fertigungszeiten können dann nicht berücksichtigt werden. Im Kapazitätstableau wird diesem Effekt durch die Normierung auf produktionsfunktionsbezogene Kapazitäten und die Projektion der Kapazität auf die Ordinate Rechnung getragen.

Auch die Abbildung der Funktionsträger erfolgt in einer anderen Form. Im Gegensatz zum Kapazitätsfeld, das eine unter der Voraussetzung von achsparallelen Begrenzungslinien eine beliebige Form der Fläche des personellen Kapazitätsangebots zuläßt, ist das Kapazitätsangebot im Kapazitätstableau immer auf die Maschineneinheit und auf die Produktionsfunktion bezogen. Dies entspricht den im Vergleich zu personellen Funktionsträgern eingeschränkten Flexibilitäts- und Kapazitätenteilungseigenschaften von Maschinen infolge deren Spezialisierung bei den Produktionsfunktionen.

4.3.6.2 Einordnung in die Aggregationsebenen

Wie bereits angedeutet, wird das Kapazitätstableau gemäß der Anforderung einer Top-Down-Strukturierung in mehreren hierarchisch strukturierten Aggregationsstufen eingesetzt. Dies betrifft sowohl die in unterschiedlichen Datenniveaus vorliegenden Produkt- und Maschinengruppen als auch die Organisationshierarchiestufen. Die Organisationshierarchiestufen beschreiben dabei die Organisationsgliederung in Bereiche, Abteilungen, Gruppen oder Stellen. Zudem sind auf der unteren Produkt- und Maschinenebene Kapazitätenteilungsstrategien aufzunehmen, die eine zeitraumbezogene Zuteilung einer Maschine in mehrere Organisationseinheiten und eine stückzahlbezogene Aufteilung eines Produkts in verschiedene Organisationseinheiten erlauben (**Maschinen-** und **Produkt-Splitting**).

Die Umsetzung dieser Anforderungen und besonders das Produkt- und Maschinen-Splitting führt dazu, daß die angeführten Zuordnungsrelationen nicht mehr eineindeutig sind und einer Erweiterung bedürfen. Dieses Problem wurde gelöst, indem nicht nur die Relation "Maschine und Produkt in einer Organisationseinheit", sondern auch die damit bereitgestellte und verbrauchte Fertigungskapazität in Stunden abgelegt wurde. Für die beiden Relationen gilt deshalb:

o   Jede Relation darf nur einmal vorkommen.

o   Die Gesamtsumme der Kapazitäten aller Relationen mit dem kartesischen Produkt PF x OE entspricht im Falle der Maschinen-Relation der von der Maschine bereitgestellten Kapazität und im Falle der Produktgruppen-Relation der von der Produktgruppe verbrauchten Kapazität.

o   Jede nicht vorhandene Kombination P x PF der Produktgruppen-Relation gilt
als Relation mit der Organisationseinheit "freie Kapazität", welche die gesamte
Kapazität der Produktgruppe belegt.

Um diese sehr komplexen Beziehungstrukturen beherrschen zu können, wurde die **Lupenfunktion**
entwickelt. Während die höherliegenden Ebenen infolge der eineindeutigen Beziehungsstrukturen
problemlos konsistent gehalten werden können, müssen bei einem Ebenensprung die mehrdeutigen
m:n Beziehungen zum Erreichen der nächsttieferliegenden Ebene aufgebrochen werden. Die Manipulation der tieferliegenden Ebene erfolgt interaktiv (Bild 4-19) /122/.

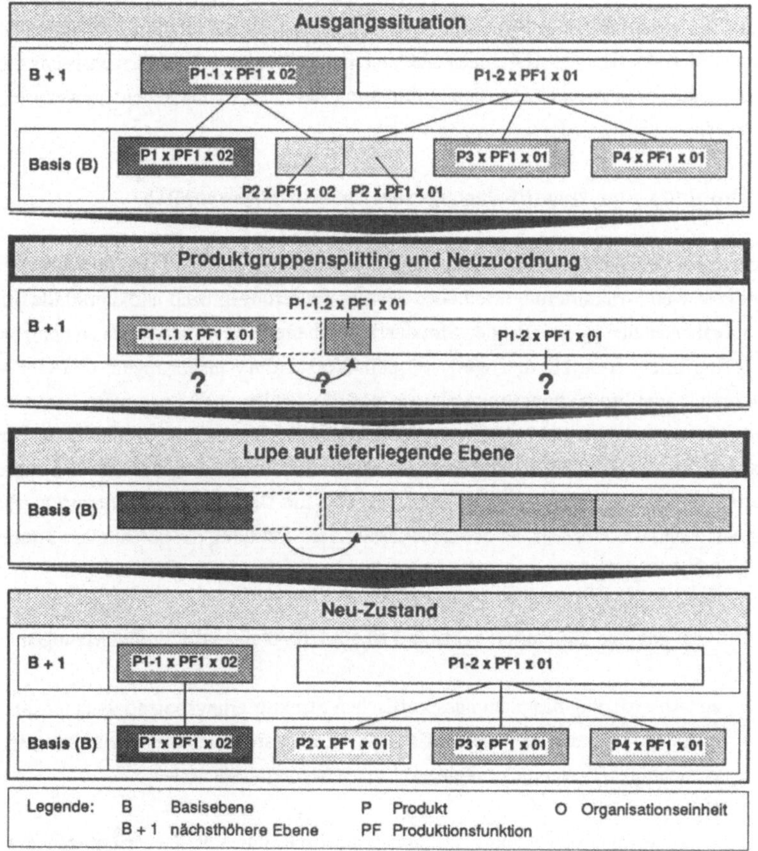

Bild 4-19: Lupenfunktion

Bei einem Sprung in der Produktebene wird die Zusammensetzung der Produktgruppe visualisiert. Darüber hinaus werden die Folgen der Zuordnung oder der Neuzuordnung der betroffenen produktbezogenen Arbeitsgänge zu den Organisationseinheiten ersichtlich. Ähnlich verhält es sich bei der Maschinenzuordnung. Dagegen nimmt der Wechsel der Organisationsebene eine Sonderstellung ein. Infolge der eineindeutigen Unterstellung wird bei der Definition der übergeordneten Einheiten die Zusammensetzung der Organisationseinheiten in der tieferliegenden Ebene angezeigt.

Neben der Lupenfunktion wurden zur Beherrschung dieses sehr komplexen Lösungsraums Strategien erarbeitet, die ein sinnvolles Navigieren ermöglichen. Entsprechend der in Kapitel 3 diskutierten Überlegungen sind dies Heuristiken, die über Prioritäten den Zugriff auf die prinzipiellen Gestaltungsdimensionen regeln. Als Beispiel sei aufgeführt, daß bei den Organisationsebenen zunächst ein Anker auf die unterste Ebene gelegt wird. Die Optimierungen erfolgen dann ausschließlich durch Variation der Produkt- oder der Maschinenzuteilung, indem jeweils nur ein Ebenensprung zugelassen wird. Erst danach kann zur weiteren Feinoptimierung die Organisationsebene gewechselt werden (vgl. Bild 3-3).

4.4   Ermittlung und Quantifizierung von Struktureigenschaften

Ein wesentliches Element des entwickelten Instruments besteht darin, daß sich im Gegensatz zu den derzeit eingesetzten Strukturierungsmethoden der Strukturierungsprozeß und damit alle Strukturierungsteilaufgaben an den zu erwartenden Struktureigenschaften und insbesondere an den potentiellen Strukturkosten orientieren. Hierbei wird von dem Verständnis ausgegangen, daß einerseits das Systemverhalten von Produktionsstrukturen von den die Struktur beschreibenden Parametern, d.h. von der Strukturausprägung abhängig ist und damit der Strukturierungsprozeß über die Strukturierungsauswirkungen ursächlich die Struktureigenschaften bestimmt. Andererseits wird zugrunde gelegt, daß strukturkostenoptimierte Produktionsstrukturen mit Dezentralen Verantwortungsbereichen nur dann entstehen, wenn bereits bei der Generierung der Strukturen die potentiellen Struktureigenschaften berücksichtigt werden.

Insofern wird der gesamte Strukturierungsprozeß tangiert. So mußten die Voraussetzungen

o   zur Abschätzung des planungsspezifischen Strukturierungspotentials unter Berücksichtigung der Randwerte von strukturierungsrelevanten Kriterien für rein verrichtungs- bzw. objektorientierte Strukturierungsansätze,

o   zur Bewertung von Strukturierungseffekten im Rahmen der Generierungsphase bei Erst- und Umplanung sowie o   zur Bewertung und zum Vergleich des Ist-Zustands und der abgeleiteten Strukturalternativen inklusive der Abschätzung der Wirtschaftlichkeit der Strukturveränderung

geschaffen werden. Ausdrücklich sei an dieser Stelle darauf hingewiesen, daß nicht wie bei den verschiedentlichen vorgestellten Ansätzen /124/ die Bewertung und der Vergleich von unterschiedlichen Lösungen des gleichen Verantwortungsbereichs oder Arbeitssystems das Ziel ist. Vielmehr soll das Zusammenwirken verschiedener Verantwortungsbereiche, d.h. unterschiedlicher Strukturalternativen bzw. Strukturierungsansätze verifiziert werden. Eine singuläre Bewertung ist auch methodisch nicht durchführbar, da der Bezugsrahmen fehlt und eine Vergleichbarkeit nicht gegeben ist.

Zur Umsetzung dieses Ansatzes sind prinzipiell zwei Schritte notwendig. Zum einen ist der logische, d.h. planungsneutrale Zusammenhang zwischen Strukturausprägung und -eigenschaft abzubilden. Zum anderen müssen aus den zu der fiktiven Struktur vorliegenden planungsspezifischen Daten die Werte der Merkmale ermittelt werden und in eine Wirtschaftlichkeitsrechnung einfließen. Von großer Bedeutung ist in diesem Zusammenhang, daß im Gegensatz zu gruppentechnologischen Ansätzen, die in erster Linie die Effekte hinsichtlich der Rüstzeiten und -kosten berücksichtigen, alle wichtigen, ursächlich mit der Strukturausprägung zusammenhängenden Eigenschaften betrachtet werden.

Obwohl in erster Linie nur Strukturkosten berücksichtigt werden sollten, erwies es sich wegen der kontroversen Diskussion der Systemeigenschaften von objektorientierten Organisationstypen und insbesondere von Fertigungsinseln in der Literatur /35,98/ als sinnvoll und notwendig, flankierend die wesentlichen nicht monetären Bewertungskriterien zumindest für den Strukturalternativenvergleich zu integrieren. Es handelt sich dabei um prozeßorganisatorische Kriterien und hier vor allem um die Flexibilitätseigenschaften und die davon abzuleitenden Kriterien wie z.B. Lieferbereitschaft. Die personalwirtschaftliche Seite von Produktionsstrukturen wird dagegen durch arbeitsorganisatorische Kriterien wie Personalflexibilität, Qualifizierungsaufwand oder Strukturattraktivität beleuchtet.

Das Instrumentarium setzt methodisch auf dem Prinzip der "Erweiterten Wirtschaftlichkeitsrechnung" /104/ auf, das eine duale Bewertung von quantifizierbaren, monetären und nicht monetären, mit Hilfe des paarweisen Vergleichs /104/ anwendungsspezifisch gewichteten Struktureigenschaften erlaubt. Für die vorliegenden Anforderungen waren jedoch wesentliche Modifikationen notwendig, da dieses Verfahren bisher vorwiegend zur Bewertung von Arbeitssystemen und nicht von Produktionsstrukturen verwendet wurde. Diese betrafen die Auswahl und die Beschränkung auf ausschließlich strukturabhängige, d.h. nicht produktionssystem- oder arbeitsplatzspezifische Bewertungskriterien oder Kostenarten. Darüber hinaus mußte deren hierachische Einordnung in Ebenen mit möglichst großer Unabhängigkeit der Kriterien innerhalb der Ebenen vorgenommen werden. Wie Erfahrungen mit der erweiterten Wirtschaftlichkeitsrechnung belegen /125/, werden sehr häufig Kriterien benutzt, die denselben Sachverhalt bewerten und zudem nur unzureichend genau definiert sind. Die Ursache für diese Doppelbewertung ist, daß die logische Verknüpfung und Abhängigkeit der Bewertungskriterien bisher in nicht befriedigender Weise systematisiert wurde.

Neben diesem methodischen Defizit bestand ein weiteres Defizit darin, daß der Zusammenhang zwischen Strukturausprägung und -eigenschaft nicht definiert war. Die erweiterte Wirtschaftlichkeitsrechnung ermöglicht zwar ein Verrechnen von Kostenarten und Bewertungskriterien, deren Erfassung, d.h. die Ermittlung der Erfüllungs- und Leistungsfaktoren /125/ für die spezifischen Lösungen ist jedoch nicht abgedeckt. Sie erfolgt subjektiv durch das Planungsteam. Dies ist für die vorliegende Anforderung nicht brauchbar. Vielmehr muß von den objektiv erfaßbaren Strukturausprägungen ohne manuellen Eingriff der Bezug zu den vorgegeben Bewertungskriterien und Kostenarten hergestellt und in Verbindung mit planungsspezifischen Bezugswerten quantifiziert werden. Die Strukturausprägung wird dabei durch das Tripel Funktion-Funktionsträger-Organisationseinheit beschrieben.

Zur Lösung dieser Probleme wurden Struktur- und Produktionssystemplanungen analysiert, die mit Hilfe der erweiterten Wirtschaftlichkeitsrechnung durchgeführt wurden. Auf diesem Weg konnten die strukturrelevanten Kostenarten und die Bewertungskriterien, die Strukturparameter zur Beschreibung von Produktionsstrukturen sowie der Zusammenhang zwischen Strukturparametern und Struktureigenschaften einschließlich der Abhängigkeiten der Struktureigenschaften untereinander abgeleitet werden (Bild 4-20).

Die Strukturbeschreibung basiert auf vergleichsweise wenigen Parametern. Zudem konnte entsprechend der bereits diskutierten Strukturierungsschwerpunkte eine Bündelung vorgenommen werden (Bild 4-21). Für die Struktureigenschaften, die mit einem oder mehreren Parametern direkt oder indirekt verbunden sind, können ähnliche Aussagen getroffen werden. Orientiert man sich an den beiden Zuordnungsaufgaben der Strukturierung, so ergeben sich aus der Produktzuordnung über die Funktionskomplexität Effekte bezüglich der personellen Dispositionsnotwendigkeit sowie über die Funktionsdifferenziertheit Effekte hinsichtlich der Arbeitssituation und den Personalentwicklungsmöglichkeiten. Ferner resultieren über den Grad der Komplettbearbeitung und über die Autonomie maßgebliche Auswirkungen auf die Fehlerkosten und die Ganzheitlichkeit der Arbeitsaufgabe sowie über die produktbezogenen Schnittstellen Effekte bezüglich der organisatorischen Übergangszeiten und der Zeitaufwände zur Steuerung und Durchführung. Dagegen beeinflußt die Maschinenzuordnung über die Kapazitätenteilungsproblematik das wartezeitenbedingte Durchlaufverhalten, das Flexibilitätsverhalten und die Möglichkeit zur Nutzung von Synergieeffekten bei den Personalkapazitäten. Zudem resultieren Effekte im Hinblick auf die Personalsituation und hier insbesondere auf die soziodynamische Wirkung und auf den Umfang des Tätigkeitsspektrums.

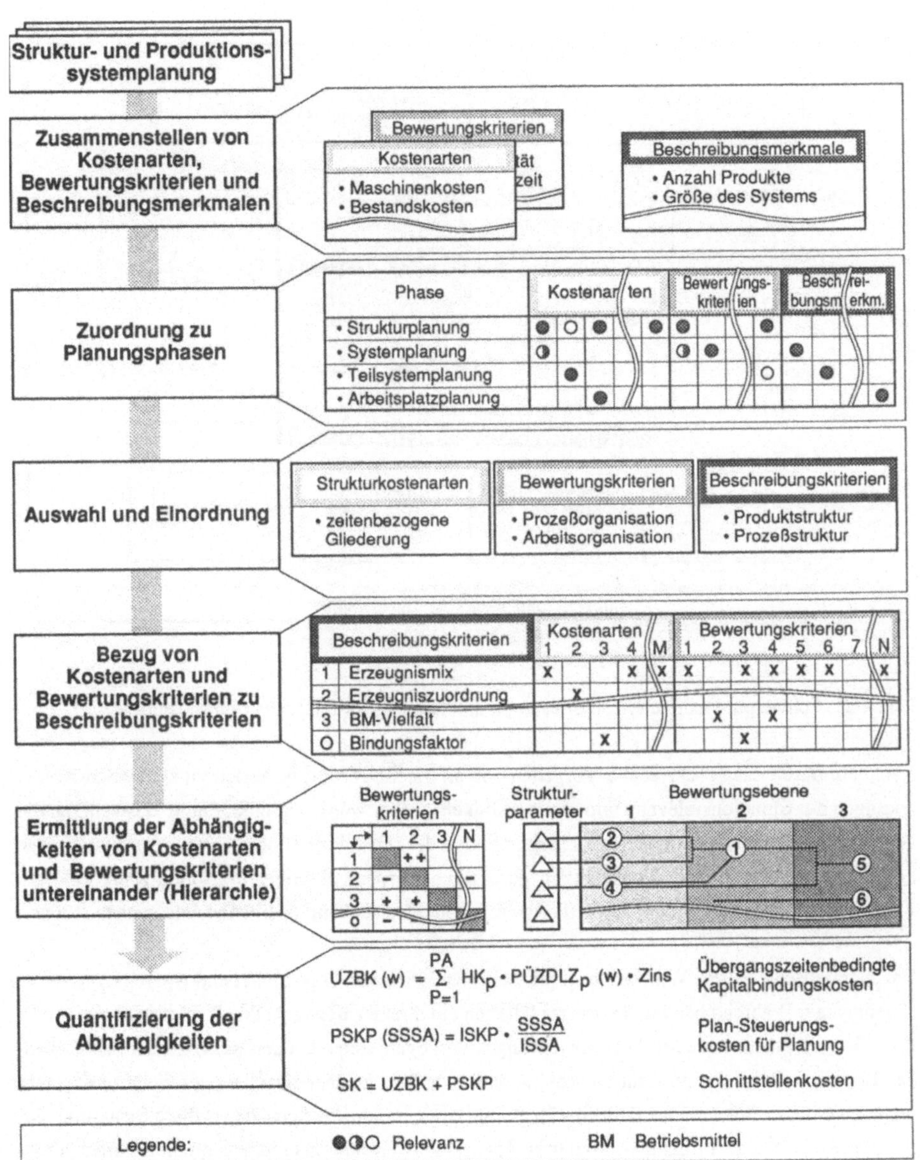

$$UZBK\ (w) = \sum_{P=1}^{PA} HK_p \cdot P\ddot{U}ZDLZ_p\ (w) \cdot Zins$$

$$PSKP\ (SSSA) = ISKP \cdot \frac{SSSA}{ISSA}$$

$$SK = UZBK + PSKP$$

Bild 4-20: Zusammenhang von Strukturparametern und Struktureigenschaften

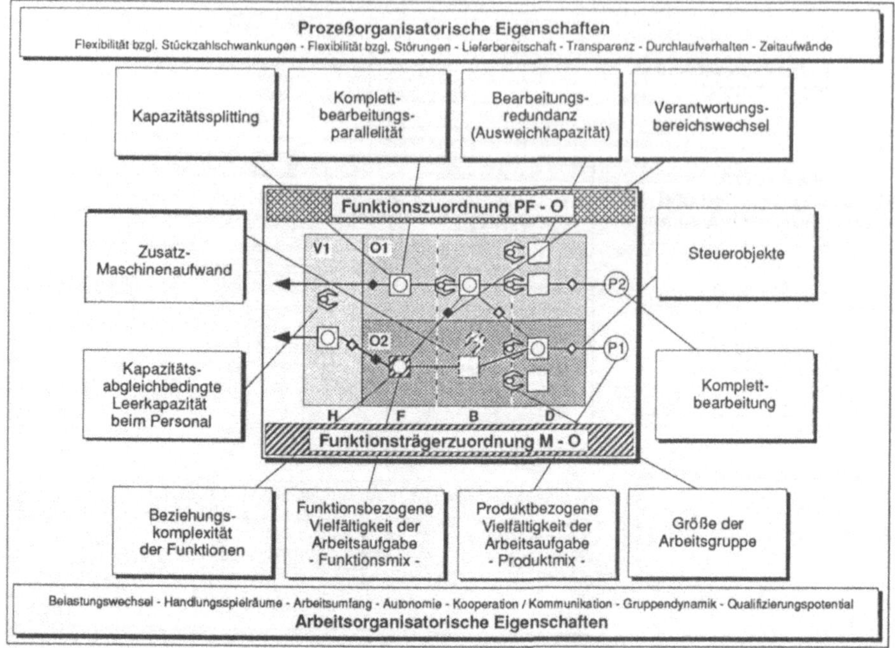

Bild 4-21: Schwerpunktbereiche von Strukturparametern und Strukturbewertungskriterien

Nachdem durch das beschriebene Vorgehen den an die Bewertungskriterien zu stellenden Anforderungen der Situationsrelevanz und Vollständigkeit genügt werden konnte, mußte desweiteren die Unabhängigkeit und Operationalität sichergestellt werden. Die hierfür notwendigen Voraussetzungen konnten durch sogenannte Kausalketten geschaffen werden, die einer logischen Rangreihe der Kriterien, d.h. einer Einordnung der Kriterien in hierarchisch abhängige Ebenen entsprechen /126/.

Charakteristisch für diese Wirkketten ist die Gegenläufigkeit von Objektivität und Aggregations- bzw. Datenniveau. Während bei den Basiseigenschaften ein direkter Bezug zu den Strukturparametern die Regel ist und quantitative Merkmalsskalierungen vorliegen, treten bei den Kriterien der nachfolgenden Ebenen, z.B. bei der Strukturattraktivität, indirekte Bezüge über einzelne oder mehrere Kriterien unterschiedlicher Ebenen auf (Bild 4-22). Somit können nicht monetär bewertbare Struktureigenschaften entweder als direkt quantifizierter Kennzahlenwert oder als indirekt quantifizierter Punktsummenwert auftreten.

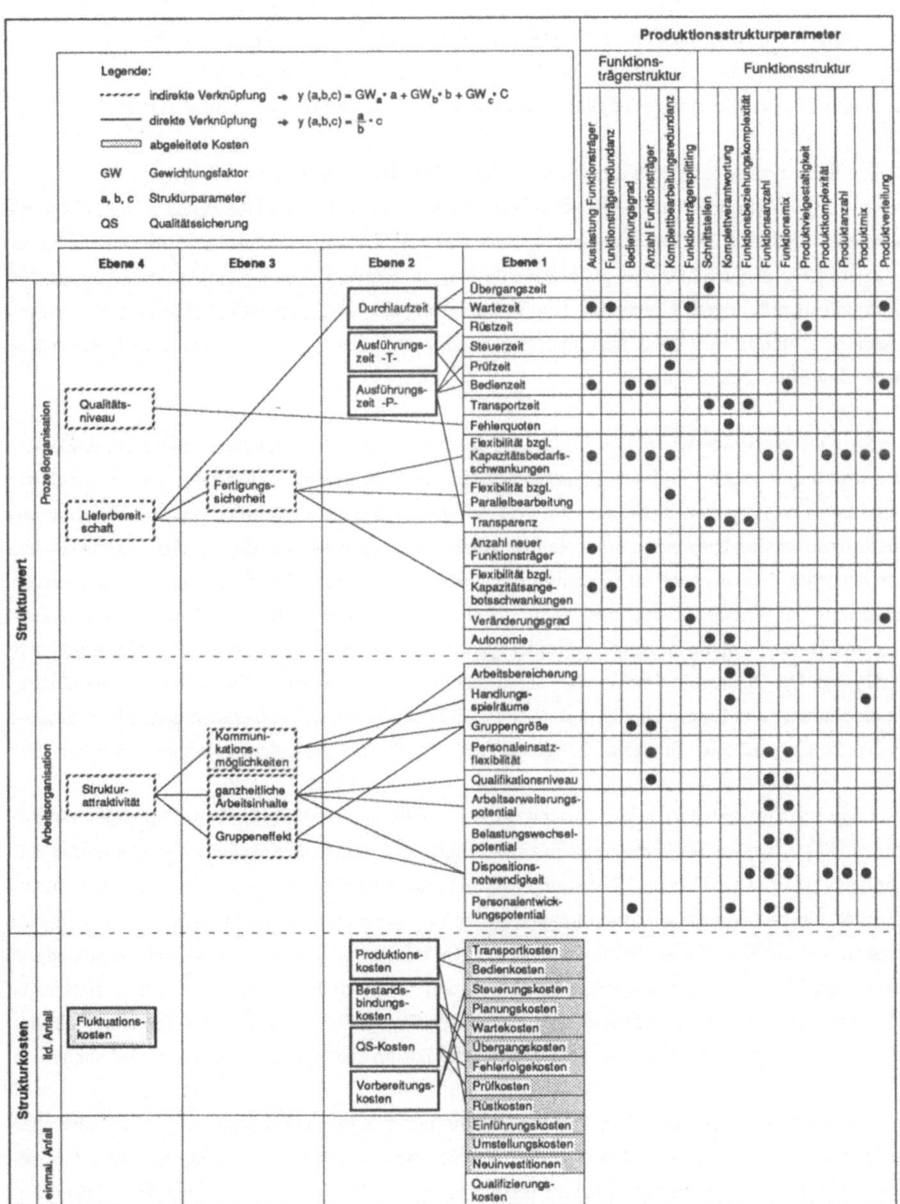

Bild 4-22: Szenario der Strukturbewertungskriterien

Kennzahlenwerte sind nur dann aussagekräftig, wenn eine Skalierung durchgeführt wird. Im vorliegenden Fall erfolgt dies anhand der Randwerte und einer metrischen Skalierungsfunktion. Die Einordnung des Ist-Zustands ermöglicht Relativbezüge für die entwickelten Strukturalternativen.

Fließen Strukturparameter oder direkt quantifizierte Struktureigenschaften in Form von Kennzahlenwerten in indirekt quantifizierte Struktureigenschaften ein, so ist eine Überführung in Erfüllungsfaktoren - dies sind die Punktsummenwerte - sinnvoll. Um die Trennschärfe nicht unnötig zu reduzieren, wurde auch hier eine große Spannbreite, d.h. Skalen mit einem angemessen Abstand der Merkmalsausprägungen, bevorzugt. Die Verknüpfung der verschiedenen Erfüllungsfaktoren zu einem indirekten Bewertungskriterium erfolgt wie bei der Arbeitssystemwertermittlung über spezifische Gewichtungsfaktoren.

Die Strukturkosten werden im Gegensatz zu den nicht monetären Kriterien überwiegend direkt aus den Strukturparametern und den planungsspezifischen Bezugswerten abgeleitet. Die verdichteten Kostenarten ergeben sich hier durch einfache Addition der jeweils einfließenden Sub-Kostenarten. Die Strukturkostenarten werden prinzipiell gemäß ihrem zeitlichen Anfall differenziert, so daß sowohl eine Amortisations- als auch eine Kostenvergleichsrechnung durchgeführt werden kann. Im Rahmen der erweiterten Wirtschaftlichkeitsrechnung stehen als Entscheidungskriterium der einmalige Finanzmittelmehrbedarf und die laufenden jahresbezogenen Rückflüsse infolge Minder- und Mehrkosten zur Verfügung. Der Finanzmittelmehrbedarf berücksichtigt u.a. die Ausgaben für zusätzliche Maschinen, für die Planung und für die Qualifizierung sowie die Einnahmen durch Veräußerungserlöse. Zudem fließen die Gesamtkosten für das zu fertigende Produktspektrum und die Amortisationszeiten mit ein.

Wichtige Strukturkostenarten sind Zusatzkosten wie kalkulatorische Zinsen für Umlaufkapitalbindung und Qualitätskosten. Diese treten mit zunehmendem Strukturierungsgrad als Minderkosten auf. Ähnlich verhält es sich bei den Steuerungs- und Koordinationskosten, die sich aus dem Schnittstelleneffekt ergeben. Maschinenkosten treten dagegen überwiegend als Mehrkosten auf, wenn man den Finanzmittelmehrbedarf kostenmäßig umlegt. Bei den Bedienkosten kann eine generelle Einteilung in Mehr- oder Minderkosten nicht vorgenommen werden, weil sich der zugehörende Leistungsfaktor in Form von personellem Zeitaufwand - mengenmäßiger Personalminderbedarf infolge von Synergieeffekten - und der Kostenfaktor, der vom Tätigkeitsspektrum abhängig ist, ambivalent verhalten.

Nachdem vor allem das Durchlaufverhalten und die zeitenbewerteten Aufwände die Strukturkosten maßgeblich bestimmen, ist die **Kostenauflaufkurve** eine wichtige Grundlage zur Ermittlung monetärer Struktureigenschaften. Sie bringt die produktbezogenen Strukturkosten entsprechend ihrem zeitlichen Anfall mit dem Durchlaufverhalten in Verbindung. Auf diesem Weg wird die zeitliche Differenz zwischen Einnahmen und Ausgaben für alle notwendigen Leistungen (Bild 4-23) berücksichtigt.

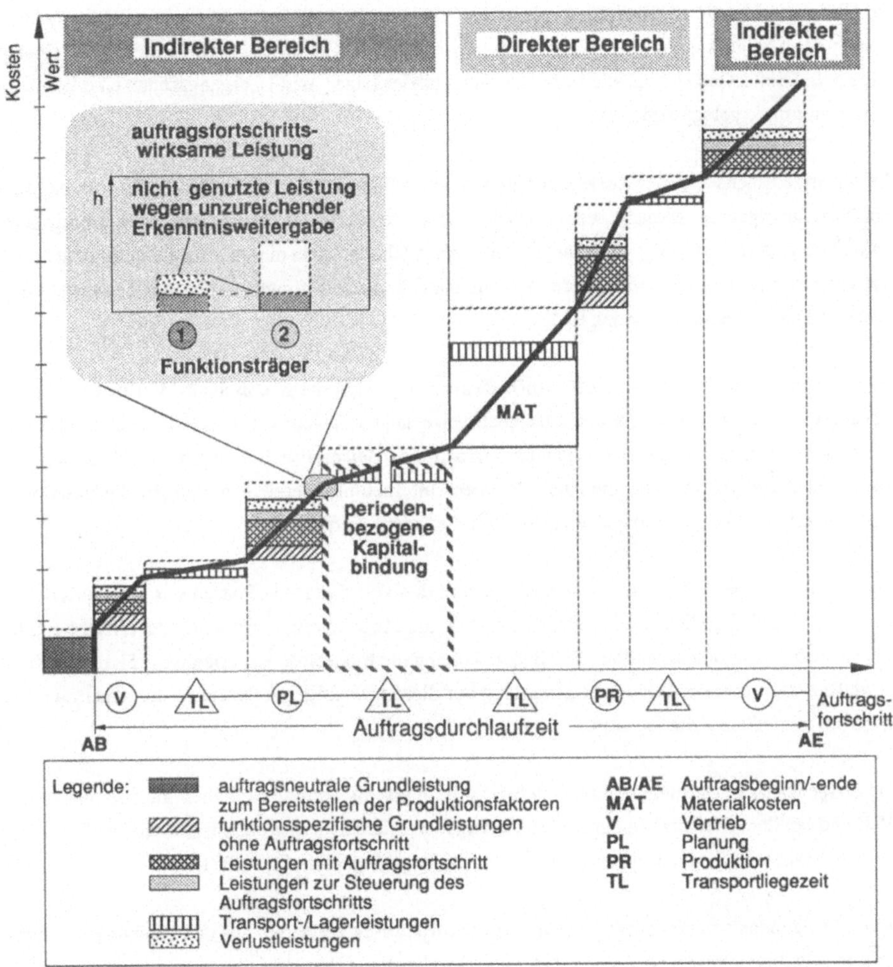

Bild 4-23: Erweiterte Kostenauflaufkurve

Im Gegensatz zur Wertschöpfungskurve bezieht sich die Kostenauflaufkurve nicht nur auf den Werkstückdurchlauf ab dem Rohmateriallager, sondern beinhaltet darüber hinaus das Durchlaufverhalten in den indirekt produktiven Bereichen. Insofern werden die für diese Leistungen entstehenden Kosten nicht als Gemeinkosten verrechnet, sondern in einem erweiterten Verständnis von Wertschöpfung zum Zeitpunkt ihres Anfalls als Wertzuwachs behandelt /126/. In gleicher Weise werden auch die parallel zur Fertigung und Montage anstehenden Produktionsgemeinkosten wie Transport- und

Lagerkosten, d.h. die nicht direkt produktiv wirkenden Leistungen, sowie die kalkulatorischen Kosten für Umlaufkapital und in Know-how gebundenes Kapital als periodenbezogene Kosten behandelt. Dies drückt sich dadurch aus, daß während der Lager- und Übergangszeiten eine Wertsteigerung zugrunde gelegt wird.

Ein wichtige Eigenschaft der Kostenauflaufkurve ist, daß produktbezogene Effekte der Produktionsstrukturierung sichtbar gemacht werden können. Interessanterweise betrifft dies nicht nur Strukturveränderungen im Fertigungs- und Montagebereich. Vielmehr kann dieses Instrumentarium auch für die Neustrukturierung von indirekt produktiven, aber ebenfalls auftrags- und produktbezogenen Unternehmensbereichen Verwendung finden.

Eine weitere Besonderheit der Kostenauflaufkurve zeigt sich darin, daß auch "Verlustleistungen" diskutiert werden können. Diese treten beispielsweise dann auf, wenn die entstandenen Zeitaufwände nicht zu einem Erkenntniszuwachs genutzt werden. Als Beispiel sei die unzureichende Dokumentation und Weitergabe von für die nachfolgenden Unternehmensbereiche wichtigen Informationen - z.B. in Zeichnungen, Arbeitsplänen oder Prüfunterlagen - aufgeführt.

Auf das beschriebene Bewertungsszenario kann in den verschiedenen Phasen des Strukturierungsprozesses zurückgegriffen werden. Hierbei besteht die Möglichkeit, anwendungsspezifische Eigenschaftsprofile zusammenzustellen. Bei Bedarf können die monetären Kriterien nach Skalierung und Vorgabe entsprechender Gewichtungsfaktoren auf diesem niedrigeren Datenniveau gemeinsam mit den nicht monetären Kriterien verwendet werden.

Die festgelegten Bewertungskriterien fließen nicht in alle Bewertungsaufgaben gleichermaßen ein. Während bei der Abschätzung der Strukturierungspotentiale überwiegend Strukturkosten betrachtet werden, basiert der Strukturvergleich auf dem kompletten Eigenschaftsprofil (Bild 4-24).

Im nachfolgenden soll diskutiert werden, wie die Struktureigenschaften aus den Strukturparametern ermittelt werden können. Da eine vollständige Beschreibung den Umfang der vorliegenden Arbeit sprengen würde, geschieht dies nur für wichtige Struktureigenschaften. Hinsichtlich der Strukturkosten wird eine Unterteilung in durchlauf- und aufwandsabhängige Kostenarten vorgenommen. Zudem werden die Flexibilitätseigenschaften und die Arbeitssituation betreffende Kriterien diskutiert.

4.4.1 Durchlaufverhaltensbezogene Strukturkosten

Charakteristisch für das Auftragsdurchlaufverhalten in den meisten Unternehmen ist ein vergleichsweise geringer Anteil der werkstückbezogenen Durchlaufzeit in Fertigung und Montage im Vergleich zur Gesamtdurchlaufzeit des Auftrags durch alle Bereiche des Unternehmens /1,7/. Innerhalb dieses

Ausschnitts spielen wiederum die Bearbeitungs- und Rüstzeiten im Vergleich zu den Liegezeiten eine untergeordnete Rolle. Gleichzeitig beeinflussen Strukturveränderungen vor allem die Liegezeiten und nur in geringem Umfang die Bearbeitungszeiten. Die Beschränkung auf die schnittstellenbedingten Übergangszeiten von einer Organisationseinheit in eine andere und auf die kapazitätenteilungsbedingten, auslastungsabhängigen Wartezeiten bedeuten somit keine Einbuße an Genauigkeit.

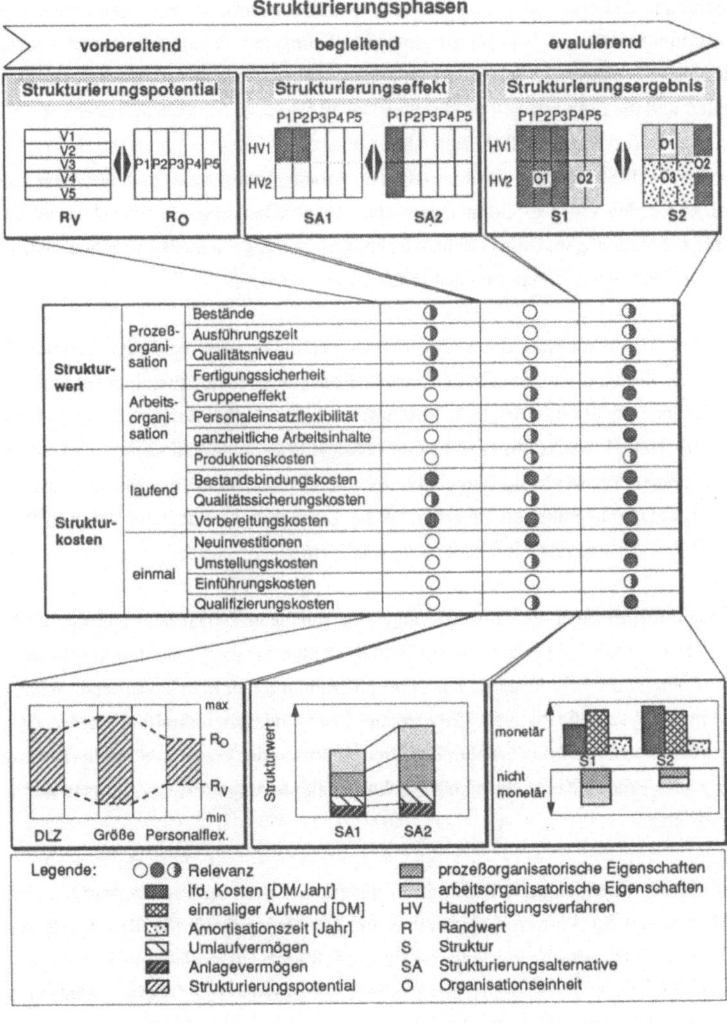

Bild 4-24: Zusammenhang von Bewertungsaufgabe und einfließenden Bewertungskriterien

Interessanterweise verhalten sich beide Anteile ambivalent als Funktion des Strukturierungsgrades. Da die Übergangszeiten in der Regel wesentlich größer sind als die Wartezeiten, kommt aber den Schnittstelleneffekten im Vergleich zu den Kapazitätenteilungsfolgen eine größere Bedeutung zu.

4.4.1.1 Übergangszeitenbedingte Strukturkosten

Die verrichtungsorientierte Aufteilung der zur Produkterstellung notwendigen Funktionen in Büros und Werkstätten führt zwangsläufig zu einer Auflösung des Produktbezugs und Aufteilung der Verantwortung auf mehrere Organisationseinheiten. Über die damit verbundenen organisatorischen Schnittstellen und die notwendigen produktbezogenen Wechsel der Zuständigkeits- und Verantwortungsbereiche resultieren organisatorische Übergangszeiten. Diese nehmen für die organisationseinheiteninternen Wechsel zwischen unterschiedlichen Arbeitsplätzen wesentlich geringere Zeiten an wie für die übergreifenden Wechsel. So ist beispielsweise die Übergangszeit zwischen der Dreherei und Bohrerei für die Arbeitsgangfolge Drehen-Bohren ungleich größer als zwischen zwei Drehoperationen auf zwei getrennten Drehmaschinen innerhalb der Dreherei.

Diese Eigenheit wurde zur Abbildung der Übergangszeiten genutzt. Nachdem durch die Zuordnung von Funktionen und Funktionsträgern zu Organisationseinheiten der funktionsbezogene Verantwortungsbereich eindeutig definiert ist, kann zusammen mit den in den Arbeitsplänen enthaltenen Funktionsfolgen für jedes Produkt die Anzahl von organisationseinheiteninternen und -übergreifenden Verantwortungsbereichswechseln berechnet werden. Letztere können noch zusätzlich in Wechsel zwischen Organisationseinheiten innerhalb des Unternehmens und unternehmensübergreifende Wechsel, z.B. bei verlängerter Werkbank, unterteilt werden.

Ermittelt man mit Hilfe einer der Strukturierung vorgeschalteten Ist-Zustandsanalyse oder anhand von Erfahrungswerten jeweils die zugeordneten Plan-Totzeiten für die genannten Wechselarten, so können durch Addition aller Schnittstellen und Multiplikation mit den Plan-Totzeiten in Abhängigkeit der Strukturausprägung spezifische, produktbezogene Übergangszeiten ermittelt werden (Bild 4-25). In Verbindung mit einem Produktwert oder den Produktkosten der jeweiligen Produktionsstufe und der Betrachtung aller Produkte ergeben sich die schnittstellenbedingten Auswirkungen auf den Produktionsumlaufbestand.

Die Ermittlung der Übergangszeiten erfolgt für die entwickelten Strukturalternativen ebenso wie bei der Abschätzung des Strukturierungspotentials aus den oben angeführten Randwerten und dem Ist-Zustand. Während sich der objektorientierte Randwert durch ausschließliche Betrachtung von internen Wechseln ergibt, kann der verrichtungsorientierte Randwert in Abhängigkeit von der in der Maschinenstrukturierung definierten Maschinengruppenhierarchie für unterschiedlich aggregierte Werkstätten ermittelt werden.

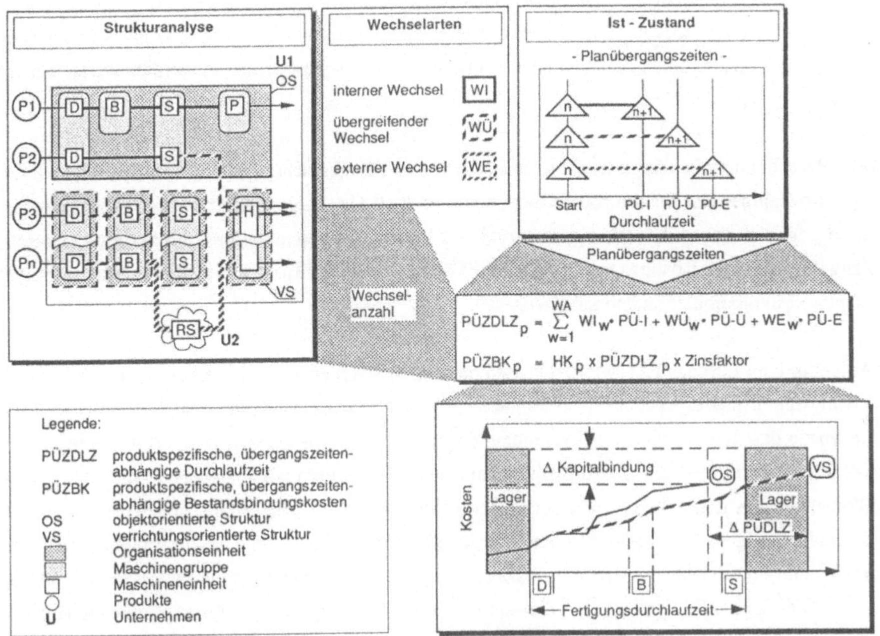

Bild 4-25: Abbildung schnittstellenbedingter Übergangszeiten

Der objektorientierte Randwert für Übergangszeiten ist weiterhin eine wichtige Größe zur Entscheidung, ob die Anschaffung einer oder mehrerer zusätzlicher Maschineneinheiten für die Engpaßfunktionen wirtschaftlich sinnvoll ist. Im einzelnen werden für wichtige Maschinengruppen die Einsparungspotentiale beim Umlaufvermögen aus den Reduzierungen der Übergangs- und Wartezeiten sowie die Zusatzaufwände infolge notwendiger Neuinvestitionen, die das Anlagevermögen beeinflussen, gegenübergestellt. Hier fließen neben den Übergangszeiten die kapazitiven Wartezeiten mit ein.

4.4.1.2 Wartezeitenbedingte Strukturkosten

Die Kapazitätenteilung als Folge der objektorientierten Zuordnung von Funktionen und den dazu erforderlichen Funktionsträgern verändert die kapazitive Auslastungssituation und insbesondere die nutzbaren Kapazitätsreserven der Betriebsmittel. Wird auf der einen Seite über die organisationseinheitenspezifische Funktionsträgerzuordnung das insgesamt zur Verfügung stehende Kapazitätsangebot unterteilt, so wird als Konsequenz der organisationseinheitenspezifischen Funktionszuordnung auf der anderen Seite der Kapazitätsbedarf aufgesplittet. Beide Effekte berühren das dynamische

Verhalten der Produktionstruktur und insbesondere die Größe des Arbeitsvorrats vor jedem Betriebsmittel. Damit verbunden sind Wartezeiten vor den Funktionsträgern für die einzelnen Funktionen (Arbeitsgänge) der Produkte, die in gleicher Weise wie die Übergangszeiten monetär bewertet werden können.

Für die Berechnung von Wartezeiten bieten sich vor allem dynamische Verfahren an. Da nicht nur der Einsatz im Rahmen der Strukturbewertung, sondern auch die Anwendung bei der Strukturgenerierung vorgegeben war und somit ein Anspruch auf kurzen Rechenzeiten bestand, wurde ein warteschlangenorientierter Lösungsansatz gewählt. Dieser wurde für die Strukturbewertung zu einem einfachen Struktursimulationsmodell erweitert.

In Anlehnung an Lorenz /100/ wurden wegen der unrealistischen Verteilungsformen des Ankunfts und Abfertigungsprozesses nicht die bekannten statistischen Warteschlangemodelle verwendet. Vielmehr wurde das dynamische, arbeitsstundenorientierte Warteschlangensystem /100/ übernommen und den Anforderungen der Strukturplanung angepaßt. Infolge der realitätsnahen Abbildung des Produktionsprozesses und insbesondere der Differenzierung nach den innerhalb einer Periode ankommenden abgefertigten und ankommenden nicht abgefertigten Aufträge erlaubt dies mit Hilfe einfacher Formeln eine hinreichend genaue Abschätzung von kapazitätsbedingten Durchlaufzeiten und den zugehörenden Umlaufbeständen. Überdies sind die Berücksichtigung von unterschiedlichen Arbeitsinhalten der einzelnen Aufträge sowie der Verzicht auf Einschleußstrategien von Bedeutung.

Eine wesentliche Voraussetzung zur Anwendung des Verfahrens war die Modellierung des Kapazitätenteilungsproblems (Bild 4-26). Ein geeigneter Ansatz ergab sich aus der Betrachtung der Übergangsbeziehungen von Funktionsträgern auf der Grundlage von periodenbezogenen Beziehungshäufigkeiten von Funktionen. Diese können aus den Arbeitsplänen und den Periodenbedarfen aus der Teilestammdatei berechnet werden. Im einzelnen wird für jede den verschiedenen Organisationseinheiten zugeordnete Funktion ein Ankunftsprozeß bestimmt. In ähnlicher Weise wird über die organisationseinheitenspezifische Zuteilung der Funktionsträger und deren Kapazitätsangebot das Abfertigungsverhalten bestimmt.

Auf die Abbildung des gesamten produktbezogenen Durchlaufverhaltens wird in diesem Ansatz verzichtet. Vielmehr werden für die unter Kapazitätsgesichtspunkten wichtigsten Funktionen und Funktionträger, d.h. für den Engpaßbereich, die in Abhängigkeit der Struktursituation zu erwartenden Wartezeiten in den einzelnen Organisationseinheiten berechnet. Der Bezug zum Produkt kann dann ähnlich wie bei den Übergangszeiten über die Arbeitspläne erreicht werden.

Trotz der mit diesem Verfahren erreichbaren kurzen Rechenzeiten sind bei größeren Datenmengen Rechenzeitprobleme zu beobachten. Neben der Reduktion auf wichtige Funktionen wurde daher eine

Funktion entwickelt, die aufgrund einer der Strukturierung vorgeschalteten Sensitivitätsanalyse die Wartezeiten mit dem Strukturierungsgrad und der funktionsträgeranzahlgewichteten Auslastungssituation in Verbindung bringt. Diese Funktion wird während der Generierung verwendet.

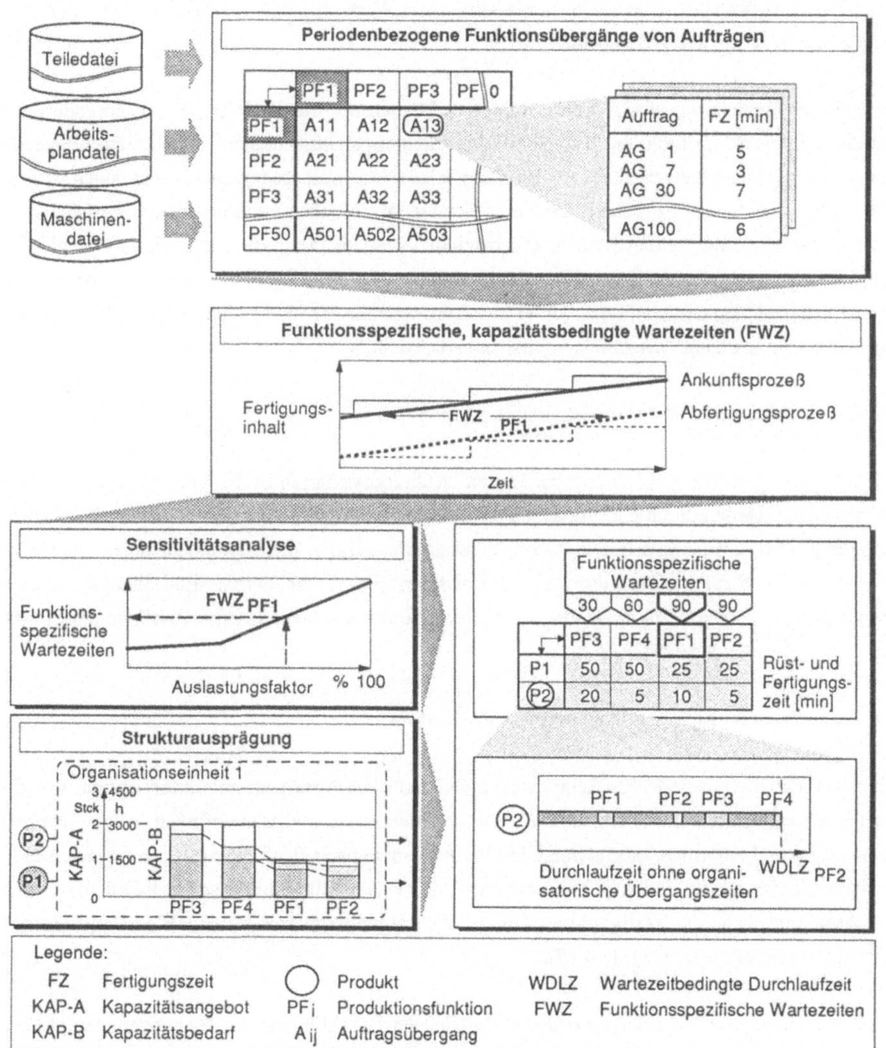

Bild 4-26: Ermittlung von Wartezeiten an unterschiedlichen Funktionsträgern

Der Übergang zur Struktursimulation wird bei der Strukturbewertung vollzogen. Hier werden nicht die periodenbezogenen allgemeinen Funktionsbeziehungen zugrunde gelegt, sondern das produktbezogene Durchlaufverhalten betrachtet. Dazu werden, ausgehend von der Zuteilung der Funktionen zu den Organisationseinheiten, die Abfertigungsprozesse der Vorgänger mit den Ankunftsprozessen verknüpft. Entsprechend der Funktionsfolge werden die Warteschlangen produktbezogen aufgefüllt. Dies erfolgt mit Hilfe der Arbeitspläne.

Trotz dieser Präzisierung des Ankunftsverhaltens können mit diesem Warteschlangenmodell nur Durchschnittswerte für funktionsbezogene Wartezeiten abgeleitet werden. Betrachtet man dagegen das spezifische Durchlaufverhalten aller Produkte, können die Aussagen qualitativ wesentlich verbessert werden. Mit diesem Vorgehen nähert man sich einem einfachen Struktursimulationsmodell, das ausschließlich auf die beiden Parameter kapazitätsbewertete Produktionsanforderung sowie das funktionsspezifizierte Kapazitätsangebot der Funktionsträger zurückgreift. Im Vergleich zu anderen Simulationsmodellen zur Abbildung von Produktionssystemen /97,98/ werden damit nur die strukturrelevanten Parameter und Struktureigenschaften berücksichtigt.

4.4.2 Zeitaufwandsbezogene Strukturkosten

Charakteristisch für die zeitaufwandsbezogenen Strukturkostenarten ist die Verwendung von Planwerten. Diese werden durch eine Analyse der bestehenden Produktionsstruktur, die der Strukturierung vorgeschaltet ist, ermittelt. Die Planwerte resultieren aus den Zeitaufwänden, die auf die Werte des spezifischen Strukturparameters im Ist-Zustand bezogen werden. Durch Multiplikation mit dem Wert des zugehörenden Strukturparameters, der die aktuell betrachtete Struktur beschreibt, errechnen sich die zu erwartenden Kosten.

4.4.2.1 Steuerungs- und Koordinationskosten

Die Anzahl an organisatorischen Schnittstellen und damit die Anzahl an produktbezogenen Verantwortlichen einerseits und die Anzahl an Steuerobjekten andererseits beeinflußen maßgeblich den Steuerungs- und Koordinationsaufwand. Differenziert man nach Bearbeitungs- und Auftragssteuerungsregelkreis (vgl. Kapitel 3.3), so können strukturvariable Arbeitsumfänge für die Planungs- und Durchsetzungsebene der Fertigungssteuerung bei Fertigungssteuerungs- und Werkstattführungspersonal festgestellt werden (Bild 4-27).

Strukturbedingte Zeiteinsparungspotentiale bezüglich der Durchführung von Planungsfunktionen der Fertigungssteuerung resultieren aus der Reduzierung der Anzahl von Steuerobjekten. Dies ist gleichzusetzen mit der strukturabhängigen Anzahl produktbezogener Steuerstellen.

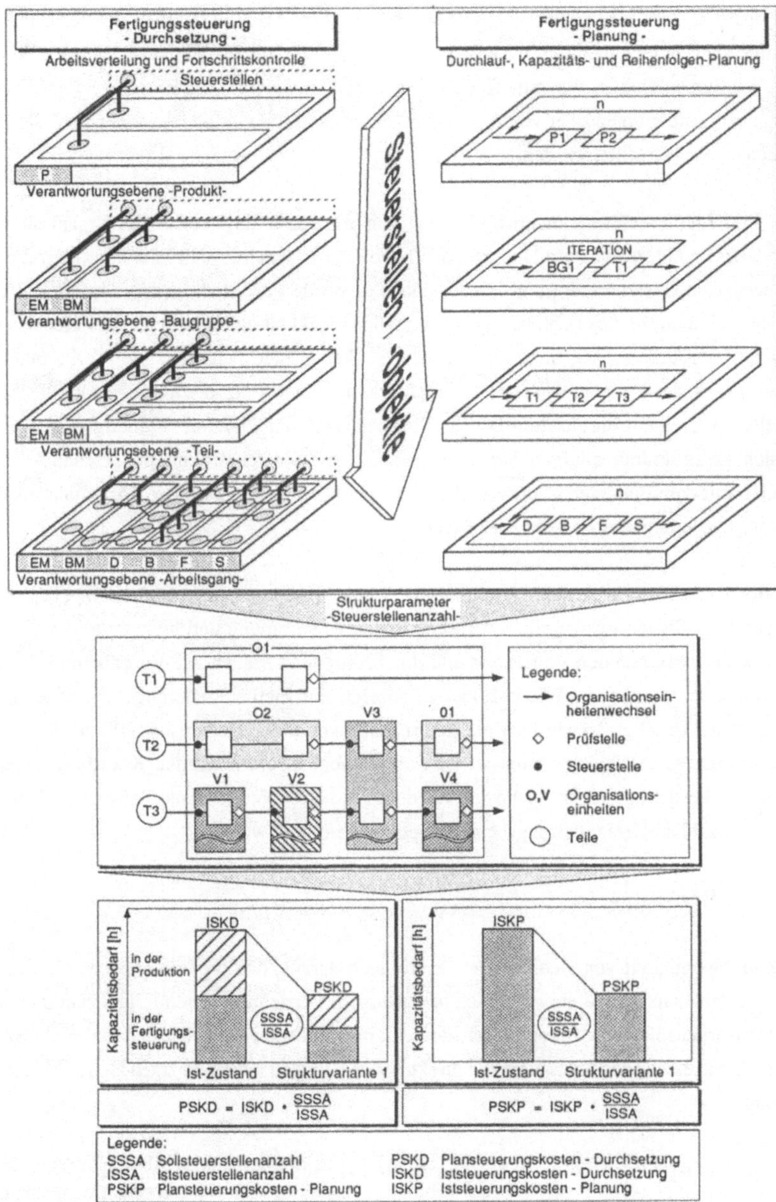

Bild 4-27: Strukturvariable Personalkapazitäten zur Fertigungssteuerung

Während man wie Bild 4-27 zeigt bei verrichtungsorientierten Strukturen jede Funktion handhaben muß, resultiert aus einer zunehmenden Objektorientierung über die Produktstruktur eine Reduktion der Anzahl an Steuerobjekten. Verschärft wird diese Situation dadurch, daß bei notwendigen Iterationen infolge von Änderungen oder von Neuplanungen nicht alle Funktionen, sondern nur die jeweiligen Steuerobjekte betrachtet werden.

Für die Abbildung dieses Zusammenhangs eignen sich prinzipiell die Wechsel der Organisationseinheiten. Da aber im Gegensatz zum Übergangsverhalten der Dispositionsaufwand nur aufgrund einer produktbezogenen Gesamtverantwortlichkeit entsteht, werden die Rückwechsel in einen Verantwortungsbereich nicht berücksichtigt. Die Steuerstellenanzahl ist damit in der Regel kleiner als die Anzahl nicht interner Wechsel. Setzt man für den Ist-Zustand die Zeitaufwände für die planenden Funktionen Durchlauf-, Kapazitäts- und Reihenfolgenplanung in bezug zu den produktbezogenen Schnittstellen und einem durchschnittlichen Wiederholgrad der Planung (Planungs-Planwert), so ergeben sich die strukturabhängigen Aufwände aus dem Produkt der strukturspezifischen Anzahl an Steuerstellen mit dem Planungs-Planwert. Über einen zugeordneten variablen Kostenfaktor können die Fertigungssteuerungskosten berechnet werden.

Koordinationsaufwände für Arbeitsverteilung und Fortschrittskontrolle entstehen dagegen aus der Durchsetzung der Steuerungsvorgaben. Ursache ist die Abstimmung und hier vor allem der Informationsaufwand zwischen den steuernden und durchführenden Stellen zur Vorgabe und Kontrolle der Ausführung der Funktionen. Wie in Bild 4-27 gezeigt, sind hierbei Steuerungsmitarbeiter und das Führungspersonal beteiligt, so daß über die Reduzierung von Steuerstellen sowohl Redundanzen als auch Durchführungsaufwände vermindert werden können. Insofern können Koordinationskosten ähnlich wie die Fertigungssteuerungskosten aus dem Produkt Koordinations-Planwert und strukturspezifischer Anzahl an Verantwortungsbereichswechseln ermittelt werden.

4.4.2.2 Bedienkosten

Die Strukturabhängigkeit von Bedienkosten ergibt sich daraus, daß organisatorische Grenzen den Abgleich der Personalkapazitäten wesentlich beeinflussen. Verrichtungsorientierte Strukturen neigen eher zu einem arbeitsplatzbezogenen Einsatz der Mitarbeiter. Dagegen ist, bedingt durch das Systemdenken, in objektorientierten Strukturen die direkte Zuordnung zu einem einzigen Betriebsmittel eher die Ausnahme.

Über den Bedienfaktor kann die Anbindung an die Betriebsmittelgruppen kapazitiv bewertet werden. Summiert man den funktionsklassenspezifischen Kapazitätsbedarf, korrigiert um den Bedienfaktor für jede Organisationseinheit, so resultiert durch Division mit einer Plananwesenheitszeit und Rundung die erforderliche Personalkapazität (Bild 4-28) pro Organisationseinheit. Durch Multiplikation mit Plan-Personalkosten und Addition über alle Organisationseinheiten errechnen sich die struktur-spezifischen Bedienkosten.

Aufgrund dieser Abbildung schneiden Strukturen bestehend aus Verantwortungsbereichen mit einem differenzierten Produkt- und Funktionsmix sowie gleichmäßig verteilten Kapazitäten besonders gut ab. Dagegen weisen Strukturen mit einer Vielzahl von kleineren und zudem über Maschinengruppen intern spezialisierten Werkstätten hohe Bedienkosten auf.

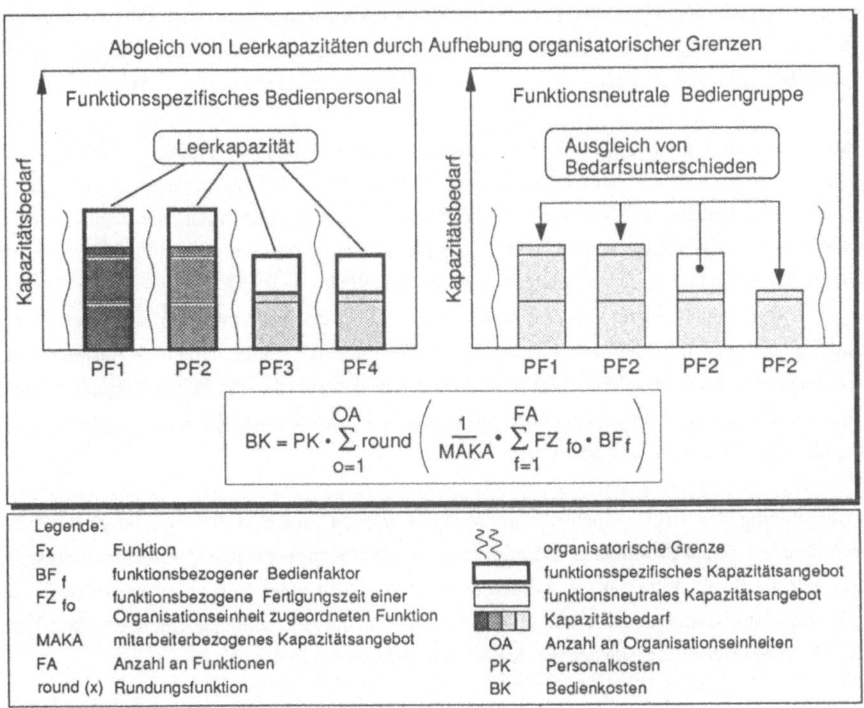

$$BK = PK \cdot \sum_{o=1}^{OA} \text{round}\left(\frac{1}{MAKA} \cdot \sum_{f=1}^{FA} FZ_{fo} \cdot BF_f \right)$$

Bild 4-28: Bedienkosten

4.4.2.3 Qualitätskosten

Neben produktionstechnisch notwendigen Prüfungen sind häufig auch Prüfungen zu beobachten, die ausschließlich einen "Legitimationscharakter" für die ausführenden Verantwortungsbereiche haben. Diese werden ausgeführt, um den zu verantwortenden Funktionsumfang gegenüber den steuernden und kontrollierenden Stellen absichern zu können. Dementsprechend erfolgt diese Prüfung als letzter Arbeitsgang einer innerhalb eines Verantwortungsbereichs auftretenden Arbeitsgangfolge.

Im Gegensatz zu den produktionstechnisch notwendigen Prüfungen kann diese Prüfart mit der Strukturausprägung in Verbindung gesetzt werden. Verrichtungsorientierte Strukturen unterteilen den Arbeitsplan, ordnen alle Funktionen unterschiedlichen Verantwortungsbereichen zu und bedingen somit pro Funktion eine derartige Prüfung (vgl. Bild 4-25). Nachdem durch die Zuordnung Funktion-Organisationseinheit die Anzahl an Verantwortungsbereichsgrenzen sehr einfach zu ermitteln ist, kann zusammen mit einem in Analogie zum Plan-Steuerungsaufwand abgeleiteten Prüf-Planaufwand der strukturspezifische Aufwand berechnet und kostenmäßig quantifiziert werden. Sind die Prüfarbeitsgänge bereits Bestandteil der Arbeitspläne, so ist auch eine direkte Erfassung möglich.

Die Ausschußkosten, die durch die Wertschöpfung ebenfalls einen Aufwandsbezug haben, orientieren sich dagegen an der Komplettbearbeitung. Hier wird von der These ausgegangen, daß ein ganzheitlicher Aufgabenbezug, der sich bei den produktiven Funktionen durch eine möglichst weitgehende Komplettbearbeitung ausdrücken läßt, die Wahrscheinlichkeit von Ausschuß verringert. Ein ganzheitlicher Aufgabenbezug bedeutet gleichzeitig eine objektorientierte Spezialisierung. Er führt dazu, daß Informationsverluste bei der Übertragung von Informationen zwischen mehreren für ein Produkt zuständigen Mitarbeitern vermieden werden. So zeigt sich häufig, daß durch Aufteilung der Bearbeitung auf mehrere Mitarbeiter bestimmte Fehlerinformationen den für die nachfolgenden Funktionen zuständigen Mitarbeiteren nicht übermittelt werden. Die wesentliche Ursache sind die strukturbedingten organisatorischen und personellen Grenzen.

Zur Berechnung der strukturspezifischen Mengen werden zunächst für den Ist-Zustand die Ausschußquoten jedes Produkts in Relation zum produktbezogenen Komplettbearbeitungsgrad gesetzt. Für die Strukturalternativen werden dann, getrennt für jeden Verantwortungsbereich und jedes Produkt, der Komplettbearbeitungsgrad berechnet und die zu erwartende Quote ermittelt. Über die zuordenbaren Herstellungskosten werden Ausschußkosten ermittelt.

4.4.2.4 Fertigungsplanungskosten

Ein indirekter Effekt von objektorientierten Strukturen ist der, daß neben der objektorientierten Spezialisierung eine Erhöhung des Qualifikationsniveaus wahrscheinlich ist. Gleichzeitig wird die Trennung von vorbereitenden und unterstützenden Funktionen zunehmend aufgehoben. Folglich ist zu erwarten, daß sich insbesondere der Aufwand bei der Dokumentation von Planungsunterlagen wie z.B. den Arbeitsplänen reduziert.

In Abhängigkeit des zu erwartenden Qualifikationsniveaus, das sich seinerseits aus der kapazitätsbewerteten Funktionsdichte herleiten läßt, können für unterschiedliche Strukturausprägungen die notwendigen Zeitaufwände und die möglichen Einsparungspotentiale abgeschätzt werden. Dies erfolgt mittels eines strukturabhängigen Faktors für das Qualifikationsniveau, der mit einem Planungs-Planwert multipliziert wird.

4.4.3 Prozeßorganisatorische Struktureigenschaften

Strukturplanungen erfordern ein anderes Flexibilitätsverständnis als Arbeitssystemplanungen. Es muß in erster Linie das Zusammenwirken verschiedener Systeme und nicht die Funktionalität eines einzelnen Systems betrachtet werden. Entgegen den üblicherweise verwendeten Flexibilitätsarten wie Typen- oder Stückzahlflexibilität orientiert sich deshalb der neue Ansatz an der zeitraumbezogenen Reaktionsfähigkeit der Struktur hinsichtlich der Schwankungen der Kapazitätsanforderungen und des Kapazitätsangebots. Während unterschiedliche Kapazitätsanforderungen gleichermaßen aus der Veränderung des Produktmixes, der Absatzmenge oder einer Technologieänderung resultieren können und mittelfristigen Charakter haben, treten Schwankungen des Kapazitätsangebots eher kurzfristig auf. Sie haben ihren Ursprung vorwiegend in Betriebsmittelstörungen. Darüber hinaus wird noch die zeitpunktbezogene Flexibilität bezüglich einer Parallelbearbeitung eingeführt. Diese bewertet die Strukturfähigkeit, verschiedene Produkte gleichzeitig zur Verfügung stellen zu können (Bild 4-29).

Die Kapazitätsbedarfsschwankungen berühren sowohl das Schnittstellenproblem als auch das Kapazitätenteilungsproblem. Durch die zugeordnete Flexibilitätsart soll beschrieben werden, inwieweit sich positive Effekte objektorientierter Strukturierungsansätze zum einen und positive Effekte verrichtungsorientierter Strukturierungsansätze zum anderen gegenseitig beeinflussen. Dazu werden im einzelnen die größeren Kapazitätsreserven infolge kapazitätenteilungsbedingter Erweiterungsinvestitionen, die Variabilität der Funktionsumfänge durch Funktionsintegration, die Komplettbearbeitungsredundanzen sowie die Tendenz steigender Gruppengrößen insbesondere der Vielfältigkeit und der Heterogenität des Kapazitätsbedarfsmixes gegenübergestellt.

Im Gegensatz zu der Kapazitätsreserve sind die Einflüsse von Funktionsredundanzen weniger offensichtlich. Sie resultieren aus der organisationseinheitenübergreifenden Parallelität des technologischen Komplettbearbeitungsprofils der Verantwortungsbereiche untereinander. Neben den direkt zugeordneten Funktionen stehen auch die primär anderen Verantwortungsbereichen zugeordneten Komplettbearbeitungskombinationen zum Ausgleich von internen Kapazitätsschwankungen zur Verfügung.

Die Fertigungsredundanz wird ferner durch eine organisationseinheiteninterne, eher arbeitsorganisatorische Komponente determiniert. Der Ersatz einer funktionsorientierten Spezialisierung durch die ganzheitlichen Funktionsprofile der personellen Funktionsträger ermöglicht variable Funktionsumfänge, d.h. eine variable Kapazitätenteilung zwischen personellen Funktionsträgern.

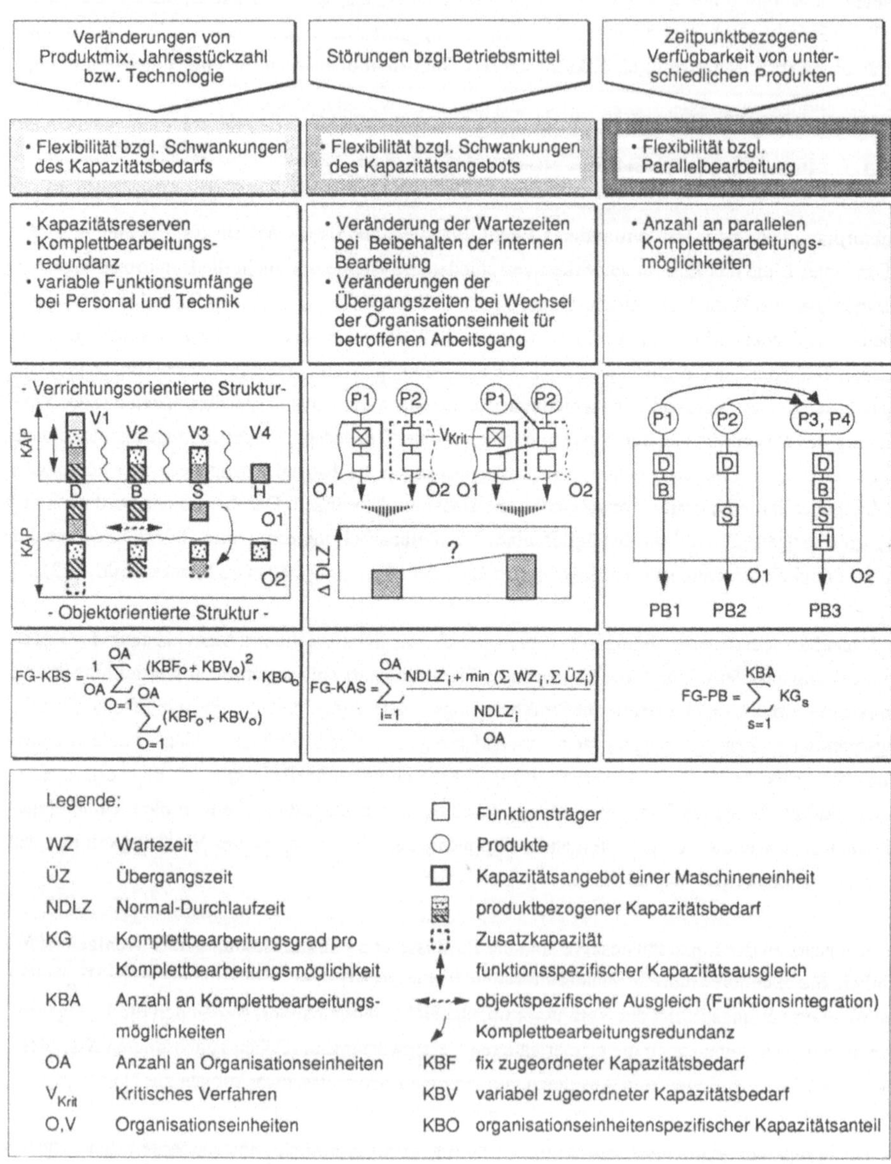

$$FG\text{-}KBS = \frac{1}{OA} \sum_{O=1}^{OA} \frac{(KBF_o + KBV_o)^2}{\sum_{O=1}^{OA}(KBF_o + KBV_o)} \cdot KBO_b$$

$$FG\text{-}KAS = \sum_{i=1}^{OA} \frac{\frac{NDLZ_i + \min(\Sigma\, WZ_i, \Sigma\, ÜZ_i)}{NDLZ_i}}{OA}$$

$$FG\text{-}PB = \sum_{s=1}^{KBA} KG_s$$

Bild 4-29: Flexibilitätsarten zur Strukturbewertung

Auf diese Weise kann auf die Verschiebungen der funktionsbezogenen Kapazitätsbedarfe und somit des Funktionsmixes flexibel reagiert werden. Nespeta hat dies am Beispiel von Inselstrukturen in der Gießerei bestätigt /71/. Die steigende Gruppengröße, die besonders bei sinkender Gesamtbelastung ein limitierender Faktor ist, wirkt hierauf ebenfalls positiv ein. Nicht zuletzt verbessern sich die Voraussetzungen zu verlängerten Nutzungszeiten in Abhängigkeit einer zunehmenden Komplettbearbeitung, Funktionsintegration und Gruppengröße. Nutzungszeitverlängerungen können sich aus Pausenüberbrückungen, Fahren in eine unbediente Schicht und Schichtausweitungen mit vollständiger Besetzung des Verantwortungsbereichs anstatt der üblichen Einzelbesetzung wichtiger Betriebsmittel ergeben.

Variable Funktionsumfänge betreffen, wenn auch indirekt und mittelfristig, ebenso die Betriebsmittel. Durch die Integration unterschiedlicher Fertigungsverfahren in einen Verantwortungsbereich wird maschinenseitig die Funktionsintegration zunehmen. Derartige Maschinenkonzepte reagieren auf Schwankungen der Kapazitätsanforderungen problemlos, können doch genauso wie bei personellen Funktionsträgern die zeitraumbezogen unterschiedlichen kapazitiven Belastungen von Fertigungsverfahren einfacher ausgeglichen werden.

Besteht darüber hinaus die Möglichkeit, die Funktionsumfänge variabel zwischen technischen und personellen Funktionsträgern zu verschieben, wie dies z.B. bei Industrierobotersystemen vielfach der Fall ist, so ergibt sich ein weiterer Ansatz zur Erhöhung der Flexibilitätseigenschaft /118/. So konnte für Produktionsstrukturen mit teilautomatisierten Schweiß- oder Lackiersystemen aufgezeigt werden, daß objektorientierte Organisationseinheiten sehr flexibel sowohl auf periodenbezogene als auch auf kurzfristige Kapazitätsbedarfsschwankungen reagieren können /118/. Dies ist auf die Variabilität der Funktionsumfänge der integrierten Industrieroboter und die damit verbundene variable Kapazitätenteilung zwischen den Organisationseinheiten, zwischen den technischen Funktionsträgern untereinander sowie zwischen technischen und personellen Funktionsträgern zurückzuführen.

Ein negativer Effekt einer Objektorientierung ist die ausgeprägte Abhängigkeit der Organisationseinheiten von den zugeordneten Produkten. Infolge des eingeschränkten Produktmixes schlagen die Stückzahlschwankungen einzelner Produkte besonders dann durch, wenn sich der Stückzahlverlauf bearbeitungsähnlicher Produkte gleicht, d.h. ein Ausgleich über das Funktionsmix nicht gegeben ist. Ähnliches gilt auch für "dominante" Produkte, deren Kapazitätsbedarfsanteil überdurchschnittlich hoch ist.

Die Gegenläufigkeit der beschriebenen Effekte und die Abhängigkeit von spezifischen Ausprägungen vor allem von objektorientierten Strukturen machen eine grundsätzliche Aussage unmöglich. Nach Untersuchung einiger Produktionsstrukturen kann jedoch die These, daß objektorientierte Strukturen wie Fertigungsinseln eine begrenzte Reaktionsfähigkeit bei Kapazitätsbedarfsschwankungen besitzen, nicht aufrecht erhalten werden. Vielmehr scheint eine Umkehrung notwendig, wenn auch die spezifische Strukturausprägung einen entscheidenden Einfluß hat /109/. Dabei ist zu bedenken, daß die vielfach den Werkstätten zugeschriebenen Flexibilitätseigenschaften /124/ in Form von flexiblen, produktneutralen Universalmaschinen nicht vorhanden sind. Vielmehr ist häufig auch in Werkstätten eine Spezialisierung zu beobachten. Zudem wird das Problem von Engpaßmaschinen nicht dadurch umgangen, daß diese Maschinen in Werkstätten stehen /127/. Nicht unwesentlich ist auch, daß eine Flexibilität nur auf Produkt- und nicht auf Funktionsebene besteht, werden doch nicht einzelne Funktionen, sondern die Endprodukte verkauft. Gerade dies setzt aber eine Systemflexibilität voraus, die nur aus dem optimalen Zusammenwirken aller Flexibilitätsfaktoren - also Technik, Organisation und Personal - resultiert.

Für die Berechnung des Flexibilitätsgrads bezüglich Kapazitätsschwankungen wird für jeden Verantwortungsbereich das direkt zugeordnete, kapazitätsbewertete Funktionsspektrum um das indirekt zuordenbare, kapazitätsbewertete Funktionsspektrum ergänzt. Zusätzlich wird eine Normierung auf das direkt zugeordnete, kapazitätsbewertete Funktionsspektrum vorgenommen. Indirekt zuordenbar sind solche Funktionen, deren produktbezogene Funktionskombinationen eine Komplettbearbeitung im spezifischen Funktionsprofil der jeweils betrachteten Organisationseinheiten ermöglichen (vgl. Hyperteil-Ermittlung in Kapitel 4.3.2.1). Über eine zusätzliche Betrachtung des Komplettbearbeitungsgrads ist es möglich, neben den Komplettbearbeitungskombinationen auch Funktionskombinationen einzuschließen, die nur Teilbearbeitungen entsprechen. Da die Teilkomplettbearbeitung aber dem Grundprinzip von objektorientierten Strukturen widerspricht, wird dies nur zur Abschätzung des Potentials bei kurzfristigen Stückzahlverschiebungen benutzt.

Neben dem Kapazitätszuteilungspotential ist in diesen Faktor auch das organisationseinheiteninterne Kapazitätsausgleichspotential subsummiert. Infolge der Betrachtung von "funktionsneutralen" Funktionsträgern und deren Auslastungsgraden - die innerhalb einer Organisationseinheit vorhandenen Betriebsmittel werden unabhängig vom Fertigungsverfahren gleich behandelt - fließen indirekt die Funktionsvielfalt, die Mitarbeiterdichte sowie die Kapazitätsreserven mit ein. Flankierend stehen weitere Faktoren wie die Funktionsklassenvielfalt und die Mitarbeiterdichte zur Verfügung. Diese beschreiben die Verteilungen der Funktionsklassen und der Mitarbeiter auf die verschiedenen Organisationseinheiten.

Das Kapazitätsmix wird durch die Normierung des ebenfalls "funktionsneutralen", produktbezogenen Kapazitätsbedarfs eingebracht. Bei rein verrichtungsorientierten Strukturen ist dies der Kapazitätsbedarf der verschiedenen Produkte für die jeweilige Funktion. Dagegen wird in produktbezogenen Organisationseinheiten der Kapazitätsbedarf der einzelnen Produkte funktionsübergreifend zusammengefaßt.

Durch Addition über alle Verantwortungsbereiche und Normierung auf die Gesamtanzahl an Organisationseinheiten ergibt sich der Flexibilitätsgrad. Wie bereits erwähnt, handelt es sich um einen nicht für sich sprechenden Kennzahlenwert, der nur Relativaussagen anhand spezifischer Strukturausprägungen zuläßt. Somit sind aber Strukturvergleiche, die Einordnung des Ist-Zustands sowie die Diskussion von rein verrichtungsorienten Randwerten in unterschiedlichen Ebenen möglich.

Die Flexibilität bezüglich Schwankungen des Kapazitätsangebots wird über die Varianz der Wartezeiten bei abnehmender Verfügbarkeit ermittelt. Sie betrifft ebenfalls das Kapazitätenteilungsproblem. Es wird von der These ausgegangen, daß bei den normalerweise kurzfristig auftretenden, kurzzeitigen Störungen eine alternative Zuordnung der betroffenen Funktionen in andere Verantwortungsbereiche nicht gegeben ist. Im einzelnen werden für eine mittlere Störzeit pro Periode die Zunahme der Wartezeiten und der entsprechenden Kapitalbindungskosten berechnet. Zur Abgrenzung des angeführten Effekts kann zusätzlich die Veränderung der organisatorischen Übergangszeiten zugrunde gelegt werden. Diejenigen Funktionen, die aufgrund der Störsituation innerhalb der Periode nicht mehr abgefertigt werden, sind in diesem Fall anderen Dezentralen Verantwortungsbereichen zugeordnet. Hierdurch werden zusätzliche Schnittstellen verursacht. Das Minimum von beiden Werten bestimmt, normiert auf die Normaldurchlaufzeit, den Flexibilitätsgrad.

Die Flexibilität bezüglich Parallelbearbeitung ergibt sich aus der Möglichkeit, verschiedenartige Komplettbearbeitungsverfahrenskombinationen gleichzeitig herstellen zu können. Demzufolge ist eine große Affinität zum Kapazitätenteilungsproblem vorhanden. Dies ist allerdings nicht wie bisher diskutiert auf eine einzelne Maschinengruppe bezogen, sondern berücksichtigt die Kapazitätenteilung von den Maschinengruppen-Kombinationen.

Die Berechnung erweist sich als sehr einfach. Es werden die Komplettbearbeitungsgrade aller Verantwortungsbereiche addiert. Desweiteren ist es möglich, zusätzlich die interne Systemteilung der Verantwortungsbereiche einzubringen. Hierzu wird für jede Organisationseinheit überprüft (vgl. Hyperteil-Bestimmung und Engpaßverfahren), inwieweit intern aufgrund der Kapazitätssituation eine Unterteilung in Subsysteme durchführbar ist, denen Komplettbearbeitungsverfahrenskombinationen zugeordnet sind. Diese Subsysteme führen zu einer weiteren Parallelität der Bearbeitung.

Im Gegensatz zu den aufgeführten kennzahlenorientierten Flexibilitätseigenschaften basieren die hiervon abgeleiteten Eigenschaften auf Punktewerten für Erfüllungsfaktoren. Beispielhaft sei die Fertigungssicherheit aufgeführt, die sich über die Vorgabe von Gewichtungsfaktoren aus den drei beschriebenen Flexibilitätsgraden ergibt.

4.4.4 Arbeitsorganisatorische Struktureigenschaften

Der bestimmende Strukturparameter für die arbeitsorganisatorischen Struktureigenschaften ist das innerhalb der Verantwortungsbereiche auftretende kapazitätsbewertete Tätigkeitsmix. Dies entspricht der Funktionsstruktur, die durch die Zuordnung Funktion-Organisationeinheit festgelegt ist. Daneben kommt der Größe der Arbeitsgruppe, der Funktions-Beziehungskomplexität sowie dem Produkt-Komplettbearbeitungsgrad eine größere Bedeutung zu (Bild 4-30).

Aus der Anzahl unterschiedlicher Funktionen innerhalb eines Verantwortungsbereichs werden sowohl die sich aus dem Strukturangebot ergebende potentielle Personaleinsatzflexibilität als auch der Qualifizierungsaufwand abgeleitet. Obwohl sich damit beide Größen auf denselben Sachverhalt beziehen, ist in diesem Fall eine gleichzeitige Verwendung sinnvoll. Die Größen beschreiben nämlich einerseits eine Aufwandskomponente, andererseits eine Ertragskomponente. Mit zunehmendem Funktionsumfang pro Verantwortungsbereich ergibt sich ein zunehmender Qualifizierungsaufwand. Demgegenüber ist eine Steigerung der Personaleinsatzflexibilität zu erwarten.

Die Quantifizierung stellt sich unter diesen Annahmen einfach dar. Pro Verantwortungsbereich wird durch Multiplikation der Anzahl Mitarbeiter mit der Anzahl Funktionklassen der mitarbeiterbezogene Funktionsklassenumfang berechnet und auf die Mitarbeitergesamtzahl normiert. Durch Vergleich mit dem Istzustand und Verwendung von Planqualifizierungskosten pro Mitarbeiter-Funktionsklasse können die zusätzlichen Qualifizierungsaufwände ermittelt und die Unterschiede bei der Personaleinsatzflexibilität aufgezeigt werden. Hierbei besteht die Möglichkeit, nach Funktionsklassen zu differenzieren und zudem durch Beschränkung des Funktionsumfangs pro Mitarbeiter die intendierte organisationsinterne Arbeitsorganisation als Variable der Produktionsstruktur einzubringen. Ferner kann durch Zuordnung des vorhandenen Personals zu den Funktionsklassen im Rahmen einer vorgeschalteten Personalanalyse neben der als maximal anzusetzenden Qualifizierungsnotwendigkeit eine Abschätzung des wahrscheinlichen Qualifizierungsaufwands vorgenommen werden.

Für die Abschätzung der strukturbedingten Möglichkeiten zum Belastungswechsel und zur Arbeitserweiterung werden die kapazitätsbewerteten, direkt produktiven Funktionen verwendet. Durch Gewichtung der Funktionsklassen pro Verantwortungsbereich über den Kapazitätsbedarf wird die jahresbezogene Wahrscheinlichkeit des Auftretens der verschiedenen Funktionsklassen berechnet. Sie wird mit einer Personalzuteilungswahrscheinlichkeit verknüpft, die sich aus der Anzahl und der Plananwesenheit der Mitarbeiter des Verantwortungsbereichs ergibt. Ebenso wie bei allen anderen Kriterien wird über alle Verantwortungsbereiche der eigentliche Wert für die spezifische Struktur bestimmt. Der Wert schwankt zwischen "1" für rein verrichtungsorientierte Strukturen und der Gesamtanzahl von Funktionsklassen für objektbezogene Strukturformen.

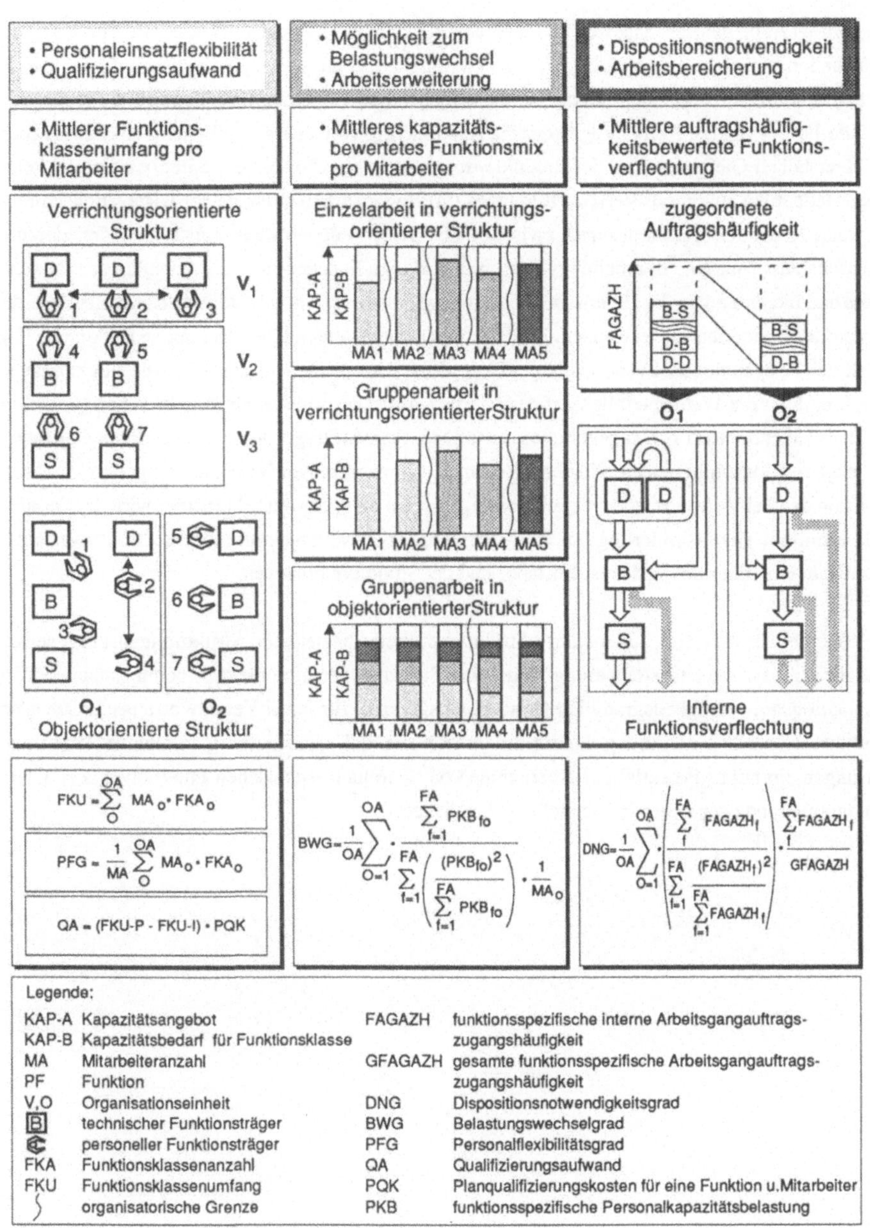

Bild 4-30: Wesentliche arbeitsorganisatorische Struktureigenschaften

Die auftragszuflußhäufigkeitsbewertete Funktions-Beziehungskomplexität dient zur Beschreibung der organisationseinheiteninternen Dispositionsnotwendigkeit. Analysiert man objektorientierte Produktionsstrukturen, so zeigt sich, daß der organisationseinheiteninternen Disposition der Funktionen, z.B. die Festlegung der Reihenfolge oder die Abstimmung von unterschiedlichen Funktionsträgern, bei einer hohen Gleichartigkeit der Produkte trotz einer weitgehenden Komplettbearbeitung keine große Bedeutung zukommt. Verschärft gilt dies für Werkstattstrukturen, da der Dispositionsumfang aufgrund fehlender Verknüpfungen zwischen den verschiedenen Funktionsträgern der gleichen Funktionsklasse nur eine Bearbeitungsstufe umfaßt. Es macht daher Sinn, die Spezifika des Produktmixes und hier vor allem die Unterschiedlichkeit hinsichtlich der Anzahl und Art der Arbeitsgänge der zugeordneten Produkte zu verwenden. Beide Komponenten werden in Anlehnung an Burkhardt /124/ durch den Dispositionsnotwendigkeitsgrad abgedeckt, der die organisationsinterne Funktionsverknüpfung über die Wahrscheinlichkeit des internen Auftragszuflusses für jede Funktion, gewichtet mit dem zugehörenden Auftragsvolumen, ausdrückt. Das Auftragsvolumen wird durch den Bezug des organisationseinheitenspezifischen Volumens zum gesamten Volumen eingebracht. Durch Addition der Teilwerte für jeden Verantwortungsbereich einer Strukturalternative wird der Gesamtwert ermittelt. Die Normierung auf rein verrichtungs- bzw. objektorientierte Strukturvarianten ermöglicht eine Einordnung des Ist-Zustands und der Strukturalternativen.

Als Beispiel für eine sich auf mehrere Strukturparameter beziehende Struktureigenschaft sei die "Möglichkeit zur Arbeitsbereicherung" angeführt. Sie bringt den Komplettbearbeitungsgrad und den Dispositionsnotwendigkeitsgrad über Gewichtungsfaktoren für jeden Verantwortungsbereich einer Strukturvariante in Verbindung. Hierin drückt sich aus, daß ganzheitliche, komplexe Arbeitsausführungen ein hohes Potential zur Übernahme von indirekten technischen Funktionen, z.B. CNC-Programmierung oder Arbeitsplanerstellung, beinhalten.

5   Anwendungserfahrungen

Die im Rahmen dieser Arbeit entwickelten Methoden zur Planung von strukturkostenoptimierten Produktionsstrukturen mit Dezentralen Verantwortungsbereichen wurden in mehreren industriellen Praxisbeispielen einzeln oder in Kombination eingesetzt. Hierbei sollte vor allem untersucht werden,

- o ob eine Strukturierung der gesamten Produktion in Mischstrukturen realisierbar ist,

- o ob das Instrumentarium den erwarteten Beitrag zur Planung von Dezentralen Verantwortungsbereichen mit unterschiedlichen Produktionsstrategien leistet,

- o ob Strukturveränderungen und damit der zugrunde gelegte Zusammenhang zwischen Strukturausprägung und Strukturkosten die betriebliche Kostensituation maßgeblich beeinflussen und

- o welchen Stellenwert Strukturen von Dezentralen Verantwortungsbereichen mit unterschiedlichen Produktionsstrategien im Vergleich zu anderen Organisationsformen wie z.B. zum Werkstättenprinzip oder zu "gruppentechnologischen" Fertigungsinseln besitzen.

Im folgenden sollen die diesbezüglich gewonnenen Erkenntnisse anhand eines Demonstrationsbeispiels dargestellt werden, bei dem durchgängig alle aufgeführten Fragestellungen behandelt wurden. In einem weiteren Abschnitt wird dies durch Ausführungen zum Leistungsverhalten der entwickelten Methoden ergänzt. Hier steht vor allem die Anwendungsfreundlichkeit im Vordergrund. Zudem wird ein Vergleich mit gruppentechnologischen Ansätzen durchgeführt.

5.1   Demonstrationsbeispiel

Das Demonstrationsbeispiel umfaßt die Strukturierungssituation in zwei räumlich getrennten Produktionsbereichen eines Unternehmens des Maschinen- und Anlagenbaus. Die beiden Bereiche stehen zueinander in einem Lieferanten- bzw. Abnehmerverhältnis. Während im ersten Bereich die Hauptbestandteile gefertigt und das Produkt montiert wird, liefert der zweite Bereich die zur Komplettierung des Produkts notwendige Baugruppe "Getriebe".

Gefertigt werden Produkte der Rührtechnik mit einer Jahresstückzahl von 2000 Einheiten, die durch eine modulare Baugruppenstruktur und eine mittlere Strukturkomplexität zu charakterisieren sind. Infolge des starken Kundenbezugs ist das Endprodukt überwiegend kundenspezifisch aufgebaut.

Davon sind die beiden Produktionsbereiche, die Baugruppenebene wie auch die Einzelteilebene betroffen, so daß die maximale Losgröße bei 50 Einheiten liegt.

In beiden Produktionsbereichen dominiert das Werkstättenprinzip. Zur Herstellung der insgesamt ca. 10000 "lebenden" Einzelteile, die mit durchschnittlich 10 Arbeitsgängen und einer Bearbeitungskapazität von 5 Stunden pro Teil als komplex zu bezeichnen sind, werden ca. 140 Maschinen unterschiedlichen Automatisierungsgrads benötigt. Diese können ca. 20 verschiedenen Hauptverrichtungen zugeordnet werden. Es besteht ein Kapazitätsbedarf für die Bearbeitung von ca. 250 000 Stunden/Jahr.

5.1.1   Primärstrukturierung

Wie durch eine Problemanalyse gezeigt werden konnte, resultieren an die neue Produktionsstruktur besonders hohe Anforderungen hinsichtlich des Durchlaufzeitverhaltens und der Lieferbereitschaft. Aus arbeitsorganisatorischer Sicht bestand die Notwendigkeit, ganzheitliche Arbeitsinhalte mit einer möglichst weitgehenden Autonomie der neu zu gestaltenden Verantwortungsbereiche zu kombinieren, ohne Gruppengrößen von maximal 15 Mitarbeitern zu übersteigen. Gleichzeitig ergab eine Bewertung und ein Vergleich des Ist-Zustands mit einer rein objektorientierten Strukturalternative, daß bei den Bestandsbindungskosten ein erhebliches Strukturierungspotential vorhanden ist und positive Effekte hinsichtlich der Kostensituation zu erwarten sind. Infolgedessen wurden in Verbindung mit dem Strukturmodell die schnittstellenreduzierenden Strukturierungsansätze auf der Endproduktebene vorgeschlagen, die in einem ersten Schritt analysiert wurden.

5.1.1.1   Maschinenstrukturierung

Zur Vorbereitung dieser Analysen wurden zunächst die Maschinen unter Verwendung der Merkmale Fertigungsverfahren, Größenbereich, Automatisierungsgrad und Qualitätsbereich nachklassifiziert. Mit diesen Merkmalen wurden in drei Ebenen Maschinengruppen definiert. Während auf der oberen Ebene nur die beiden Merkmale Fertigungsverfahren und Automatisierungsgrad, d.h. ein dreistelliger Schlüssel benutzt wurden, ergaben sich in Ebene 2 durch zusätzliche Berücksichtigung des Größenbereichs ein vierstelliger Schlüssel und in Ebene 3 durch Betrachtung aller Merkmale ein fünfstelliger Schlüssel. Die beschriebene Reihenfolge entspricht auch dem Rang der Schlüsselmerkmale. Die Identifikation der Einzelmaschine erfolgt über eine fortlaufende Identnummer (Bild 5-1).

Eine Beziehungsanalyse ergab, daß beim CNC-Drehen und bei den CNC-Fräsmaschinen im ersten Produktionsbereich sowie beim Stoßen, Räumen, Honen und Außenrundschleifen im zweiten Produktionsbereich erhebliche kapazitätsbedingte Kapazitätenteilungsprobleme zu erwarten waren. Diese Situation konnte aber durch zwei Maßnahmen teilweise entschärft werden.

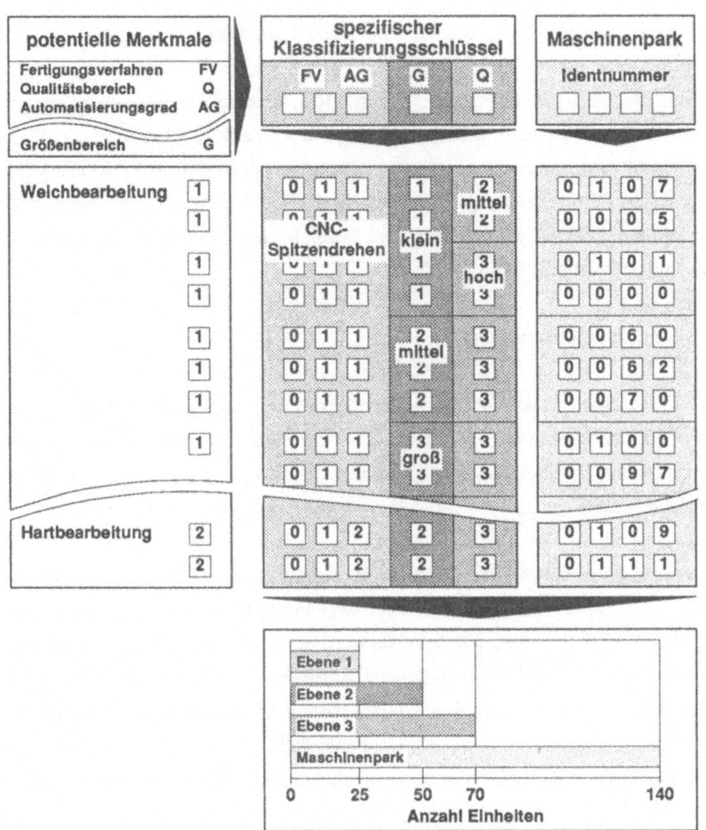

Bild 5-1: Maschinenstrukturierung

Zum einen konnte gezeigt werden, daß die Anschaffung einer zweiten Räummaschine unter wirtschaftlichen Gesichtspunkten möglich ist. Dem zusätzlichen Investitionsaufwand standen Einsparungspotentiale beim Produktionsumlaufbestand infolge reduzierter Warte- und Liegezeiten und beim Steuerungsaufwand in annähernd gleicher Größenordnung gegenüber. Zum anderen konnte, nachdem jeweils für die Bereiche CNC-Drehen-Mittel, CNC-Fräsen-Mittel, Konventionell-Drehen-Groß und Konventionell-Bohren-Groß die Nachklassifizierung auf Bearbeitungsmakros verfeinert und eine vierte Ebene gebildet wurde, eine Maschinenkonzeption mit integrierter Bearbeitung einbezogen werden. Für beide Produktionsbereiche standen unabhängig von der aktuellen Strukturierungssituation Ersatzinvestitionen an, so daß im weiteren Verlauf nur die über den ursprünglichen Investitionsrahmen hinausgehenden Investitionen als strukturierungsspezifisch angesetzt wurden.

Für das Honen ebenso wie für das Härten und mit einigen Abstrichen auch für das Außenrundschleifen resultierten keine Ansatzpunkte. Beim Härten waren allerdings weniger kapazitive, als vielmehr technologische Ursachen ausschlaggebend. So scheitert die Dezentralisierung und räumliche Aufteilung des Härtebereichs auch bei Anschaffung neuerer Technologien aufgrund der auftretenden Emissionen. Dies hat dazu veranlaßt, im zweiten Produktionsbereich hinsichtlich des Merkmals Fertigungsverfahren eine Differenzierung nach Hart- und Weichbearbeitung durchzuführen, d.h. eine Ebene 0 einzuführen. Damit konnten in diesem Bereich zwei Produktionsabschnitte (Fertigungsphasen) unterschieden werden.

5.1.1.2 Produktstrukturierung

Mit diesen Vorleistungen wurden auf der Endproduktebene zunächst die Kriterien Typ, Stückzahl, Abnehmer sowie Qualitätsstandard diskutiert. Es zeigte sich aber sehr schnell, daß an der starken produktionstechnischen Verflechtung der abgeleiteten Produktgruppen eine Ausgrenzung bestimmter Produktgruppen scheitert.

In einem zweiten Ansatz wurden daraufhin die Merkmale Größe und Stückzahl miteinander kombiniert. Anhand des Kapazitätstableaus und der Ergebnisse einer Strukturbewertung konnte eine Produktgruppe gefunden werden, die sehr sinnvoll als Dezentraler Verantwortungsbereich zu organisieren ist und weitgehend die bestehenden Anforderungen erfüllt. Es handelt sich dabei um kleine, einfache Produkte in größeren Stückzahlen (Bild 5-2). Der wesentliche Effekt bezüglich der Produktionsentflechtung ergab sich aus dem Umstand, daß diese Produktgruppe keine Getriebe und somit keine Ressourcen im zweiten Produktionsbereich benötigt. Zudem ist wegen der Produktgröße eine Spezialisierung bei den Maschinen vorgegeben.

Wegen des spezifischen Zielsystems bestimmte in einem weiteren Schritt der hierarchischen Produktstrukturierung konsequenterweise die Produktstruktur die Produktgruppenbildung. Hier stellten sich keine größeren Kapazitätenteilungsprobleme ein, so daß prinzipiell baugruppenorientierte Dezentrale Verantwortungsbereiche festgelegt wurden (Bild 5-2). Allerdings waren die Struktureigenschaften, wie durch eine Ankopplung des Moduls Strukturbewertung festgestellt werden konnte, teilweise unbefriedigend. Betroffen waren davon vor allem arbeitsorganisatorische Merkmale und hier vor allem die Größe der Gruppe. Aus diesen Gründen wurde eine weitere Unterteilung anhand der produktbezogenen Kriterien Stückzahl, Ausgangsmaterial und Teileart vorgenommen.

Im zweiten Produktionsbereich konnte zunächst mit Hilfe produktbezogener Kriterien eine Unterteilung nach prismatischen und rotationssymmetrischen Teilen durchgeführt werden. Die weitere Strukturierung der rotationssymmetrischen Teile erfolgte dagegen unter produktionstechnischen Gesichtspunkten mit Hilfe einer dynamischen Klassifizierung nach wichtigen Fertigungsverfahren. Die abge-

leiteten Produktkerne mit Komplettbearbeitungsverfahrenskombinationen bildeten die Ausgangssituation der anschließenden Sekundärstrukturierung.

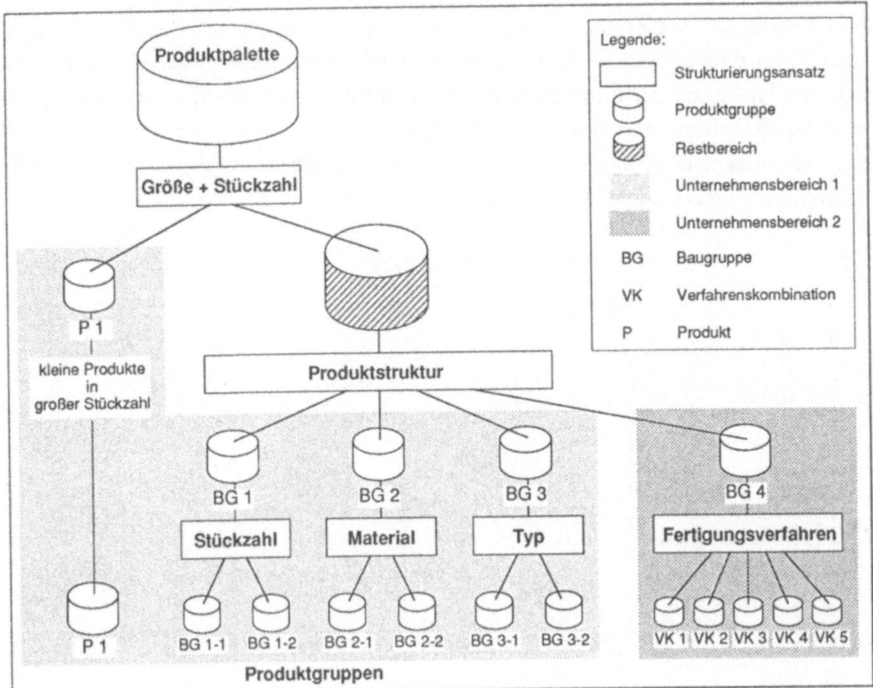

Bild 5-2: Produktstrukturierung

5.1.2   Sekundärstrukturierung

Durch die Bildung der Produktkerne mit Komplettbearbeitungsverfahrenskombinationen konnte der
Lösungsraum auf ca. 100 Produktgruppen eingeengt werden. Davon repräsentieren 60 Hyperteile, so
daß der Lösungsraum zu Beginn der Produktionsstrukturierung sehr beschränkt werden konnte.

Mit Hilfe des Engpaßverfahrens und der Zielfunktion "minimale Strukturkosten und Durchlaufzeiten
bei Vorgabe einer maximalen Gruppengröße" konnten Produktgruppen, die eine "hochwertige" Zahn-
bearbeitung beanspruchen, ausgegrenzt werden. Dies entspricht Produktgruppen, deren Komplett-

bearbeitungsverfahrenskombinationen das Zahnflankenschleifen sowie das Honen aufweisen und gleichzeitig nicht geräumt werden.

Mit dem Fusionsverfahren, das auf die restlichen Produktgruppen zurückgriff und ebenfalls die Zielfunktion benutzte, wurde der hierarchische Ansatz verlassen. Hier ergaben sich weitere Produktgruppen und Organisationseinheiten. Infolge der produktionstechnischen Restriktionen waren die Ergebnisse jedoch immer noch nicht zufriedenstellend. Daher wurde mit Ausnahme der Produktgruppe "hochwertige Zahnräder" eine Unterteilung der Fertigung in die Fertigungsabschnitte Hart- und Weichbearbeitung durchgeführt (Bild 5-3). Die Ergebnisse der nochmaligen Anwendung des Fusionsverfahren wurden manuell überarbeitet.

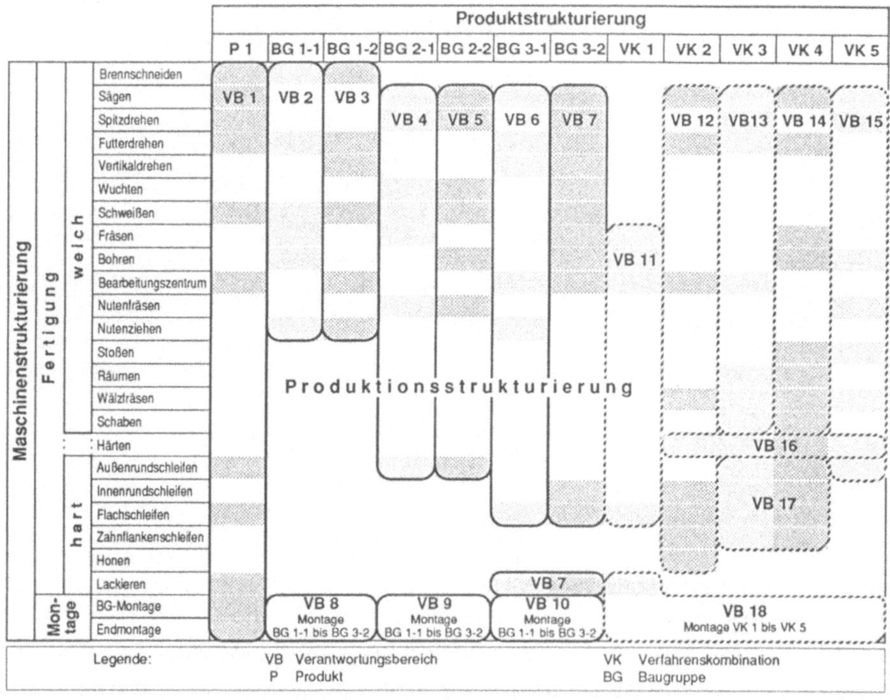

Bild 5-3: Produktionsstrukturierung

In der Optimierungsphase wurde die Produktzuordnung weitgehend bestätigt. Zudem zeigte sich, daß ca. 60% der Produkte mehreren Dezentralen Verantwortungsbereichen zugeordnet werden können. Bei der Organisationsgliederung erwies es sich als sinnvoll, die gebildeten Dezentralen Verantwortungsbereiche in der nächsthöheren Hierarchiebene entsprechend der Baugruppenzugehörigkeit zusammenzufassen und einem Produktverantwortlichen im Sinne eines Auftragsabwicklungszentrums zu unterstellen. Aus diesem Grund konnten die informationstechnischen Schnittstellen weiter reduziert werden.

Infolge der weitgehenden Baugruppenorientierung konnte auch für den Bereich der Montage eine schnittstellenoptimale Lösung gefunden werden. Die Montagen sind in beiden Produktionsbereichen auftragsorientiert aufgebaut. Dies bedeutet, daß jeweils ein kompletter Auftrag, d.h. ein Kundenauftrag im einen und ein Baugruppenfertigungsauftrag im anderen Bereich, einem Montageverantwortungsbereich zugeordnet ist. Dieser übernimmt die gesamte unternehmensinterne Koordination mit den vorgelagerten Fertigungsstufen und die Disposition der Zukaufteile.

5.1.3 Strukturalternativenbewertung und -auswahl

Dem Anspruch Denken in Alternativen wurde durch die zielorientierte Entwicklung unterschiedlicher, extremer Lösungen bei allen Strukturierungsteilaufgaben Rechnung getragen. Da der Erkenntniszuwachs bei Diskussion aller Entscheidungsknoten zur Ausgrenzung wenig vielversprechender Ansätze nicht groß ist, soll diese Strategie exemplarisch am Endergebnis des Strukturierungsprozesses, d.h. an den Produktionsstrukturalternativen aufgezeigt werden.

Dazu werden die vorgestellte Strukturvariante, die beiden Extremlösungen einer rein verrichtungsorientierten Strukturierung (Hauptverfahrensebene) und einer objektorientierten Strukturierung (Endproduktebene) sowie der Ist-Zustand miteinander verglichen (Bild 5-4). Zudem wurde eine Strukturalternative mit Dezentralen Verantwortungsbereichen auf Einzelteilebene aufgenommen, um Unterschiede zu gruppentechnologischen Ansätzen aufzeigen zu können. Die Grundlage ist das vorgegebene Zielsystem. Dieses wurde zur Darstellung der wesentlichen Unterschiede um weitere quantifizierbare, nicht monetäre und quantifizierbare, monetäre Struktureigenschaften ergänzt.

Es zeigte sich, daß das Strukturkostenpotential bei den Bestandsbindungs- und Vorbereitungskosten sehr hoch ist. Hierin äußert sich vor allem das Umlaufvermögen, das in vielen Fällen das Anlagevermögen übersteigt. Zudem wirken sich auch die Koordinationaufwände aus, die sich hinter den Kosten für indirekt produktives Personal verbergen und die u.a. das Verhältnis zwischen direkt bzw. indirekt produktivem Personal negativ beeinflussen.

Der Übergang von einer arbeitsgangorientierten Ähnlichkeit, die bei einer Werkstattfertigung auftritt, zu einer Arbeitsplanähnlichkeit, der gruppentechnologische Ansätze zugrunde gelegt sind, erschließt Strukturierungspotentiale nur bedingt. Gleichzeitig besteht per se die Tendenz zu einer begrenzten Produktvielfalt innerhalb einer Organisationseinheit. Hieraus resultieren aus arbeitsorganisatorischer

Sicht gleichartige Anforderungen sowie unter einer prozeßorganisatorischen Betrachtungsweise eingeschränkte Möglichkeiten der Prozeßabstimmung, wie z.B. durch das Mix von Kurz- und Langläufern.

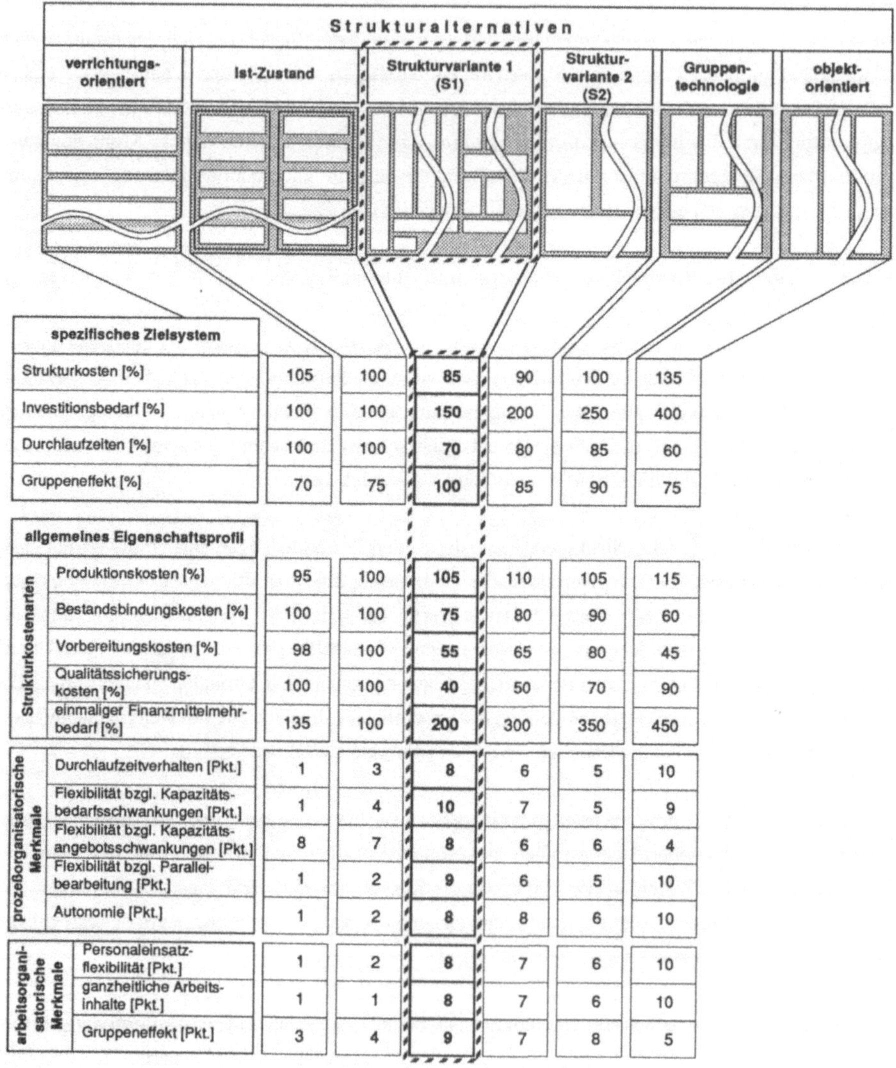

spezifisches Zielsystem	verrichtungs-orientiert	Ist-Zustand	Strukturvariante 1 (S1)	Struktur-variante 2 (S2)	Gruppen-technologie	objekt-orientiert
Strukturkosten [%]	105	100	85	90	100	135
Investitionsbedarf [%]	100	100	150	200	250	400
Durchlaufzeiten [%]	100	100	70	80	85	60
Gruppeneffekt [%]	70	75	100	85	90	75

allgemeines Eigenschaftsprofil		verrichtungs-orientiert	Ist-Zustand	Strukturvariante 1 (S1)	Struktur-variante 2 (S2)	Gruppen-technologie	objekt-orientiert
Strukturkostenarten	Produktionskosten [%]	95	100	105	110	105	115
	Bestandsbindungskosten [%]	100	100	75	80	90	60
	Vorbereitungskosten [%]	98	100	55	65	80	45
	Qualitätssicherungskosten [%]	100	100	40	50	70	90
	einmaliger Finanzmittelmehrbedarf [%]	135	100	200	300	350	450
prozeßorganisatorische Merkmale	Durchlaufzeitverhalten [Pkt.]	1	3	8	6	5	10
	Flexibilität bzgl. Kapazitätsbedarfsschwankungen [Pkt.]	1	4	10	7	5	9
	Flexibilität bzgl. Kapazitätsangebotsschwankungen [Pkt.]	8	7	8	6	6	4
	Flexibilität bzgl. Parallelbearbeitung [Pkt.]	1	2	9	6	5	10
	Autonomie [Pkt.]	1	2	8	8	6	10
arbeitsorganisatorische Merkmale	Personaleinsatzflexibilität [Pkt.]	1	2	8	7	6	10
	ganzheitliche Arbeitsinhalte [Pkt.]	1	1	8	7	6	10
	Gruppeneffekt [Pkt.]	3	4	9	7	8	5

Bild 5-4: Einordnung der Strukturlösung

Die Folgen der Kapazitätenteilung in Form von größeren kapazitätsbedingten Wartezeiten sind in praxisrelevanten Fallbeispielen nicht so schwerwiegend, wie aufgrund von theoretischen Ansätzen zu erwarten wäre. Dies ist darauf zurückzuführen, daß entgegen den dort getroffenen Annahmen nicht alle Maschinen einer Werkstatt untereinander austauschbar, sondern vielfach dezidiert Produkten zugeordnet sind.

Nachdem durch die Strukturbewertung die Eignung der vorgestellten Strukturalternative für die bestehenden Anforderungen bestätigt werden konnte, wurden abschließend aufgrund der Neuzuordnung von Produktionsfunktionen zu Maschineneinheiten neue Arbeitspläne erzeugt. Durch die Komplettbearbeitungsverfahrenskombinationen wurde berücksichtigt, daß infolge der Komplettbearbeitungsparallelität über die Hälfte aller Produkte neben dem "Stammverantwortungsbereich" bedarfsweise mindestens einem weiteren Verantwortungsbereich zugeordnet werden könnte. Dies erlaubt, Kapazitätsverschiebungen kurzfristigen Charakters im Rahmen von Fertigungssteuerungsmaßnahmen begegnen zu können. Mit der Ausgabe der neuen Arbeitspläne sowie der Ausgabe der erweiterten Maschinenlisten und der neuen Kostenstellenlisten war die Strukturplanung beendet.

5.2 Einordnung der entwickelten Methoden

Zur Bestätigung der Hypothesen, die der Entwicklung der behandelten Methoden zugrunde gelegt worden sind, wurden mehrere Stukturplanungen für reale betriebliche Planungssituationen durchgeführt. Durch Varianz der Komplexität der Strukturierungsanforderungen und der Strukturierungsansätze konnte eine große Bandbreite möglicher Strukturierungssituationen abgedeckt werden. Die Teileanzahl reichte von ca. 500 Teilen bis zu 20 000 Teilen, die sowohl nach produktstruktur- als auch produktionsorientierten Ansätzen strukturiert wurden.

5.2.1 Speicherplatzbedarf

Die Erwartungen, daß auf der Zielhardware PC die Beherrschung der Massendaten, die bei Strukturplanungen zu verarbeiten sind, möglich ist, konnten durchweg bestätigt werden. Auch bei den größten Komplexitätsgraden traten keine Speicherplatzprobleme auf, belegte doch in diesem Fall das Strukturierungsszenario insgesamt nur ca. 40 MB. Davon sind ca. 20 MB den Ausgangsdaten zuzurechnen. Den größten Umfang hatte die Arbeitsgangdatei mit etwa 10 MB, während die Daten-Teiledatei 2 MB und jeder teilebezogene Index etwa 1 MB beanspruchten.

Ähnliche Situationen traten auch bei produktstrukturorientierten Planungsansätzen auf. Die implizite Stücklistenauflösung durch die im Anhang 8.1 aufgeführten Relationendateien benötigte bei einer mittleren Stücklistenkomplexität und ca. 10 000 Teilen ungefähr 10 MB Speicherplatz.

Dieser vergleichsweise geringe Dateiumfang ist vor allem darauf zurückzuführen, daß nicht alle in den betrieblichen Dateien enthaltenen Informationen übernommen werden. Zusätzlich bewirkt die Umsetzung des ASCII-Formats in das Datenbankformat eine drastische Reduktion des Umfangs. So belegte beispielsweise die ASCII-Ausgangsdatei der Arbeitspläne von etwa 10 000 Teilen ungefähr 22 MB. Dem gegenüber stehen die bereits erwähnten 10 MB innerhalb des Systems. Hierbei spielt eine große Rolle, daß die Arbeitsgangdatei außerhalb des relationalen Datenbankkonzeptes als reine C-Datei gehalten wird. Diese ist über einen direkten Teile- oder Maschinenbezug mit der Teile- bzw. der Maschinendatei verknüpft und enthält auch intern direkte Satzbezüge.

5.2.2 Rechenzeiten

Bei den Rechenzeiten wurden ebenfalls positive Erfahrungen gesammelt. Zu berücksichtigen ist, daß die Planung von Produktionsstrukturen mit Dezentralen Verantwortungsbereichen eine Aufgabe der strategischen Unternehmensplanung ist und demzufolge kein online-Prozeß notwendig ist.

Unterteilt man den Strukturierungsprozeß unter dem Gesichtspunkt "zu verarbeitende Datenmenge" in drei Abschnitte unterschiedlicher Komplexität, so können die einzelnen Methodenbausteine diesen Bereichen zugeordnet und Aussagen zum Rechenzeitverhalten gemacht werden (Bild 5-5). Es muß dabei beachtet werden, daß entsprechend der in Kapitel 3.1 vorgestellten Informationsaggregation bestimmte Module in mehreren Aggregationsebenen zum Einsatz kommen können. Als Beispiel sei die Produktgruppenbildung oder die Produktionsstrukturierung aufgeführt.

Die größte Zeit beansprucht die Initialisierung. Hierin drückt sich die grundsätzliche Überlegung aus, durch eine komfortable Initialisierung die nachfolgenden Vorgänge zu beschleunigen. Unter den angeführten Prämissen ist dies auch für die Bearbeitung der Massendaten der untersten Ebene gelungen, wie die Rechenzeiten von 20 Minuten für eine Produktgruppenbildung auf den Basisdaten oder von 50 Minuten für eine Bewertung belegen. Noch deutlicher zeigt sich dies, wenn man den Bereich mittlerer Komplexität betrachtet. So liegen die Zeiten für die Produktgruppenbildung unter Verwendung der synthetischen Arbeitspläne oder für die Durchführung von Sensitivitätsanalysen zur Strukturbewertung beim Vorliegen der Struktur im Bereich von 5 Minuten. Hier ist auch das Fusionsverfahren einzuordnen, das bei einer mittleren Komplexität etwa 30 Minuten benötigt.

Im dritten Bereich sind teilweise online-Verhältnisse zu erreichen. Dies ist umso wichtiger, als hier die interaktive Strukturgenerierung einzuordnen ist; große Antwortzeiten erscheinen dann nicht sinnvoll. Aufgeführt sei die Produktionsstrukturierung mit dem Kapazitätstableau, bei der die Generierung und Bewertung alternativer Zuordnungen von Produktgruppen oder Maschinen jeweils nur wenige Sekunden beansprucht. Das Fusionsverfahren braucht in diesem Bereich etwa 5 Minuten.

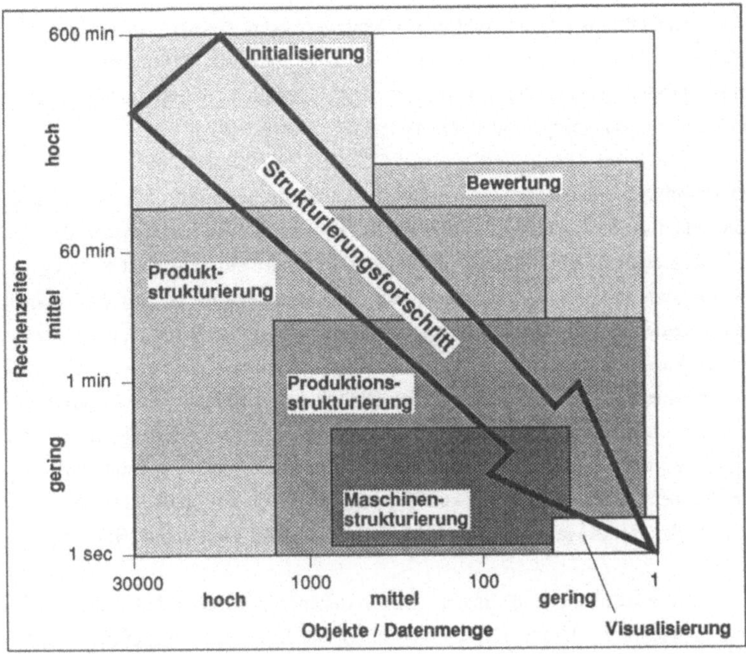

Bild 5-5: Rechenzeitverhalten

5.2.3 Vergleich mit gruppentechnologischen Verfahren

Der direkte Vergleich mit ausgewählten gruppentechnologischen Verfahren erwies sich erwartungsgemäß als sehr schwierig. Dies ist vor allem darauf zurückzuführen, daß die verschiedenen Methoden unterschiedliche Phasen des Strukturierungsprozesses betreffen. Wie in Kapitel 2.4 detailliert beschrieben, decken beispielsweise die Klassifizierungssysteme oder die produktgruppenorientierte Clusteranalyse ausschließlich die Teilefamilienbildung ab. Dagegen betreffen die maschinengruppenorientierten Ansätze - z.B. die Maschinenclusterung - die Zuordnung von Maschinen zu Organisationseinheiten. Erschwerend kommt hinzu, daß bei der Anwendung dieser Verfahren der Einfluß des Planers infolge des Fehlens einer durchgängigen algorithmischen Lösung überwiegend sehr groß ist. Um trotz dieser Einschränkungen tendenzielle Eigenschaften ableiten zu können, wurden für typische Vertreter gruppentechnologischer Methoden prototypenhafte Programmbausteine realisiert. Diese setzen bevorzugt auf Standardsoftware wie z.B. SPSS-X /128/ bei der Clusteranalysen auf. Mit diesen und einigen Fallbeispielen wurden soweit als möglich Strukturplanungen durchgeführt. Im einzelnen sind dies aus der Gruppe produktorientierter Verfahren zur Produktgruppenbildung ein werkstückbeschreibendes Klassifizierungssystem, aus der Gruppe produktionsorientierter Verfahren zur Produktgruppenbildung ein hierarchisches Clusterverfahren, aus der Gruppe produktionsorientierter Verfahren zur Maschinengruppenbildung ebenfalls ein hierarchisches Clusterverfahren sowie aus der Gruppe produktionsorientierter Verfahren zur kombinierten Produkt- und Maschinengruppenbildung ein Verfahren zur Reorganisation der Teile-Maschinen-Matrix.

Bei beiden Produktgruppen-Verfahren wurde die Annahme getroffen, daß nach Festlegung der Anzahl von Organisationseinheiten die gebildeten Produktgruppen, deren Größe demgemäß sehr schwankt, jeweils einer Organisationseinheit zugeordnet sind. Dies entspricht einer Bewertung der Gesamtzuteilung von Produkten, d.h. einer vollständigen Komplettbearbeitung auf Teileebene ohne Berücksichtigung des Kapazitätsbedarfs. Dagegen wurden beim Maschinengruppen-Verfahren nach Festlegung der Anzahl und des Bearbeitungsprofils der Organisationseinheiten die Produkte zugeordnet. Trotz der hierbei verfolgten Strategie eines möglichst großen Komplettbearbeitungsgrads ist damit eine Aufteilung der Arbeitsgänge eines Arbeitsplans auf mehrere Organisationseinheiten verbunden. Diese weisen infolge des fehlenden Abgleichs von Kapazitätsangebot und -bedarf unterschiedliche Gruppengrößen auf. Bei dem kombinierten Verfahren, das beide Ansätze verbindet, ergaben sich sowohl die Produkt- als auch die Maschinenzuordnung selbstständig (Bild 5-6).

Auffällig ist, daß die schnittstellenbedingten Strukturkostenpotentiale nur durch das neue Instrumentarium ausgeschöpft werden konnten. Dies ist vor allem auf die Ausweitung auf die Baugruppen- und Produktebene zurückzuführen. Daß die Produktgruppen-Verfahren in diesem Zusammenhang besser als die Maschinengruppen-Verfahren abschneiden ist nicht überraschend, werden doch auf Einzelteilebene Schnittstellenübergänge vermieden. Dagegen wird durch die Bildung von Maschinengruppen das Anlagevermögen optimiert, da keine zusätzlichen Maschinen notwendig werden.

Die Auswirkungen gruppentechnologischer Verfahren auf prozeß- und arbeitsorganisatorische Eigenschaften wurden bereits anhand des Fallbeispiels gezeigt. Zu bemerken ist noch, daß das Maschinengruppenverfahren Ergebnisse liefert, die im Spannungsfeld von verrichtungs- und objektoriertierten Produktionsstrukturen eine Zwischenstellung einnehmen. Sieht man von dem Effekt ab, daß die Gruppengrößen sehr unterschiedlich sein müssen, so kombinieren sich prinzipiell die Vorteile beider Strategien, ohne alle Möglichkeiten auszunutzen. Eben dies wird durch das neue Instrumentarium angestrebt, das Dezentrale Verantwortungsbereiche vorsieht, die für möglichst viele Produkte komplett objektorientiert und für so wenig Produkte wie notwendig verrichtungsorientiert sind.

Abschließend sei angeführt, daß ein Vergleich des Aufwands nur bedingt möglich ist und zudem auch wenig Sinn bietet, repräsentiert doch die Strukturplanung eine Aufgabe der strategischen Unternehmensplanung. Bei Planungen, die mehrere Wochen beanspruchen und bei denen die Rechnerkapazität nur einen geringen Anteil an der gesamten Planungskapazität einnimmt, kommt Rechenzeitunterschieden keine entscheidende Bedeutung zu.

Strukturbewertungskriterien	neues Strukturierungsverfahren	Gruppentechnologische Vergleichsverfahren			
		Produktgruppenbildung		Maschinengruppenbildung	kombinierte Produkt-/Maschinengruppenbildung
		produktorientiert	produktionsorientiert		
	struktureigenschaftenorientierte Strukturgenerierung	werkstückbeschreibende Klassifizierung	hierarchisches Clusterverfahren	hierarchisches Clusterverfahren	Matrix-Reorganisation
Strukturkosten insgesamt	●	◑	◕	○	◕
Bestandsbindungskosten	●	◑	◑	○	◑
Vorbereitungskosten	●	◑	◕	○	◕
Neuinvestitionen	◔	○	○	●	○
Produktionskosten	●	◑	◑	◕	◑
Qualitätssicherungskosten	●	◑	◕	○	◕
Prozeßorganisation	●	○	○	◑	○
Durchlaufzeitverhalten	◔	◑	◑	◕	◑
Ausführungszeiten - Personal	●	◑	◕	◕	◕
Flexibilität bzgl. Kapazitätsbedarfsschwankungen	●	◕	○	◑	○
Flexibilität bzgl. Kapazitätsangebotsschwankungen	◑	○	○	●	○
Flexibilität bzgl. Parallelbearbeitung	●	◕	◑	○	◑
Transparenz	◔	◑	◕	○	◕
Autonomie	●	◕	◕	○	◕
Arbeitsorganisation	●	◑	◕	○	◕
Gruppengröße	●	◕	○	◑	○
Personaleinsatzflexibilität	●	◑	◑	○	◑
Arbeitserweiterungspotential	●	◕	◕	◕	◑
Dispositionsnotwendigkeit	●	◑	◕	○	◕
Personalentwicklungspotential	●	◑	◑	○	◑

Legende:
Erfüllungsgrad: hoch ● ◕ ◑ ◔ ○ niedrig

Bild 5-6: Qualitativer Leistungsvergleich von ausgewählten gruppentechnologischen Verfahren mit dem entwickelten Instrumentarium

6 Zusammenfassung

Viele Unternehmen befinden sich derzeit in einer Umbruchsituation, verlieren doch technikzentrierte Produktionsstrategien und historisch gewachsene Produktionsstrukturen immer mehr an Wirksamkeit. Standen bis vor kurzem die Automatisierung betrieblicher Funktionen sowie die Daten- und Funktionsintegration im Vordergund des betrieblichen Interesses, so zeichnet sich in der heutigen Zeit ein Trend zu organisatorischen Maßnahmen und hier vor allem zu ganzheitlichen Strukturveränderungen in den Unternehmen ab. Begriffe wie Fertigungsinsel und Fertigungssegment prägen diese Entwicklung.

In dieser Situation verstärken sich Unruhe und Unsicherheit in den Unternehmen, da sowohl breitenwirksame Erfahrungswerte als auch praxisgerechte Planungsinstrumente zur Einführung, Realisierung und zum Betreiben dieser neuen Produktionsformen nur teilweise vorliegen. Dem steht die Skepsis zur Abkehr von klassischen Produktionsstrategien entgegen, so daß die Umsetzung trotz der bestehenden Notwendigkeiten nur zögernd erfolgt.

In diesem ambivalenten Stadium wird durch die vorliegende Arbeit versucht, EDV-gestütze Methoden zur Planung von strukturkostenoptimierten Produktionsstrukturen mit Dezentralen Verantwortungsbereichen zu entwickeln. Damit sollen die Voraussetzungen geschaffen werden, unterschiedliche Produktionsstrategien in Mischstrukturen kombinieren zu können. Diese sollen einerseits hinsichtlich der Prozeßorganisation so weit wie möglich objektorientiert und so wenig wie notwendig verrichtungsorientiert sein. Andererseits sollen sie sich arbeitsorganisatorisch durch eine Dezentralisierung von Kompetenz und Verantwortung auszeichnen. Während den betriebswirtschaftlichen Anforderungen durch gleichzeitige und gleichrangige Optimierung des Anlage- und Umlaufvermögens Rechnung getragen wird, sollen die mitarbeiterbezogenen Zielsetzungen durch Gruppenstrukturen mit einem ganzheitlichen Aufgabenvollzug erreicht werden.

Unter diesen Anforderungen ermöglicht das entwickelte Instrumentarium eine interaktive Produktionsstrukturierung mit verschiedenartigen Strukturierungsansätzen. Zugrunde gelegt wurde das Prinzip "Bilden von Alternativen", das in jeder Phase des Strukturierungsprozesses die Generierung, Bewertung und Auswahl von unterschiedlichen Alternativen vorsieht. Von wesentlicher Bedeutung ist dabei die Unterteilung in die beiden Phasen Primär- und Sekundärstrukturierung, um sowohl marktorientierte Ziele als auch produktionstechnische Restriktionen in die Planung einbringen zu können. Zudem kann mit dieser Strategie die Dimension des Lösungsraums gesteuert und die Komplexität der Optimierungsaufgabe reduziert werden. Da über ein Strukturbewertungsmodell der Zusammenhang zwischen fiktiven Strukturalternativen und zuzuordnenden Systemeigenschaften hergestellt werden kann, werden bereits bei der Generierung der Produktionsstrukturen die zu erwartenden Strukturkosten berücksichtigt.

In der Primästrukturierung erfolgt die Bildung von Produktgruppen. Bevorzugt werden produktorientierte Merkmale betrachtet, denen Marktsegmente zugeordnet werden können. Nach Auflösung produktionstechnischer Verflechtungen werden in der anschließenden Produktionsstrukturierung die gebildeten Produktgruppen weiter strukturiert. Die gebildeten Produktgruppen werden ebenso wie die Funktionsträger den neuen Organisationseinheiten zugeordnet. Da vielfach eine Komplettzuordnung aller Arbeitsgänge einer Produktgruppe zu einer Organisationseinheit scheitert, geschieht dies auf der Arbeitsgangebene. Durch Organisationsgliederungen werden die Organisationseinheiten hierachisch in einer Aufbaustruktur verknüpft.

Das Instrumentarium greift vorwiegend auf EDV-technisch verfügbare Betriebsdaten aus den Stücklisten, den Stammdateien sowie den Arbeitsplänen zurück. Um deren Informationsgehalt zu verbessern, wird eine Nachklassifizierung der Maschinen nach Bearbeitungsfähigkeiten durchgeführt.

Die entwickelten Methoden wurden einzeln oder kombiniert in Strukturplanungen bei mehreren Unternehmen eingesetzt. Hier zeigte sich, daß das Strukturierungspotential bei den Strukturkosten wie erwartet sehr groß ist. Es kann durch Realisierung von Mischstrukturen mit Dezentralen Verantwortungsbereichen, d.h. durch Vermeiden einseitiger Produktionsstrategien weitgehend erschlossen werden. Daneben konnte nachgewiesen werden, daß sich auch die quantifizierbaren, nicht monetären Systemeignschaften wesentlich verbessern.

Ein Vergleich mit einigen gruppentechnologischen Verfahren zum einen und verrichtungsorientierten Strategien zum anderen hat aufgedeckt, daß durch ausschließliche Diskussion von produktionstechnischen Kriterien und dem Beharren auf eine rein verrichtungs- oder rein objektorientierte Lösung Produktionsstrukturen mit unzureichenden Systemeigenschaften resultieren. Hierin drückt sich das **Strukturierungsdilemma** aus, nämlich daß die Kapazitätenteilungsproblematik versus der Komplettbearbeitung steht.

Infolge der zugrunde gelegten Strategien zur Beherrschung des Lösungsraums stellten sich auch bei Strukturplanung von großen Produktionsbereichen keine Probleme ein. Die Massendaten konnten ohne weiteres gehalten und in einer der Aufgabenstellung entsprechend akzeptablen Zeit bearbeitet werden. Bemerkenswert ist, daß die Strategie einer graphischen Visualisierung der Strukturierungssituation durch das Kapazitätstableau auf breite Akzeptanz gestoßen ist und sich der Verzicht auf eine durchgänge Automatisierung bewährt hat. Nicht zuletzt konnten infolge der Zeiteinsparungen in allen Fällen sehr viele und unterschiedliche Alternativen abgeleitet und getestet sowie der kreative Anteil an der Planungsleistung erhöht werden.

Mit dem entwickelten Instrumentarium wurde das beschriebene methodische Defizit weitgehend eliminiert. Dies betrifft vor allem die Berücksichtigung der Produktstruktur, die Kombination von

Marktbedürfnissen und produktionstechnischen Anforderungen, die zielorientierte Strukturierung nach Struktureigenschaften und Strukturkosten, die Verbesserung der Ausgangsinformationen sowie das Verlassen einer rein vergangenheitsorientierten Betrachtung.

Obwohl das Strukturierungsproblem erfolgreich durchgängig erschlossen ist, sollte vor allem das Strukturmodell weiter vertieft werden. In diesem Zusammenhang ist besonders die Verknüpfung und Abbildung der Ausgangssituation und Zielsetzung des Unternehmens mit möglichen und sinnvollen Strukturierungsansätzen in einem wissensbasierten Ansatz wichtig. Eine weitere wichtige Aufgabe ist eine zielorientierte Problem- und Anforderungsanalyse zur Ableitung eines planungsspezifisch relevanten Zielsystems.

Hinsichtlich des Strukturbewertungsmodells ist eine Weiterentwicklung der arbeitsorganisatorischen Bewertungskriterien sinnvoll. In Zusammenhang mit einer Ausweitung des Strukturierungsansatzes in Richtung der indirekt produktiven Bereiche könnten damit die Voraussetzungen geschaffen werden, betriebswirtschaftlich sinnvolle und humanitäre Unternehmenstrukturen in allen Bereichen der Unternehmen zu schaffen.

Insgesamt kann gesagt werden, daß mit den erarbeiteten Methoden zur Planung von Produktionsstrukturen mit Dezentralen Verantwortungsbereichen eine wichtige Hürde beseitigt werden konnte, die der Einführung moderner Produktionsformen im Wege stand.

7   Literaturverzeichnis

/1/   Lentes, H.-P.: Fertigungsinseln: Ein Weg zur Verbesserung der Industriearbeit, Steigerung
der Produktivität, Verbesserungen der Arbeitsbedingungen, Erweiterung der Dispositions-
spielräume.
In: AWF-Fachtagung Fertigungsinseln, 1988, Tagungszentrum Bad Soden/Ts.
Eschborn: AWF, 1988.

/2/   Schultz-Wild, R.: An der Schwelle zur Rechnerintegration.
In: VDI-Z130 (1988)9, S. 40-45.

/3/   Wildemann, H.: Fertigungssegmentierung. Prinzipien zur Reorganisation der Fertigung
und ihre Konsequenzen für Personalentwicklung, Ablauf- und Aufbauorganisation.
In: VDI-Z 129(1987)11, S. 36-43.

/4/   o.V.: Methodenlehre der Planung und Steuerung. Band1. / Hrsg.: REFA.
München: Hanser, 1985.

/5/   Eversheim, W.: Organisation in der Produktionstechnik. Band 1.
Düsseldorf: VDI-Verlag, 1981.

/6/   Aggteleky, B.: Fabrikplanung - Werksentwicklung und Betriebsrationalisierung. Band 2.
München u.a.: Hanser, 1982.

/7/   o.V.: Planung und Gestaltung komplexer Produktionssysteme.
Methodenlehre der Betriebsorganisation. / Hrsg.: REFA.
München: Hanser, 1987.

/8/   Kosiol, W.: Aufbauorganisation.
In: Handwörterbuch der Organisation / Hrsg.: E. Grochla.
Stuttgart: C. E. Poeschel, 1980.

/9/   Ellinger,T. (Hrsg.): Ablaufplanung.
Stuttgart: C. E. Poeschel, 1968.

/10/   Mann, W. E.: Organisationsentwicklung in der Produktion. Wege zu Produktivität und
         Flexibilität.
         Grafenau/Württ.: expert, 1984.
         Zugl. Dissertation Universität Dortmund, 1984.

/11/   o.V.: Flexible Fertigungsorganisation am Beispiel von Fertigungsinseln.
         In: AWF-Fachtagung, 6.-7. Juni 1984, Taunus Tagungs-Zentrum Bad Soden /Ts.
         Eschborn: AWF, 1987.

/12/   Wiendahl, H.-P.: Betriebsorganisation für Ingenieure.
         München u.a.: Hanser, 1989.

/13/   Hallwachs, U.: Future-orientated Production Structures. Computer-Aided
         Methods and Tools to Plan and Innovate Integrated Structures of Production Cells.
         In: Extended summaries of papers presented to the tenth international conference of
         production research. / Hrsg. von University of Nottingham (GB).
         London u.a.: Taylor & Francis, 1989.

/14/   Warnecke, H.-J.: Der Produktionsbetrieb. Eine Industriebetriebslehre für Ingenieure.
         Heidelberg u.a.: Springer, 1984.

/15/   Hallwachs, U.: Entwicklung eines EDV-gestützten Fertigungsinsel-Planungssystems.
         In: Industrie-Anzeiger 111 (1989) Nr. 33, S.48-49.

/16/   Warnecke, H.-J.; Osman, M.; Weber, G.: Gruppentechnologie.
         In: FB/IE 29(1980)1, S. 5-12.

/17/   Brödner, P.: Das Verbundprojekt Fertigungsinseln. Vorgaben und Erwartungen an die
         Projektpartner. Perspektiven für die Zukunft.
         In: AWF-Fachtagung Fertigungsinseln - Fertigungsstruktur mit Zukunft, 1987,
         Taunus Tagungszentrum Bad Soden/Ts.
         Eschborn: AWF, 1987.

/18/   Gallagher, C. C.; Knight, W. A.: Group Technology.
         London: Butterworth & Co. Ltd., 1973.

/19/ Wildemann, H.: Die modulare Fabrik - Kundennahe Produktion durch Fertigungs-
     segmentierung.
     In: gfmt-Fachtagung 22.-23.11.1988, München.
     München: gfmt, 1988.

/20/ Fehse, W.: Beispiel eines Zeichnungsnummernsystems in einer Werkzeugmaschinenfabrik.
     In: Industrie-Anzeiger 87(1963)37, S. 747-750.

/21/ Mitrofanow, S. P.: Wissenschaftliche Grundlagen der Gruppentechnologie.
     Berlin (Ost): VEB Technik, 1960.

/22/ Opitz, H.: Die Grundideen der Teilefamilienfertigung.
     In: io 34 (1965)b, S. 270-281.

/23/ Hyer, N. L.; Wemmerlöv, U.: Group Technology Oriented Coding Systems: Structures,
     Applications and Implementation.
     In: Production and Inventory Management (1985)2, S. 55-77.

/24/ Cosic, I.; Milic, D.: A Contribution to the Development of Computer Aided Process Planning
     in Assembly (APOTEP-M).
     In: Proceedings to Xth ICPR, 1989 Nottingham.
     Nottingham: University of Nottingham, 1989.

/25/ Förster, H.; Kelber, B.: Rechnergestützte Teilesortimentsanalyse und Bestimmung
     von Typenvertretern.
     In: Fertigungstechnik und Betrieb 35 (1985)3, S. 155-156.

/26/ Zelenovic, D. M.; Cosic, I. P.; Sormaz, D. N.; Sisarcia, Z. DJ.: An Approach to the Design
     of more effective Production Systems.
     In: Int. J. Prod. Res. 25 (1987)1, S. 3-15.

/27/ Gongware, T.; Ham, L.: Cluster Analysis Applications for Group Technology
     Manufacturing Systems.
     In: Proceedings to the 9th NAMRC, 1984 Dearborn/Michigan.
     Dearborn/Michigan: Society of Manufacturing Engineers, 1984.

/28/   Kusiak, A.: The Part Family Problem in Flexible Manufacturing Systems.
In: Annals of Operations Research 3(1985), S. 279-300.

/29/   Weule, H.; Möckesch, G.: Ähnlichkeitsplanung auf der Basis von NC-Steuerinformationen.
In: wt - Z. ind. Fert. 76(1986)2, S. 93-96.

/30/   Freist, C.; Granow, R.: Ähnlichkeitssuche mit Hilfe der Clusteranalyse. Teil 1.
In: VDI-Z 124(1982)11, S. 413-421.

/31/   Granow, R.: Strukturanalyse von Werkstückspektren.
In: VDI-Z 126(1984)23/24, S. 901-905.

/32/   Zimmermann, G.: Typenbildung mit Methoden der Clusteranalyse.
In: FB/IE 26(1977)6, S. 381-388.

/33/   Bußmann, J.; Freist, Chr.; Hesselmann, U.; Schunke, A.: Einsatz der Clusteranalyse
zur Investitionsplanung und Fertigungsrationalisierung.
In: ZwF 80(1985)2, S.67-71.

/34/   Hesselmann, U.: Werkstückanalyse auf der Basis multivariater statistischer Verfahren.
Düsseldorf: VDI, 1988.
Zugl. Dissertation Universität Hannover, 1988.

/35/   Auch, M.: Fertigungsstrukturierung auf der Basis von Teilefamilien.
Berlin u.a.: Springer, 1989.
Zugl. Dissertation Universität Stuttgart, 1989.

/36/   Chandrasekharan, M. P.; Rajagopala, R.: ZODIC - An Algorithm for Concurrent
Formation of Part-Families and Machine-Cells.
In: Int. J. Prod. Res. 25(1987)6, S. 835-850.

/37/   Barker, A.: Group Technology and Machining Cells in the Small-Batch Production of Valves.
In: Machinery and Production Engineering 116(1970)2982, S. 2-6.

/38/   Tuttle, H.: Call it GT or Yankee Savy, Families of Parts Bring Savings.
In: Production 74(1974)5, S. 88-91.

/39/   Kilian, F.: Teilefamilien bei Fräsmaschinen.
In: Technische Rundschau 41(1987)3, S. 38-40.

/40   Dumolien, W.; Santen, W.: Cellular Manufacturing Becomes Philosophy of Management
at Components Facility.
In: Industrial Engineering 15(1983)11, S. 72-76.

/41/   Moll, W.-P.: Maschinenbelegung mit EDV.
Würzburg: Vogel, 1975.
Zugl. Dissertation Universität Stuttgart, 1975.

/42/   Kusiak, A.: The Generalized Group Technology Concept.
In: Int. J. Prod. Res 25(1987)4, S. 561-569.

/43/   Lashkari, R. S.; Gunasingh, K. R.: Machine Grouping to Enhance Routing Flexibiliy in
Flexible Manufacturing Systems.
In: Extended summaries of papers presented to the tenth international conference of
production research / Hrsg. von University of Nottingham (GB).
London u.a.: Taylor & Francis, 1989.

/44/   Rudnicki, J.; Wilimowska, Z.: Manufacturing Cell Formation with Alternative Process
Routes.
In: Extended summaries of papers presented to the tenth international conference of
production research / Hrsg. von University of Nottingham (GB).
London u.a.: Taylor & Francis, 1989.

/45/   Hallwachs, U.; Schaal, H.: Fertigungsinselplanungssystem FIPS.
Informationsschrift des IAO, Stuttgart 1988.

/46/   Choobineh, F.: A Framework for the Design of Cellular Manufacturing Systems.
In: Int. J. Prod. Res. 26(1988)7, S. 1161-1172.

/47/   Ammer, E.-D.: Rechnerunterstützte Planung von Montageablaufstrukturen für Erzeugnisse
der Serienfertigung.
Berlin: Springer, 1985.
Zugl. Dissertation Universität Stuttgart, 1985.

/48/ Roth, H.-P.: Rationalisierungspotential Arbeitspläne.
In: VDI-Z 128(1986)9, S. 299-306.

/49/ Carrie, A.: Numerical Taxonomy Applied to Group Technology and Plant Layout.
In: Int. J. of Prod. Res. 11(1973)4, S. 399-416.

/50/ Weber, G.: Gestaltung eines integrierten Produktionssystems für die Sortenfertigung
unter Einsatz der Clusteranalyse.
Berlin: Springer, 1983.
Zugl. Dissertation Universität Stuttgart, 1983.

/51/ Hachtel, G.; Fuchs, R.-M.: EDV-gestützte Fertigungsstrukturierung.
In: AV 24(1987)5, S. 157-160.

/52/ Warnecke, H.-J.; Fuchs, R.-M.: Fertigungsinseln prägen die JIT-Strukturen der
Fabrik mit Zukunft.
In: io 58(1989)6, S. 53-57.

/53/ Kälberer, G.: Automatische Werkstückklassifizierung.
In: Werkstatt und Bertieb 113(1980)5, S. 327-330.

/54/ Gongware, T. A.; Ham, I.: Cluster Analysis Applications for Group Technology
Manufacturing Systems.
In: Proceedings of 9th North American Metalworking Res. Conf. 1981, Dearborn.

/55/ Vajna, S.: Gruppentechnologie als Bindeglied zwischen CAD und CAM.
In: VDI-Z 129(1987)11, S. 44-51.

/56/ Seifoddini, H.: A Note on the Similarity Coefficient Methode and the Problem of Improper
Machine Assignment in Group Technology Applications.
In: Int. J. Prod. Res 27(1989)7, S. 1161-1165.

/57/ Seifoddini, H.: Single Linkage versus Average Linkage Clustering in Machine Cells
Formation Applications.
In: Computers ind. Engng. 16(1989)3, S. 419-426.

/58/ De Witte, J.:The Use of Similarity Coefficients in Production Flow Analysis.
In: Int. J. Prod. Res 18(1980)4, S. 503-514.

/59/ Chandrasekharan, M. P.; Rajagopalan, R.: MODROC - An Extension of Rank Order
Clustering for Group Technology.
In: Int. J. Prod. Res. 24(1986)5, S. 1221-1233.

/60/ McAuley, J.: Machine Grouping for Efficient Production.
In: The Production Engineering 51(1972)2, S. 53-57.

/61/ Choobineh, F.: A Framework for the Design of Cellular Manufacturing Systems.
In: Int. J. Prod. Res. 26(1988)7, S. 1161-1172.

/62/ Burbridge, J.: Production Flow Analysis.
In: The Production Engineer 50(1971)4/5, S. 139-152.

/63/ Waghodekar, P. H.; Sahu, S.: Machine-Component Cell Formation in Group Technology:
MACE.
In: Int. J. Prod. Res. 22(1984)6, S. 937-948.

/64/ Burbridge, J.: Production Flow Analysis for Planning Group Technology.
Oxford: Clarendon, 1989.

/65/ Burbridge, J.: Group Technology in the Engineering Industry.
London: Mechanical Engineering Publications Ltd., 1979.

/66/ Norton, A.; Fogg, B.: Small Companies, Management and the Cell System.
In: CIRP Manufacturing Systems 1975, S. 47-62.

/67/ Kusiak, A.; Chow, W. S.: Interactive Grouping Machines and Parts.
Working paper no. 07/86, University of Manitoba, Department of mechanical
Engineering, Winnipeg 1986.

/68/ Heinz, K.; Burkhardt, M.: Partialablaufgruppen - ein Konzept zur ablauforientierten
Strukturierung der Einzel- und Kleinserienfertigung.
In: VDI-Z 127(1985)18, S. 733-739.

/69/ Martin, J.: Gruppentechnologische Fertigungsstrukturen: Planung und Bewertung bei
Einzel- und Kleinserienfertigung.
Köln: Verlag TÜV Rheinland, 1989.
Zugl. Dissertation Universität Dortmund, 1989.

/70/ Göttker, A.: Teilefamilienbildung. Vergleich rechnergestützter Verfahren.
Dortmund: TÜV Rheinland, 1990.
Zugl. Dissertation Universität Dortmund, 1990.

/71/ Nespeta, H.: Ein Beitrag zur Planung und Bewertung Neuer Arbeitsstrukturen in NE-Metall-
gießereien. Dargestellt am Beispiel der Fertigungsinsel.
Berlin u.a.: Springer, 1989.
Zugl. Dissertation Universität Stuttgart, 1989.

/72/ Harhalakis, G.; Minis, I.; Nagi, R.; Proth, J. M: A Comprehensive Group Technology
System for Cellular Manufacture.
In: Extended summaries of papers presented to the tenth international conference of
production research / Hrsg. von University of Nottingham (GB).
London u.a.: Taylor & Francis, 1989.

/73/ Koenig, D.; Gongaware, T.; Ham, I.: Applications of Group Technology and
Management of a Miscellaneous Parts Shop.
In: Proceedings of the 9th North America Metalworking Res. Con., Dearborn 1981.

/74/ El-Essawy, I.; Torrance, J.: Component Flow Analysis.
In: The Production Engineer 51(1972)4, S. 165-170.

/75/ Wolf, M.: Fertigungszellen. Ein Beitrag zu ihrer Planung und Steuerung.
Stuttgart: Günter Grossmann, 1979.
Zugl. Dissertation Universität Stuttgart, 1979.

/76/ Burbridge, J.: A Simplification of Material Flow Systems.
In: Int. J. Prod. Res. 20(1982)3, S. 339-347.

/77/ Tilsley, R.; Lewis, F.: Flexible Cell Production Systems - A Realistic Approach.
In: CIRP Annalen 26(1977)1, S. 269-271.

/78/ King, J. R.: Machine-Component Grouping in Production Flow Analysis. An Approach
Using a Rank Order Clustering Algorithm.
In: Int J. Prod. Res. 18(1980)2, S. 213-232.

/79/ King, J. R.; Nakornchai, V.: Machine-Component Group Formation in Group Technology.
Review and Extension.
In: Int J. Prod. Res. 20(1982)2, S. 117-133.

/80/ Chan, H. M.; Milner, D. A.: Direct Clustering Algorithm for Group Formation in
Cellular Manufacture.
In: Journal of Manufacturing Systems 1(1982)1, S. 65-75.

/81/ Vannelli, A.; Kumar, K. R.: A Methode for Finding Minimal Bottle-Neck Cells for Grouping
Part-Machine Families.
In: Int. J. Prod. Res. 24(1986)2, S. 387-400.

/82/ Vannelli, A.; Kumar, K. R.: Strategic Subcontracting for Efficient Disaggregated
Manufacturing.
In: Int. J. Prod. Res. 25(1987)25, S. 1715-1728.

/83/ Kusiak, A.; Chow, W. S.: Efficient Solving of the Group Technology Problem.
Working paper no. 06/86, University of Manitoba, Department of mechanical
Engineering, Winnipeg 1986.

/84/ Steward, D. V.: Partitioning and Tearing Systems of Equations.
In: Journal of Numerical Analysis (1965)2, S. 345-365.

/85/ Shtub, A.: Modelling Group Technology Cell Formation as a Generalized Assignment
Problem.
In: Int. J. Prod. Res. 27(1989)27, S. 775-782.

/86/ Co, H. C.; Araar, A.: Configuring Cellular Manufacturing Systems.
In: Int. J. Prod. Res. 26(1988)9, S. 1511-1522.

/87/ Chandrasekharan, M. P.; Rajagopalan, R.: An Ideal Seed Non-Hierarchical Clustering
Algorithm for Cellular Manufacturing.
In: Int. J. Prod. Res. 24(1986)2, S. 451-464.

/88/ Lemoine, Y.; Mutel, B.: Automatic Recognition of Production Cells and Part Families.
In: Ellis, T. M. R.; Semenkov, O. I. (Hrsg): Advances in CAD/CAM.
Amsterdam: North-Holland, 1983.

/89/ Ballakur, A.; Steudel, H. J.: A Within-Cell Utilization Based Heuristic for Designing Cellular
Manufacturing Systems.
In: Int. J. Prod. Res. 25(1987)4, S. 639-664.

/90/   Eversheim, W.; Minolla W.; Baberg, T.: Ermittlung optimaler Organisationsstrukturen in der
       Arbeitsvorbereitung unter Berücksichtigung verschiedener Automatisierungsstufen.
       Opladen: Westdeutscher, 1979.

/91/   Purcheck, G.: Machine-Component Group Formation. An Heuristic Method for Flexible
       Production Cells and Flexible Manufacturing Systems.
       In: Int. J. Prod. Res. 23(1985)5, S. 911-943.

/92/   Chakravarty, A. K.; Shtub, A.: An Integrated Layout for Group Technology with Inprocess
       Inventory Costs.
       In: Int. J. Prod. Res. 22(1984)3, S. 431-442.

/93/   Askin, R. G.; Subramanian, S. P.: A Cost-Based Heuristic for Group Technology
       Configuration.
       In: Int. J. Prod. Res. 25(1987)1, S. 101-113.

/94/   Solberg, J.: A Mathematical Model of Computerized Manufacturing Systems.
       In: Proceedings of the 4th Int. Conf. on Prod. Res., Tokyo 1977.

/95/   Seifoddini, H.: Treatment of Bottle-Neck Machines in Cellular Manufacturing Systems.
       In: Extended summaries of papers presented to the tenth international conference of
       production research / Hrsg. von University of Nottingham (GB).
       London u.a.: Taylor & Francis, 1989.

/96/   Saak, V.: Ein Simulationsmodell zur Planung gruppentechnologischer Fertigungszellen.
       Berlin: Springer, 1982.
       Zugl. Dissertation Universität Stuttgart, 1982.

/97/   Flynn, B. B.: The Effects of Setup Time on Output Capacity in Cellular Manufacturing.
       In: Int. J. Prod. Res. 25(1987)12, S. 1761-1772.

/98/   Flynn, B. B.; Jacobs, F. R.: A Simulation Comparison of Group Technology with Traditional
       Job Shop Manufacturing.
       In: Int. J. Prod. Res. 24(1986)24, S. 1171-1192.

/99/   Klag, M. R.; Nordstrom, A. W.: Analysis of Group Technology Cells.
       In: Proceedings of Synergy 1984, Chicago 1984.

/100/ Lorenz, W.: Entwicklung eines arbeitsstundenorientierten Warteschlangenmodells zur
      Prozeßabbildung der Werkstattfertigung.
      Düsseldorf: VDI, 1984.
      Zugl. Dissertation Universität Hannover, 1984.

/101/ Arning, A.: Die wirtschaftliche Bewertung der Zentrenfertigung.
      Wiesbaden: Gabler, 1987.

/102/ AWF (Hrsg.): Flexible Fertigungsorganisation am Beispiel von Fertigungsinseln.
      Eschborn: AWF, 1984.

/103/ Wildemann, H.: Investitionsplanung und Wirtschaftlichkeitsberechnung für flexible
      Fertigungssysteme (FFS).
      Stuttgart: Schäfer, 1987.

/104/ Auch, M.: Menschengerechte Arbeitsplätze sind wirtschaftlich. Wirtschaftlichkeitsvergleich
      und Arbeitssystemwertermittlung - ein erweitertes Verfahren.
      Eschborn: RKW, 1985.

/105/ Eversheim, W.; Schmidt, H.; Erkes, K. F.: Wirtschaftliche Bewertung komplexer
      Produktionssysteme.
      In: VDI-Z 129(1987)8, S. 18-23.

/106/ Woithe, G.; Müller, G.: Beurteilung von Projektlösungen autonomer Strukturen.
      In: Wiss. Z. Techn. Hochsch. Magdeburg 26(1982)5, S. 91-93.

/107/ Azzone, G.; Bertele, U.: Measuring the Effectiveness of Flexible Automation: A New
      Approach.
      In: Int. J. Prod. Res. 27(1989)5, S. 735-746.

/108/ Wemmerlöv, U.; Hyer, N. L.: Research Issues in Cellular Manufacturing.
      In: Int. J. Prod. Res. 25(1987)3, S. 413-431.

/109/ Hallwachs, U.: Planungswerkzeuge zur Reorganisation der Fertigung nach der
      Fertigungsinselstruktur - Das Fertigungsinselplanungssystem FIPS.
      In: AWF-Fachtagung Fertigungsinseln, 1988, Tagungszentrum Bad Soden/Ts.
      Eschborn: AWF, 1988.

/110/ Oechsle, K.: Rahmenbedingungen und Gestaltungsdimensionen beim Industrieroboterein-
satz. Eine Untersuchung der planerisch relevanten Zusammenhänge von betrieblichen Randbedingungen / Zielsetzungen und technisch/arbeitsorganisatorischen Gestaltungsdimensionen.
Diplomarbeit am Institut für Industriebetriebslehre und Industrielle Produktion.
Universität Karlsruhe, 1986.

/111/ Winter-Hoss, R.; Hölldampf, K.; Hallwachs, U.: Industrieroboter-Einsatzfälle in der
Bundesrepublik Deutschland. Technische, organisatorische und personelle
Tendenzen bei der Systemgestaltung.
In: VDI-Z 128(1986)13, S.503-509.

/112/ Engroff, B.: Realisierte Fertigungsinseln im deutschsprachigen Raum.
In: AWF-Fachtagung Fertigungsinseln - Fertigungsstruktur mit Zukunft,
10. - 11.12. 1987, Bad Soden/Ts.
Eschborn: AWF, 1987.

/113/ Aneke, N. A. G.; Carrie, A. S.: A Comprehensive Flow Line Classification Scheme.
In: Int. J. Prod. Res. 22(1984)2, S.281-297.

/114/ Solberg, J. J.: Optimal Design and Control of Computerized Manufacturing Systems.
Proceedings AIIE Systems Eng. Conf., Boston 1976.

/115/ Solberg, J. J.: A Mathematical Model of Computerized Manufacturing Systems.
In: Proceedings of the 4th Int. Conf. on Prod Res., Tokyo 1977.

/116/ Ehrlich, H.; Freist, C.: Rechnergestützte und statistische Arbeitsplanung als Gesamtsystem.
In: VDI-Z 127(1985)8, S. 301-307.

/117/ Kästl, S.: Untersuchung der Integrationsmöglichkeiten zusätzlicher Fertigungsverfahren auf
Drehmaschinen - Übergang von der Mehrstationen- zur Einstationenbearbeitung beim
Hauptfertigungsverfahren Drehen.
Diplomarbeit am Lehrstuhl für Industrielle Fertigung und Fabrikbetrieb.
Universität Stuttgart, 1988.

/118/ Schiele, G.; Hallwachs, U.: Robotereinsatz menschengerecht geplant.
Berlin u.a.: Springer, 1987.

/119/ Weilbach, J. M.: Entwicklung und Implementierung von Heuristiken zur Bildung von
Planungsalternativen von Produkt- und Maschinengruppen im Rahmen des Fertigungs-
inselplanungssystems FIPS.
Diplomarbeit am Lehrstuhl für Informatik.
Universität Stuttgart, 1988.

/120/ Schrage, L.: Lindo. Fourth Edition.
Redwood City: The Scientific Press, 1987.

/121/ Neumann, K.: Operations Research Verfahren. Band 1.
München u.a.: Carl Hanser, 1975.

/122/ Müller, R.: Umstellung eines starren Fertigungsinsel-Planungssystems zu einem
dynamischen System.
Diplomarbeit am Lehrstuhl für Informatik.
Universität Stuttgart, 1988.

/123/ Dittmayer, S.: Arbeits- und Kapazitätsteilung in der Montage.
Berlin u.a.: Springer, 1981.
Zugl. Dissertation Universität Stuttgart, 1981.

/124/ Burkhardt, M.: Beitrag zur Ermittlung ablauforientierter Fertigungsstrukturen in der
Einzel- und Kleinserienfertigung.
Zugl. Dissertation Universität Dortmund, 1984.

/125/ Grob, R.: Erweiterte Wirtschaftlichkeits- und Nutzenrechnung: Duale Bewertung von
Investitionen für Planungsalternativen.
Köln: TÜV Rheinland, 1983.

/126/ Rosenberger, N.: Entwicklung eines Modells zur Bewertung alternativer Fertigungsstrukturen
mit Dezentralen Verantwortungsbereichen.
Diplomarbeit am Lehrstuhl für Industrielle Fertigung und Fabrikbetrieb.
Universität Stuttgart, 1990.

/127/ Auch, M.; Hallwachs, U.; Schaal, H.: Höhere Lieferbereitschaft durch kürzere Durchlaufzeiten. Gestaltung der Fabrik nach dem Fertigungsinsel-Prinzip.
In: FhG-Berichte (1988) Nr. 2, S. 71-76.

/128/ Norusis, M.J.: Advanced Statistics SPSS/PC+ for the IBM PC/XT/AT.
Chicago; SPSS, 1986.

/129/ o.V.: BTree, ISAM, A Complete File Management System for C Programmers.
Oakville: Softfocus, 1987.

/130/ o.V.: Microsoft Windows Software Development Kit.
USA und Canada: Microsoft, 1987.

/131/ Durbin, J.: ORACLE.
USA: Oracle Corporation, 1989.

/132/ Scheer, A.-W.: Wirtschaftsinformatik.
New York u.a.: Springer, 1988.

/133/ Bullinger, H.-J.; Fähnrich, K.-P.; Ziegler, J.: Software-Ergonomie.
In: Schönpflug, W.; Wittstock, M. (Hrsg.): Software-Ergonomie 1987.
Stuttgart: Teubner, 1987.

/134/ Bullinger, H.-J.: Grundsätze der Dialoggestaltung. Handbuch der modernen
Datenverarbeitung. Heft 126.
Wiesbaden: Forkel, 1985.

/135/ Zwerina, H.; Haubner, P.: Gestaltung von Information auf Bildschirmen.
In: Fähnrich, K.-P. (Hrsg.): Software-Ergonomie.
München: Oldenbourg, 1987.

8 Anhang

8.1 Datenstrukturen und Dateiverwaltung

Der Verzicht auf Repräsentativbetrachtungen bewirkt, daß während des Strukturierungsprozesses sehr große Datenmengen und viele unterschiedliche Datenzugriffe beherrscht werden müssen. Gleichzeitig resultieren aus der intendierten Interaktivität hohe Ansprüche an die Geschwindigkeit und Bedienerfreundlichkeit. Diesen Anforderungen ist die einfache ASCII-Datei-Schnittstelle nicht gewachsen. Es mußte also ein Datei-Management-System entwickelt werden.

Für die vorhandene Aufgabenstellung erwies sich ein BTree-ISAM-orientiertes Filemanagement-System als geeignet. Dieses System zeichnet sich durch große Offenheit aus, da es in Form einer C-Bibliothek vorliegt. Es stellt dem Anwender eine einfache Methode zur Verfügung, Dateien zu verwalten und relationale Datenbanken aufzubauen /129/. Entscheidende Restriktionen für die Auswahl waren die Voraussetzungen, daß das Datenbanksystem an MS-Windows /130/ angepaßt werden kann und schnelle Dateizugriffe garantiert sind. Mit den verfügbaren, sehr mächtigen relationalen Datenbanken konnten diese Forderungen, wie Untersuchungen mit dem Datenbanksystem ORACLE /131/ gezeigt hatten, nicht eingehalten werden. Kritisch war hier, daß bevorzugte Zugriffe über vorgegebene Beziehungsstrukturen - z.B. durch physikalische Sortierung - nur bedingt möglich sind.

Mit diesem Werkzeug wurde ein Datenbankkonzept entwickelt, das einerseits feste und variable Beziehungsstrukturen vorsieht, andererseits neben dem Zugriff über B-Bäume auch normale C-Dateien integriert. Der entscheidende Ansatz besteht darin, durch eine zeitintensive Initialisierungsphase feste Zugriffspfade anzulegen. Infolge des schnellen Datenzugriffs sind damit auch während des Strukturierungsprozesses anforderungsgerechte Verarbeitungsgeschwindigkeiten zu erreichen. Zudem konnte durch diese bewußte Einschränkung der implizit vorhandenen Flexibilität auf eine der Strukturierungsaufgabe angepaßte Größenordnung der erforderliche Speicherplatzbedarf soweit reduziert werden, daß die erwähnten Massendaten auf der Ziel-Hardware Personal Computer problemlos gehalten werden können.

Dateistruktur und datentechnische Beziehungen sind in Bild 8-1 dargestellt. Deutlich wird, daß die Dateien entsprechend der Änderungshäufigkeit der Daten im Strukturierungsprozeß in die vier Datenszenarien **Ist-Zustand, Analyse, Planung** und **Neu-Zustand** zusammengefaßt sind. Da auf alle Datenbanken eines Szenarios durch Angabe eines einzigen Dateinamens zugegriffen werden kann, ist die Datenverwaltung sehr benutzerfreundlich. Zudem kann eine Datensicherheit durch Vergabe von Zugriffsrechten und Dateiattributen sehr einfach realisiert werden.

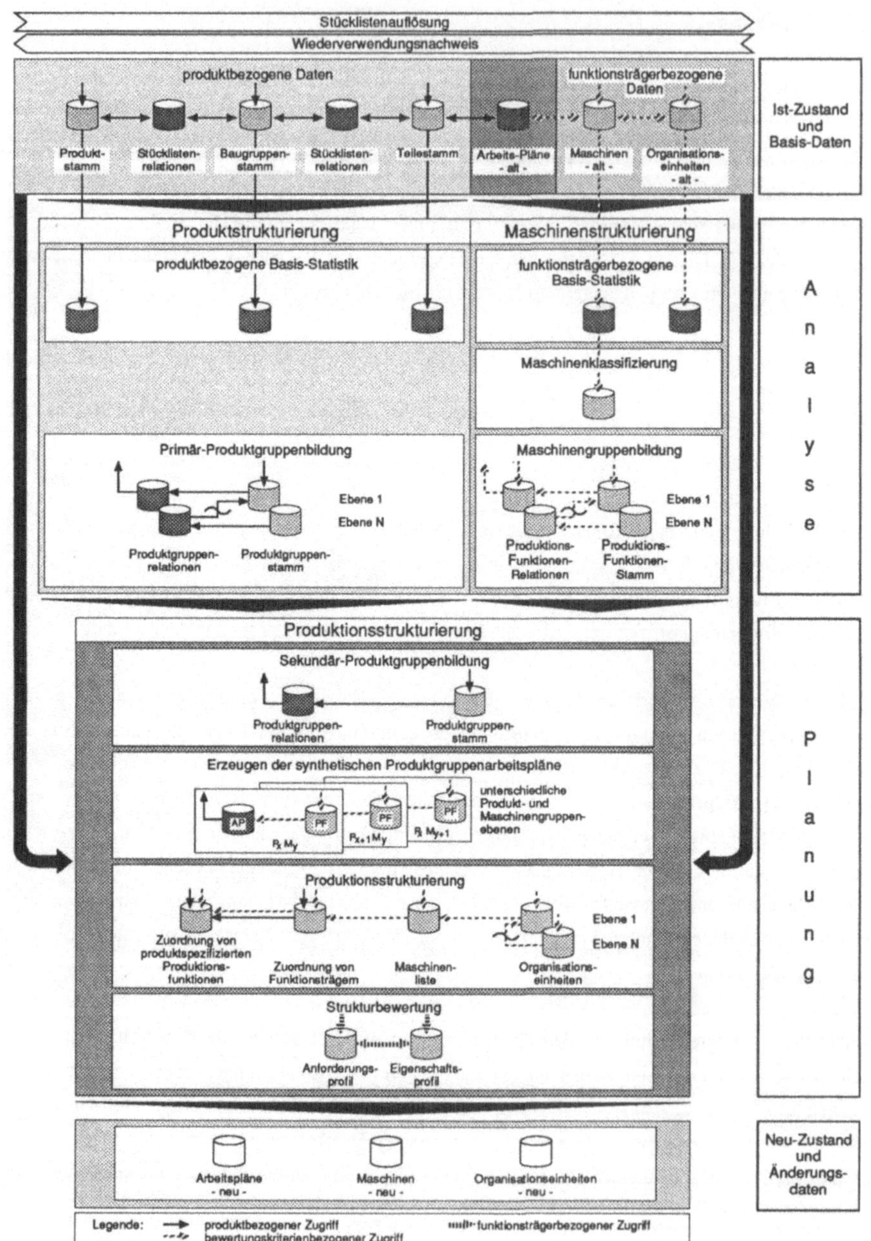

Bild 8-1: Dateienstruktur

Ausgangspunkt jeder Strukturierung sind die sehr umfangreichen Stammdaten, Stücklisten, Arbeitspläne sowie die vergleichsweise wenig komplexen Maschinen- und Kostenstellenlisten. Nach einem einmaligen Konvertierungs- und Initialisierungslauf werden diese Daten, die Grunddaten des Strukturierungsprozesses repräsentieren und in allen Phasen des Planungsprozesses verwendet werden, nicht mehr verändert. Dementsprechend werden sie als Basis-Dateien bezeichnet und haben den Status read-only.

Charakteristisch für diese Dateien ist die Kombination von variablen und festen Dateizugriffen. Während durch die fest vorgegebenen Beziehungsstrukturen diejenigen Daten miteinander verknüpft sind, die unbedingt für den Strukturierungsprozeß notwendig sind, berücksichtigen variable Verknüpfungen optionale Strukturierungsmerkmale. Daher werden vor allem die teilebezogenen, in der Regel sehr umfangreichen Dateien dynamisch bei der Initialisierung erzeugt. Dies bedeutet, daß die Satzlänge variabel ist und nur die im spezifischen Planungsfall verfügbaren bzw. relevanten und nicht alle grundsätzlich für Strukturierungsaufgaben sinnvollen Variablen abgelegt werden. Variable Zugriffe werden dagegen ausschließlich über Indexzugriffe verwirklicht.

Aus diesen Gründen sind die Arbeitsplan- und Stücklistendateien als einfache C-Dateien, die anderen Dateien dagegen als Index-Dateien realisiert. Besonders erwähnt seien in diesem Zusammenhang die Relationen-Dateien, die als Ergebnis einer Stücklistenauflösung die Produktstruktur modellieren. Grundlage hierfür ist ein Record-Variablenpaar, das die Zuordnung von Grundelement und übergeordneter Klasse darstellt. Dies entspricht einer n:m Beziehung in einem Entity-Relationship-Modell /132/. Auf die Übernahme eines spezifischen Stücklistenprozessors kann daher verzichtet werden. Verknüpft sind diese Dateien über teile-, maschinen- oder organisationsbezogene Verknüpfungsvariablen, die einer fest vorgegebenen produkt- bzw. funktionsträgerbezogenen Beziehungsstruktur entsprechen. Auf diese Weise können sowohl Stücklistenauflösungen bis auf Organisationsebene als auch ein Wiederverwendungsnachweis bis auf Produktebene durchgeführt werden.

Aus Speicherplatz- und Schnelligkeitsgründen wurde bei einigen Verknüpfungen ein direkter Verweis bevorzugt (Bild 8-2). So erfolgt der Zugriff von der Teiledatei auf den zugehörenden Arbeitsplan durch Angabe der File-Position des ersten Arbeitsgangsatzes. Da die Arbeitsgangdatei physikalisch nach der Teilenummer sortiert ist, können die restlichen Arbeitsgänge schnell gefunden werden. Bei komplizierten 1:m Relationen, wie z.B. beim Verweis von der Maschinendatei auf die zugehörenden Arbeitsgänge, sind zusätzlich die zusammengehörigen Sätze intern über Verweise verbunden. Ausgehend von einer Startposition, die von außen adressierbar ist, wird auf einen weiteren Satz verwiesen, der das gleiche Element besitzt.

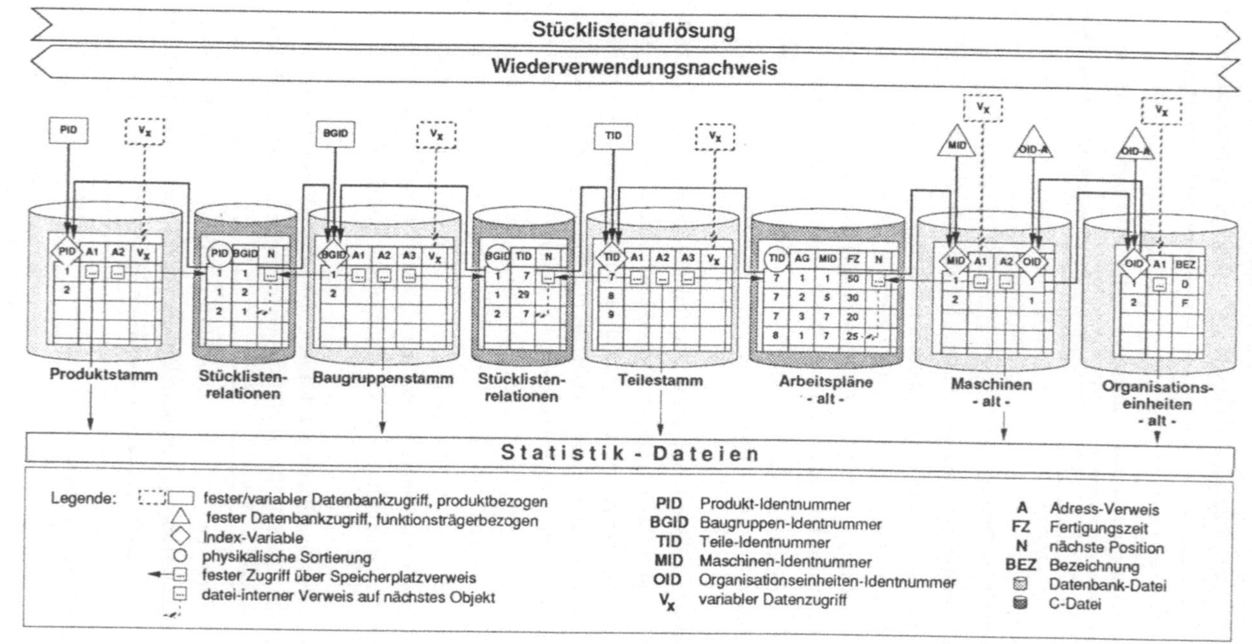

Bild 8-2: Dateiverknüpfungen

Die Dateien des Analyse-Szenario repräsentieren erweiterte Planungsgrunddaten. Im Rahmen der Maschinen- und Produktstrukturierung werden hier zum einen satzweise zusätzliche Informationen erzeugt und in einer angehängten Datei abgelegt, zum anderen werden neue Dateien mit produkt- sowie produktionsfunktionsbezogenen, aggregierten Informationen gebildet. Auch diese in mehreren Aggregationsstufen vorliegenden Dateien zur Beschreibung der gebildeten Produktgruppen sowie Funktionsträgergruppen sind miteinander über die angeführten direkten Satzverweise und Relationendateien in einer fest vorgegebenen Beziehung verbunden.

Da Daten dieser Dateien wie auch der Planungsdateien verändert werden können, wurde hier eine umfangreiche Editier- und Änderungsfunktion mit angekoppelter Konsistenzprüfung realisiert. Nach Bearbeitung einer Datei werden über datentechnische und logische Beziehungen die verknüpften, zugehörigen Variablen in anderen Dateien synchron geändert. Als Beispiel sei eine Änderung der Jahresstückzahl genannt, die zu entsprechenden Anpassungen bei den Fertigungskapazitäten führt.

In diesem Zusammenhang sei auf die Besonderheit der m:n Beziehungen hingewiesen, die sowohl zwischen den Elementen der Produkt- als auch der Maschinenebene existieren (Bild 8-3). Während auf der Produktseite die Unterteilung in Hyper- und Subteile, die Mehrfachzuordnung von Produkten sowie die stückzahlbezogene Aufteilung von Produkten hierfür verantwortlich sind, bewirkt dies auf der Maschinenseite die Produktionsfunktionsredundanz von Maschineneinheiten. Dagegen handelt es sich auf der Organisationsebene um eineindeutige Beziehungen zwischen den Organisationseinheiten hierarchisch abhängiger Ebenen.

Durch den Planungsprozeß in der Produktionsstrukturierung und Strukturbewertung wird eine Klasse kurzlebiger, ständigen Veränderungen ausgesetzter Daten geschaffen. Dies betrifft vor allem die Soll-Relationen-Dateien, die die Neuzuordnung von Produktionsfunktionen und Funktionsträgern zu Organisationseinheiten beinhalten, sowie Dateien mit der Auflistung der neuen Organisationseinheiten. Weiterhin werden durch die produktbezogenen Kapazitätenteilungsstrategien die bestehenden, produktorientierten Produktbeziehungen modifziert und wird eine zusätzliche Produktgruppenebene angelegt. Hier werden die Elemente der nächsttieferen Produktebene unter produktionstechnischen Gesichtspunkten miteinander verknüpft. Ferner werden für die definierten Produktebenen synthetische Arbeitspläne angelegt, wobei über Konsistenzbetrachtungen Kollisionen vermieden werden.

Charakteristisch für die Strukturgenerierung ist, daß zwischen den in diesen Schritten erzeugten Dateien und den Dateien der anderen Szenarien m:n Beziehungen bestehen können und in der Regel mit stark verdichteten Daten gearbeitet wird. Dies entspricht dem zugrunde gelegten hierarchischen Strukturierungsansatz, den Beziehungsstrukturen der Produkt-, Maschinen- und Organisationsebenen sowie der potentiellen Mehrfachzuordnung von Maschineneinheiten und Produktionsfunktionen infolge der diskutierten Kapazitätenteilungstrategien.

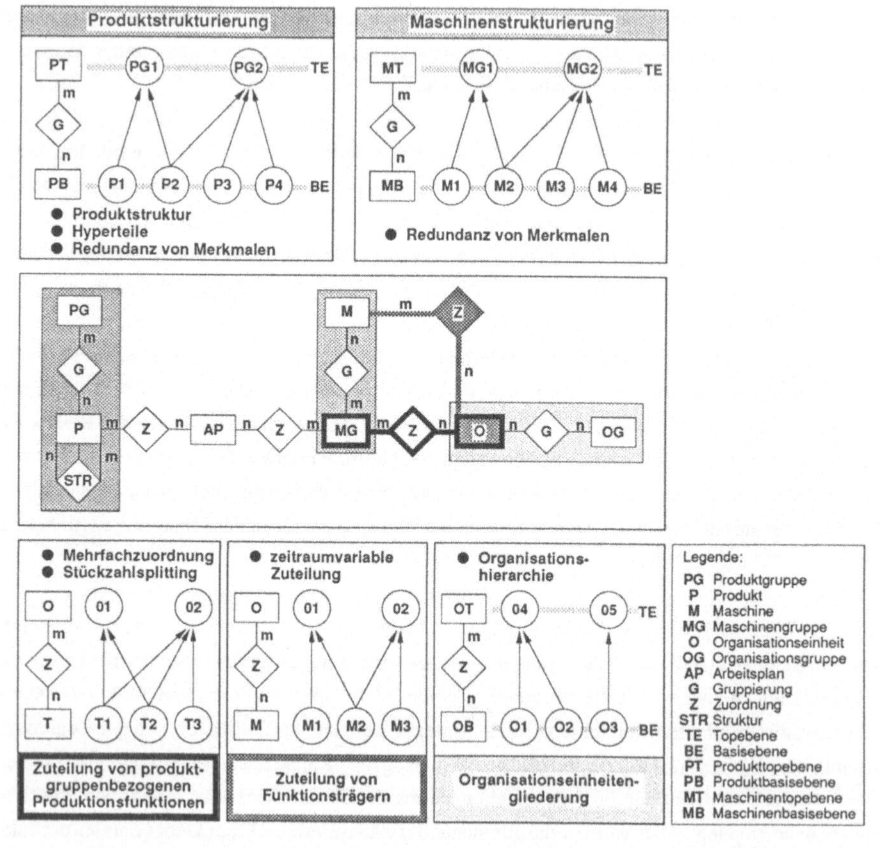

Bild 8-3: Beziehungsstrukturen

Zur Beherrschung dieser sehr komplexen Strukturbeziehungen wurden Strategien entwickelt, die sowohl top-down-gerichtete als auch bottom-up-gerichtete Strukturierungen ohne Verlust an Datenkonsistenz zulassen. Über einen rekursiven Algorithmus werden, ausgehend vom aktuellen Niveau, zunächst alle übergeordneten Ebenen korrigiert. Danach wird versucht, die top-down gerichtete Planung vorzunehmen. Bei nicht eineindeutigen Beziehungen bedarf dies des Zugriffs des Planers.

Angeführt sei beispielsweise das Einblenden einer "Organisationslupe" oder "Produkt-Lupe", mit der der Planer explizit die Zuordnung der verplanten Fertigungskapazitäten vornimmt.

Liegen die Neuzuordnungen fest, so werden als Output der Planungsphase Arbeitspläne, Maschinen- und Organisationslisten erzeugt. Diese Dateien sind im Szenario Neu-Zustand miteinander verknüpft. Aus Speicherplatzgründen werden dabei die Arbeitspläne auf einem externen Medium gespeichert.

8.2 Bedieneroberfläche

Die Interaktion zwischen Planer und Planungssystem erfolgt in dem realisierten System ausschließlich über den Bildschirm. In Anlehnung an Software-ergonomische Empfehlungen /133-135/ wurde auf Basis eines Fenstersystems /130/ eine Grafikumgebung vorgesehen. Auf diese Weise werden, entsprechend den spezifischen Anforderungen der einzelnen Phasen des Strukturierungsprozesses, graphische und alphanumerische Darstellungen miteinander vereint. Während durch die Graphik überwiegend verdichtete Informationen in einer Übersichtsdarstellung präsentiert werden, konzentriert sich die textorientierte Darstellung auf Basis- und Einzelinformationen im Rahmen von Ausschnittsbetrachtungen. Vielfach sind auch beide Präsentationsarten in verschiedenen Fenstern verknüpft.

Ein große Bedeutung hat die Beherrschung der sehr komplexen Beziehungsstrukturen. Um sich problemlos durch die angeführten Strukturierungsebenen navigieren und auch geeignete Ausschnitte der zugrunde gelegten Massendaten visualisieren zu können, wurde eine komfortable Editier- und Wechselfunktion realisiert.

Software-ergonomische Erkenntnisse wurden auch bei der Programmarchitektur und Bedienerführung berücksichtigt. Dies betrifft beispielsweise die Auswahlmenüleiste, die dem Benutzer einen möglichst variablen Zugriff auf die einzelnen Programme erlaubt. Verwirklicht wurde eine der jeweiligen Strukturierungsphase angepaßte Voreinstellung bei der Auswahl und Anordnung von Fenstern sowie bei der Auswahl der zu visualisierenden Information. Die Voreinstellung kann situationsspezifisch modifiziert werden.

8.3 Datenübernahme

Ein wichtiges Element des entwickelten Instrumentariums ist die Realisierung einer geeigneten Schnittstelle zur Übernahme des umfangreichen Datenmaterials. Hierbei waren zwei wesentliche Probleme zu lösen; zum einen die physikalische Kopplung von unterschiedlichen Hardware-Konfigurationen sowie Betriebssystemen, zum anderen der selektive Zugriff auf die Daten und Zuordnung in die verschiedenen Dateien der Datenbank.

Neben dem verbreiteten Transfer durch ASCII-Dateien über Magnetbänder oder Disketten bot sich die direkte Kopplung über die Druckerschnittstelle an. Die empfangenen Signale werden hier direkt abgetastet, über die Datenstruktur identifiziert und auf die internen Dateien aufgeteilt.

Prinzipiell erfolgt dies genauso wie das Scannen von ASCII-Dateien. Dazu wird zunächst die externe Datenstruktur interaktiv definiert. Hierzu werden Parameter, z.B. gleichartige bzw. verschiedene Satzarten, Erkennung der Variablen über direkte Satzposition bzw. über Trennzeichen oder Bezeichnung der Variablen, gesetzt. In einem weiteren Fenster wird der Bezug zur internen Datenstruktur und somit zu den internen Variablen hergestellt.

Anschließend werden die Daten satzweise übernommen. Gleichzeitig wird die interne Struktur abgelegt. Es besteht die Möglichkeit, verschiedene Variablen eines Satzes hintereinander - z. B. durch Zugriff auf mehrere externe Dateien - anzulegen. Die Identifikation erfolgt in diesem Fall über die definierten Objekte und deren Identnummern, wie z.B. Produkt-, Maschinen- oder Organisationseinheitennummern.

8.4 EDV-technische Realisierung des Kapazitätstableaus

Die graphischen Elemente des EDV-technisch realisierten Kapazitätstableaus, die mit Ausnahme der Produktleiste in einem Hauptfenster abgebildet werden, sind mit ihrer Semantik in Bild 8-4 aufgeführt. Besonderen Wert wurde auf die farbliche Gestaltung gelegt. So sollen durch rot gefärbte Graphik-Elemente stets Problemsituationen wie z.B. Überlastung bzw. Unterdeckung einer Maschine oder einer ganzen Maschinengruppe angezeigt werden. Diese Elemente werden zusätzlich mit einer quantitativen Information über die Auslastung in Form einer Prozentzahl ergänzt. Über zugeordnete Popup-Fenster können diese Informationen weiter differenziert werden.

Zur Visualisierung der n:m-Beziehungen von Produkt- sowie Maschinengruppen unterschiedlicher Produkt- oder Maschinenebenen wurden ähnliche Wege verfolgt. So werden die mehrfach zuordenbaren Subprodukte und der zugehörende Kapazitätsbedarf als potentielle Untermenge der jeweils betroffenen Produktgruppe gekennzeichnet. Optional werden die minimale, durchschnittliche oder maximale Zuordnung einzeln oder kombiniert angezeigt. Hinsichtlich der Darstellung des redundanten Kapazitätsangebots ergibt sich eine geringfügige Modifikation. Die nur für die jeweilige Produktionsfunktion einsetzbaren Maschineneinheiten können optional durch die für diese Produktionsfunktion ebenfalls geeigneten, jedoch überdimensionierten Maschineneinheiten ergänzt werden.

Zum besseren Verständnis sind die beschriebenen Elemente auf mehrere Fenster aufgeteilt. Neben den bereits beschriebenen Popup-Fenster wurden Fenster für die Produktionsstruktur und Planungsfenster zur Einplanung von Maschinen, Organisationseinheiten und Produkten generiert. Da sie

Detail-Informationen enthalten, sind sie in alphanumerischer Form ausgebildet. Der Bezug Produkt-Maschine-Organisationseinheit wird für jede Maschinengruppe in der Weise realisiert, daß die selektierten Objekte rot unterlegt sind. Zusätzlich sind bei der Produktionsstruktur die Maschineneinheiten jeweils in der Farbe der verknüpften Organisationseinheit ausgebildet.

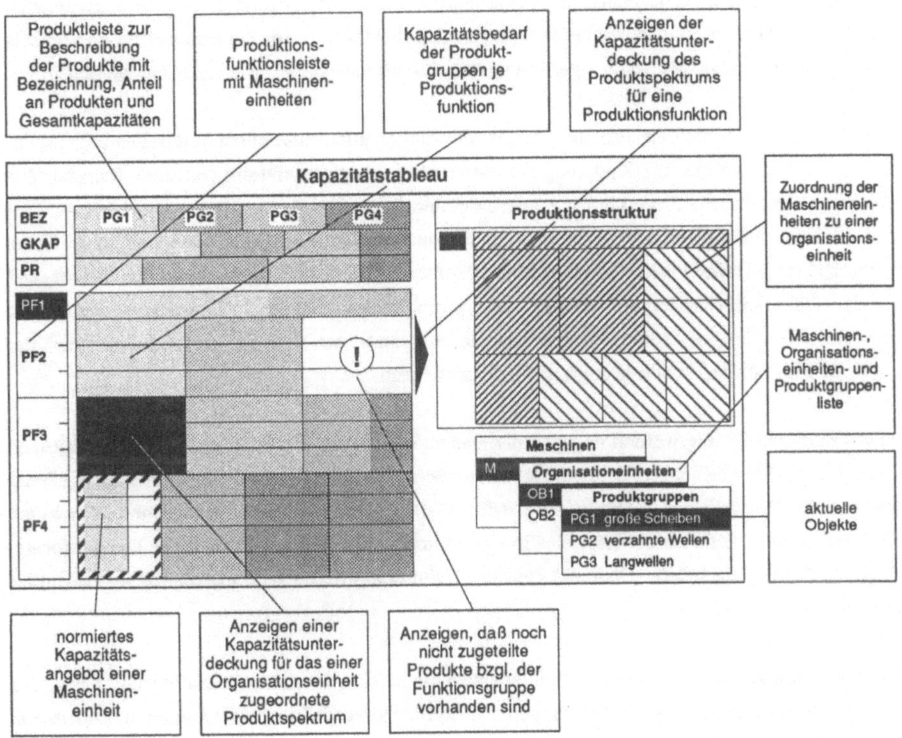

Bild 8-4: Aufbau der Graphik des Kapazitätstableaus

8.5   Arbeiten mit dem Kapazitätstableau

Das Kapazitätstableau wird im Rahmen der Produktionsstrukturierung sowohl bei der Generierung der Grundstrukturen als auch bei der Feinoptimierung eingesetzt.

Bei der interaktiven Generierung neuer Produktionsstrukturen wird zunächst der Ist-Zustand in den Top-Ebenen der Produkt- oder Maschinengruppen angezeigt. In der Regel sind dies verrichtungsorientierte Werkstattstrukturen, die durch horizontal abgegrenzte Organisationsblöcke angezeigt werden. Die durch den Bewertungsmodul gewonnenen Bewertungskriterien werden in separaten Fenstern dargestellt. Nach Lösen der organisatorischen Grenzen kann der Planer nun sukzessive für die einzelnen Produktionsfunktionen verschiedene Zuordnungen von Produkten und Maschinen durchspielen und die quantifizierten, zu erwartenden Auswirkungen aufzeigen. So entstehen entweder parallel für jede Produktionsfunktion oder hintereinander die bevorzugt vertikal abgegrenzten Dezentralen Verantwortungsbereiche. In weiteren Schritten können im Zuge eines Ebenenwechsels zusätzliche Gestaltungsdimensionen genutzt und die Zuordnung stufenweise verfeinert werden.

Um im einem Schritt mehrere Produktgruppen hinsichtlich aller Produktionsfunktionen zusammenfassen zu können, wurde eine Kopplung zum Modul Produktstrukturierung realisiert. Dazu werden in weiteren Fenstern die Produktgruppen der selektierten Produktebene angezeigt und können produktionsorientierte Kriterien zur Bildung aggregierter Produktionsgruppen mit spezifischen Komplettbearbeitungsverfahrenskombinationen vorgegeben werden. Im Gegensatz zu den vorwiegend produktorientierten Ansätzen der Produktstrukturierung im Rahmen der Strukturanalyse-Phase wird durch diese Kopplung der Anspruch einer produktionsorientierten Bildung von Produktgruppen, der dem Prozeß der Struktursynthese zugrundeliegt, umgesetzt.

Bei der Feinoptimierung werden dagegen die Auswirkungen des Verschiebens von Arbeitsgängen wie auch von Maschineneinheiten angezeigt. Dies erfolgt ebenfalls bevorzugt in hohen Aggregationsstufen. Nach Vorwahl der Produktionsfunktion können beliebige Arbeitsgänge und Maschinen selektiert werden, zu denen bedarfsweise in alphanumerischen Fenstern zusätzliche Detailinformationen zur Verfügung stehen. Über das Fenster Produktionsstruktur wird die modifizierte Struktur dargestellt.

Der Vollständigkeit wegen sei aufgeführt, daß auch die Effekte der dualen Verschmelzung bei einer EDV-gestützten Generierung transparent gemacht werden können. Dargestellt werden in diesem Fall die neue Produktgruppe und der bisher noch nicht zugeteilte Rest, in dem die übrigen Produktgruppen zusammengefaßt sind.

IPA Forschung und Praxis

Schriftenreihe aus dem Institut für Produktionstechnik und Automatisierung, Stuttgart

Herausgeber: Prof. Dr.-Ing. H. J. Warnecke

IPA-IAO Forschung und Praxis

Berichte aus dem Fraunhofer-Institut für Produktionstechnik und
Automatisierung (IPA), Stuttgart, Fraunhofer-Institut für Arbeitswirtschaft
und Organisation (IAO), Stuttgart, und Institut für Industrielle Fertigung
und Fabrikbetrieb der Universität Stuttgart

Herausgeber: Prof. Dr.-Ing. H. J. Warnecke und Prof. Dr.-Ing. H.-J. Bullinger

80 **Flexibilität und Kapazität von Werkstückspeichersystemen**
Von Bernhard Graf. ISBN 3-540-13970-2.
1984, 115 Seiten mit 71 Abbildungen. 63,– DM

T1 **Flexible Fertigungssysteme**
17. IPA-Arbeitstagung zusammen mit der 3. Internationalen Konferenz
„Flexible Manufacturing Systems (FMS-3)", ISBN 3-540-13807-2.
1984, 249 Seiten mit zahlreichen Abbildungen. 118,– DM

T2 **Integrierte Bürosysteme**
3. IAO-Arbeitstagung. ISBN 3-540-13978-8.
1984, 633 Seiten mit zahlreichen Abbildungen. 168,– DM

81 **Rechnerunterstützte Planung von Montageablaufstrukturen für Erzeugnisse der Serienfertigung**
Von Ernst-Dieter Ammer. ISBN 3-540-15056-0.
1985, 120 Seiten mit 1 Faltblatt und 33 Abbildungen. 63,– DM

82 **Flexibilität von personalintensiven Montagesystemen bei Serienfertigung**
Von Heinrich Vähning. ISBN 3-540-15093-5.
1985, 152 Seiten mit 49 Abbildungen. 63.– DM

83 **Ordnen von Werkstücken mit programmierbaren Handhabungsgeräten und Werkstückerkennungssensoren**
Von Ingo Schmidt. ISBN 3-540-15375-6.
1985, 111 Seiten mit 66 Abbildungen. 63,– DM

84 **Systematische Investitionsplanung**
Von Jorge Moser. ISBN 3-540-15370-5.
1985, 190 Seiten mit 69 Abbildungen. 63 – DM

T3 **Montage · Handhabung · Industrieroboter**
Internationaler MHI-Kongreß im Rahmen der Hannover-Messe '85. ISBN 3-540-15500-7.
1985, 267 Seiten mit zahlreichen Abbildungen. 128,– DM

85 **Flexible Montagesysteme – Konzeption und Feinplanung durch Kombination von Elementen**
Von Peter Konold / Bernd Weller. ISBN 3-540-15606-2.
1985, 162 Seiten mit 71 Abbildungen und 9 Tabellen. 63.– DM

T4 **Menschen · Arbeit · Neue Technologien**
4. IAO-Arbeitstagung zusammen mit der 2. Internationalen Konferenz
„Human Factors in Manufacturing". ISBN 3-540-15763-8.
1985, 442 Seiten mit zahlreichen Abbildungen. 168,– DM

86 **Leitstandunterstützte kurzfristige Fertigungssteuerung bei Einzel- und Kleinserienfertigung**
Von Lothar Aldinger. ISBN 3-540-15903-7.
1985, 151 Seiten mit 49 Abbildungen und 2 Tabellen. 63.– DM

87 **Bestimmen des Bürstenverhaltens anhand einer Einzelborste**
Von Klaus Przyklenk. ISBN 3-540-15956-8.
1985, 117 Seiten mit 74 Abbildungen. 63.– DM

88 **Montage großvolumiger Produkte mit Industrierobotern**
Von Jörg Walther. ISBN 3-540-16027-2.
1985, 125 Seiten mit 58 Abbildungen. 63.– DM

89 **Algorithmen und Verfahren zur Erstellung innerbetrieblicher Anordnungspläne**
Von Wilhelm Dangelmaier. ISBN 3-540-16144-9.
1986, 268 Seiten mit 79 Abbildungen. 68.– DM

90 **Bewertung der Instandhaltung von Fertigungssystemen in der technischen Investitionsplanung**
Von Hagen U. Uetz. ISBN 3-540-16166-X.
1986, 129 Seiten mit 38 Abbildungen. 68.– DM

91 **Entgraten durch Hochdruckwasserstrahlen**
Von Manfred Schlatter. ISBN 3-540-16172-4.
1986, 167 Seiten mit 89 Abbildungen und 18 Tabellen. 68.– DM

92 **Werkstückorientierte Verfahrensauswahl zum Gußputzen mit Industrierobotern**
Von Wolfgang Sturz ISBN 3-540-16224-0.
1986, 156 Seiten mit 59 Abbildungen. 68.– DM

93 **Verfahren zur Verringerung von Modell-Mix-Verlusten in Fließmontagen**
Von Reinhard Koether ISBN 3-540-16499-5.
1986, 175 Seiten mit 46 Abbildungen und 1 Tabelle 68.– DM

94 **Entwicklung und Einsatz eines interaktiven Verfahrens zur Leistungsabstimmung von Montagesystemen**
Von Günter Schad. ISBN 3-540-16978-4
1986, 120 Seiten mit 31 Abbildungen und 1 Tabelle 68.– DM

IPA Forschung und Praxis

Berichte aus dem Fraunhofer-Institut für Produktionstechnik und
Automatisierung, Stuttgart, und dem Institut für Industrielle Fertigung
und Fabrikbetrieb der Universität Stuttgart

Herausgeber: Prof. Dr.-Ing. H. J. Warnecke